MICHAËL VALENTIN

DIE
TESLA
METHODE

7 Prinzipien, die Ihr Unternehmen fit für die Zukunft machen

PLASSEN
VERLAG

Die Originalausgabe erschien unter dem Titel
Le modèle Tesla. Du toyotisme au teslisme : la disruption d'Elon Musk bei Dunod.
ISBN 978-2-100-80601-0

Copyright der Originalausgabe 2020:
Originally published in France as:
Le modèle Tesla. Du toyotisme au teslisme : la disruption d'Elon Musk By Michaël Valentin
© Dunod, 2020 for the 2ed, Malakoff
All rights reserved.

Copyright der deutschen Ausgabe 2021:
© Börsenmedien AG, Kulmbach

Übersetzung: Petra Pyka
Gestaltung Cover: Johanna Wack
Gestaltung, Satz und Herstellung: Sabrina Slopek
Bildquelle Umschlag: Shutterstock
Gesamtherstellung: Daniela Freitag
Lektorat: Sebastian Politz
Druck: GGP Media GmbH, Pößneck

ISBN 978-3-86470-714-8

Bibliografische Information der Deutschen Nationalbibliothek:
Die Deutsche Nationalbibliothek verzeichnet diese Publikation in der
Deutschen Nationalbibliografie; detaillierte bibliografische Daten
sind im Internet über <http://dnb.d-nb.de> abrufbar.

BÖRSEN MEDIEN
AKTIENGESELLSCHAFT

Postfach 1449 • 95305 Kulmbach
Tel: +49 9221 9051-0 • Fax: +49 9221 9051-4444
E-Mail: buecher@boersenmedien.de
www.plassen.de
www.facebook.com/plassenverlag

Online-Ressourcen zu diesem Buch stehen auf www.koganpage.com/Tesla zur Verfügung.

INHALT

ÜBER DEN AUTOR

Michaël Valentin ist Associate Director bei dem auf Industrie-transformation spezialisierten Beratungsunternehmen OPEO. Valentin verfügt über fundierte Erfahrung aus dem Betriebs-management im Automobilsektor und als Berater bei McKinsey & Company. Heute unterstützt er kleine bis mittelgroße Unternehmen (KMU) und große Konzerne auf dem Weg in die Industrie der Zukunft. Er genießt nicht nur breite Anerkennung als globaler Experte auf diesem Gebiet, sondern hat auch Bücher wie *The Smart Way* geschrieben, das verrät, wie die Industrie der Zukunft aus den Fabriken von heute Goldgruben machen kann.

DANK

Dieses Buch ist ein Gemeinschaftsprojekt, das nur durch die bereitwillige Zusammenarbeit einer großen Zahl von Personen, Kollegen, Unternehmenschefs, Beschäftigten und Partnern von Tesla möglich wurde. Ganz besonders bedanken möchte ich mich bei all jenen, die mir geholfen haben, das Projekt in Angriff zu nehmen und zum Abschluss zu bringen, von der Idee über die Analyse von Betriebsstudien bis hin zur Bearbeitung des Manuskripts.

Mein Dank gilt Charles Bouygues für seine Hilfe und Energie bei der Vereinbarung von Gesprächen im Silicon Valley. Besonderer Dank gebührt Renan Devillières, weil er mir unvergleichliche Einblicke in alle Aspekte der Software-Hybridisierung eröffnete, David Machenaud für seine generelle Unterstützung und Raphaël Haddad für seine Hilfe beim Aufbau des Buches.

Herzlichen Dank auch allen Personen und Unternehmen, die bereit waren, sich darin zu äußern und mir so viel über die fachlichen und menschlichen Gesichtspunkte des Themas nahegebracht haben.

Ich danke auch all jenen aus meinem Umfeld, die indirekt zu diesem Buch beigetragen haben, allen voran Frédéric Sandei, Philippe Grandjacques und Grégory Richa.

Ebenso bedanke ich mich bei Odile Ricour und Adélaïde Lechat für ihre Zuarbeit und bei Bidane Beitia, Laurène Laffargue, Soizic Audouin, Abir Bruneau, Denis Masse, Antoine Toupin, Robin Cellard, David Fernandez, Clément Niessen, Quentin Lallement, Hadi Mahihenni, Anass Khamlichi, Romain Pigé, Jean Baptiste Sieber und Sébastien Desbois für ihre konkrete Hilfestellung bei der Kontaktaufnahme mit Tesla und anderen „Leuchttürmen" der Industrie der Zukunft.

Vielen Dank auch an Julie El Mokrani Tomassone, Esther Willer und Chloé Sebagh für ihre Unterstützung und Begeisterung beim Lektorat, für alle Verbesserungen und dafür, dass die Kommunikation nie abgerissen ist.

Abschließend möchte ich mich von ganzem Herzen bei Marie-Laure Cahier bedanken, ohne deren Zutun das Buch in dieser Form nicht vorliegen würde, bei Alan Sitkin und Susan Geraghty für ihre Hilfe bei der englischsprachigen Fassung, bei Ro'isin Singh für ihre sorgfältige Überarbeitung früherer Entwürfe und bei meiner Verlegerin Julia Swales für das in mich gesetzte Vertrauen.

VORWORT

Es waren meine jüngsten Beobachtungen zum Zustand der Industrie in den am höchsten entwickelten Ländern, zu ihren Organisationssystemen und dem technischen Fortschritt der vergangenen zehn Jahre sowie zu den aktuellen sozioökonomischen Veränderungen, die mich dazu animiert haben, dieses Buch zu schreiben. Angesichts der zunehmenden Digitalisierung und einer im Niedergang begriffenen Industrie halte ich das Geschäftsmodell und das Betriebs- und Managementsystem des Teslismus für eine mögliche Lösung. Wie und warum ich aber dazu kam, *Die Tesla-Methode* zu schreiben, erklärt sich meiner Ansicht nach am besten aus meinem persönlichen Kontext.

Nachdem ich 1995 die Schule mit guten Noten abgeschlossen hatte, war ich nicht sicher, was ich studieren sollte. Wäre es nach meiner Familie gegangen, hätte ich unbedingt Arzt oder Notar werden oder in die Politik gehen sollen. Es wäre alles infrage gekommen, nur nicht das produzierende Gewerbe. In einer französischen

Kleinstadt schlossen sich gesellschaftlicher Erfolg und Fabrikarbeit schlichtweg aus. Mein Weg in den Industriesektor begann daher erst, als ich auf den Fluren des Gymnasiums, das ich gerade verlassen hatte, eine Freundin traf (ihr Name war Véronique). Mit solchen Noten könne ich unmöglich Medizin studieren, fand sie. Eine Ingenieurwissenschaft schien ihr eher geeignet. Und sie hatte recht. Schließlich hatte ich gleich in mehreren naturwissenschaftlichen Fächern bei den Prüfungen gut abgeschnitten, doch aufgrund meiner kultureller Voreingenommenheit nicht wirklich begriffen, welche akademischen Möglichkeiten sich dadurch boten. Nach ein paar mit Mitabiturienten durchgefeierten Nächten begann ich mich nach einem Praktikumsplatz umzusehen. Bauingenieurwesen hatte es mir auf Anhieb angetan: Das schien mir doch eine ganz solide Sache zu sein – kein Wunder, schließlich war dabei ja auch Beton im Spiel.

Als ich es bis zum Vorarbeiter gebracht hatte, rief mich ein Freund an, der an der renommierten technischen Hochschule Ponts et Chaussées studierte. Sein Spezialgebiet war die Produktion, und er träumte davon, irgendwann eine Fabrik zu leiten. Ich ging ebenfalls dorthin, und einen Monat später stand ich in einer Michelin-Fabrik im irischen Ballymena. Dort infizierte ich mich mit dem Industriefieber. Jeden Tag rollen dort über 1.000 Reifen aus den mehr als drei Meter hohen Öfen. Für einen jungen Studenten wie mich war das ein eindrucksvoller Anblick. Nach den Reifen wollte ich wissen, wie Autos produziert werden. Ich war absolut fasziniert davon, wie so ein Metallblech aus dem Walzwerk kommt und sich in wenigen Stunden in eines der komplexesten Systeme verwandelt, die der Mensch je erfunden hat – ein Produkt, von dem weltweit an jedem Tag der Woche über 140.000 Stück erzeugt werden.

Diese Begeisterung führte mich weiter auf meinem Weg in die Industrie. Im Verlauf meiner Ausbildung wurde ich befördert und leitete ein Team von Wartungstechnikern. Da erkannte ich allmählich die Stärke dieses einträglichen Sektors. Viele betrachten die Industrie stereotyp als starr und öde, übersehen dabei aber, wie oft es eigentlich um den Faktor Mensch geht. Mein Team und ich, wir entwickelten uns rasch zu einer versierten schnellen Eingreiftruppe und taten alles, was in unserer Macht stand, um zu verhindern, dass die Fertigungsstraßen stillstanden. Unsere Lösungen setzten stets beim Teamwork an und bei den Herausforderungen, die damit einhergingen: Man musste aufmerksam zuhören, aber dennoch auch unbequeme Entscheidungen treffen können. Manchmal stützten sich diese auf einen Konsens, doch ganz einfach war das nie. Warum? Weil die Fertigung eine komplexe Angelegenheit ist, die viel Mut erfordert. Tentakelartige Logistikketten sind komplex. Produkte, die aus Zigtausenden von Komponenten bestehen – und in ebenso vielen Variationen vorkommen –, sind komplex. Der Betrieb von Organisationen im Zeitalter der glücklichen Globalisierung ist komplex. Und sogar einfache Herstellungsprozesse sind komplex. Doch wiederum gilt: Das Herzstück der Produktion oder Rohstoffverarbeitung sind die Menschen – auch wenn immer ein paar darunter sind, die krampfhaft versuchen, ihr Gesicht zu wahren, indem sie so tun, als hätten sie alles unter Kontrolle.

Natürlich gibt es neben all dieser Komplexität auch noch die schlichte Schönheit eines Umfelds, in dem die Arbeiter an den Maschinen Tag für Tag Hand in Hand mit Technikern, Ingenieuren und Forschern arbeiten. Das ist ein unglaubliches Abenteuer. Jeder Beteiligte hat seinen eigenen sozialen Hintergrund, doch sie alle wirken zusammen, um das System zu optimieren. Das ist sicherlich eine Herausforderung – aber hey, wirklich unglaublich spannend. Ein wahrhaft einzigartiges menschliches Abenteuer.

Als ich in die Beraterbranche wechselte, blieb mir diese Begeisterung unvermindert erhalten und verdrängte bald die Skepsis, mit der ich die Beraterwelt betrachtete. Als Unternehmensberater hatte ich die Möglichkeit, Hunderte von Fabriken zu besuchen, mit verschiedenen Teams zusammenzutreffen und mich in unzählige komplexe und aufregende Fragen zu vertiefen, und zwar in einer Vielzahl von Sektoren: Schwerindustrie, Mechanik, Chemie, Pharmaindustrie, Bioproduktion, Werkzeugmaschinen, Konsumgüter und sogar handwerkliche Unternehmen, die sich im Luxussektor halten konnten, obwohl der Markt von all den neuen Technologien überschwemmt wurde. Ich lernte, dass es so etwas wie „die Industrie" gar nicht gab, sondern dass sie in Wirklichkeit viele Gesichter hatte.

Damit sind wir schon im Jahr 2008. Damals litt der Fertigungssektor unter schlechter Presse. 30 Jahre lang hatten die Fabriken in Frankreich eine „Fabless"-Strategie verfolgt, und viele betrachteten die Fertigung als eine Aktivität, deren Zeit abgelaufen war. Im Trend lag die Vorstellung, dass Dienstleistungen in den nächsten Jahren die Hauptrolle spielen würden. Die Eliten erkannten dies und richteten ihre Politik auf die Sektoren aus, die ihrer Ansicht nach zukunftsträchtig waren. Frankreich hatte damals einen mächtigen Trumpf im Ärmel. In den 1980er-Jahren lieferten sich die französische und die deutsche Automobilindustrie ein Kopf-an-Kopf-Rennen, bis die deutschen Hersteller eine Hegemonialstellung errangen und Japan oder auch China weltweit ebenfalls ein stärkeres Gewicht erlangten. 2008 waren die Würfel schon gefallen, und alles war anders. Meine früheren Klassenkameraden waren Finanzanalysten, Trader oder Internetspezialisten geworden. Das produzierende Gewerbe nahm kaum einer richtig ernst. Im Fernsehen wurde laufend über Fabrikschließungen berichtet. Im Wahlkampf sprachen die Politiker von „Rettungsplänen" für die Produktion. Alle waren sich einig: Der Industriesektor war ernsthaft krank und vermutlich nicht zu retten.

Die Krise, die 2008 einsetzte, war für verschiedene Länder ein Weckruf. Nachdem Frankreich fast 30 Jahre lang versucht hatte, seine Produktion ins Ausland auszulagern, musste sich das Land der Frage stellen, wie seine Gesellschaft aussehen sollte. War es wirklich sinnvoll, Geräte, die von Franzosen verwendet wurden, oder Spielzeug für deren Kinder oder die Kleidung, die sie trugen, erst um die halbe Welt zu verschiffen, damit sie in einem französischen Einkaufswagen landen konnten?

Nach und nach etablierte sich ein neues Phänomen. Die Digitalisierung nahm verschiedene Sektoren im Sturm, und bald war nur noch von Big Data, maschinellem Lernen und künstlicher Intelligenz die Rede. Unternehmen, die 15 Jahre zuvor noch nicht existiert hatten, wiesen inzwischen einen Marktwert auf, der 50 Prozent des französischen Bruttoinlandsprodukts entsprach. 2018 stammten die zehn am höchsten bewerteten Unternehmen der Welt aus dem Technologiesektor – acht aus den Vereinigten Staaten und zwei aus China. Natürlich entfielen gleichzeitig nur 25 der global führenden 100 Firmen auf Europa. Der deutsche Riese Siemens, der größte Industriekonzern Europas, hielt sich mit Mühe auf Platz 62 der Liste.

Die Digitalisierung hatte stärkere wirtschaftliche und politische Folgewirkungen, als wir gedacht hatten. Trump, der Brexit, Salvini, die Gelbwestenbewegung – diese Phänomene sind der Ausdruck des auf mehr Souveränität ausgerichteten Volkswillens. Dahinter steckt jedoch ein weitaus stärkeres, strukturbedingtes Phänomen, das nur wenige beim Namen nennen: die Deindustrialisierung der benachteiligteren Regionen der Industrienationen. Ihre Bürger fühlen sich, als habe sie die galoppierende Globalisierung ihrer Freiheit beraubt. Die großen Ballungszentren, die sich lange Zeit als Partner ihrer umliegenden ländlichen Regionen geriert hatten, gingen nun eigene Wege. Globalisierung bedeutete, dass kleine Provinznester mit kostengünstigen Ländern konkurrieren mussten, was zur Schließung von Fabriken, zu Gewinneinbrüchen im Einzelhandel und zu steigender Arbeitslosigkeit führte. 1970 war das Département Vosges, aus dem ich stamme, Frankreichs führendes Industrierevier. 2017 hatte sich das Blatt gewendet. In der Region Île-de-France rund um Paris waren 57 Prozent aller Erwerbstätigen als Angestellte beschäftigt. In Vosges lag diese Zahl nur bei 15 Prozent. Das französische Moseltal war am Ende – wie so viele andere ähnliche Gegenden in Frankreich oder anderen Ländern mit einstmals stolzer Industrietradition. Doch wie können Frankreich oder ähnliche Industrienationen ihr Wirtschaftsmodell erhalten, wenn sich gleichzeitig ein Großteil der Bevölkerung abgehängt fühlt?

Hier setzt *Die Tesla-Methode* an. Dieses Buch soll zur Wiederbelebung der Industrie beitragen, indem es aufzeigt, wie Elon Musks

Unternehmen Tesla Vorbild für die Verjüngung unseres Industriesektors sein kann – und welche Prinzipien diesem notwendigen Wandel zugrunde liegen. *Die Tesla-Methode* verkörpert eine einzigartige Chance – als Bestandteil dessen, was verschiedene Stimmen als Industrie der Zukunft oder Industrie 4.0 oder auch als intelligente Fertigung bezeichnen.

Worauf das alles hinausläuft? Ganz einfach: Man nimmt zwei Bedrohungen – die zunehmende Digitalisierung und die zerfallende Industrie – und verwandelt sie in eine fantastische Chance.

Die Technologie explodiert förmlich, und es liegt an uns, das zu unserem größtmöglichen Vorteil zu nutzen. In den meisten Industrienationen sind alle Voraussetzungen für den Erfolg gegeben – ganz gleich, ob sie sich wie „Start-up-Nationen" verhalten oder nicht. Durch die Kreuzung von Industrie mit Technologie – also Software, künstlicher Intelligenz et cetera –, aber auch, indem sie auf die Kompetenzen von Betriebswirten und herausragenden Ingenieuren setzen, können Frankreich und andere Länder ihre Industrie in die nächste Phase – die der Plattformbildung – überführen, da bin ich sicher. Die Anforderungen sind allerdings immens. In Frankreich halten 75 Prozent aller Führungskräfte aus der Industrie einer aktuellen PwC-Umfrage zufolge Industrie 4.0 derzeit für das wichtigste Thema. Doch 80 Prozent wissen noch nicht, wie sie damit umgehen sollen. Ihnen mangelt es an Sachverstand, an Erfahrung und manchmal auch an Vision. Die Fertigung ist in Frankreich für Technologie mehr oder weniger Neuland. Dabei ist sie der Sektor, der in der Vergangenheit von der Wissenschaft am meisten profitiert hat und auf den 80 Prozent der gesamten Forschung und Entwicklung entfallen.

Kompetenzen, bewährte Praktiken, eine Vision – all das lässt sich den vom Tech-Sektor entliehenen Praktiken und Ideen entnehmen, die Tesla und viele andere in diesem Buch beschriebene Unternehmen in ihren Organisationssystemen erfolgreich eingesetzt haben.

Ich glaube, die Tesla-Methode kann der Industrie aus der Bredouille helfen. Sie kann aber noch viel mehr. Durch Wiederbelebung der Industrie in den vielen Ländern, in denen sie zusammenbricht, geben wir unseren Volkswirtschaften und Bruttoinlandsprodukten natürlich die dringend benötigten Impulse – und tragen gleichzeitig zur Lösung ökologischer Probleme bei: durch Verlagerung betrieblicher Aktivitäten ins nahe gelegene Ausland und kürzere Entfernungen. Ganz zu schweigen von den zusätzlichen Vorteilen, die im Abbau gesellschaftlicher Spannungen durch Wiederanbindung bisher vernachlässigter Zonen an die großen Ballungszentren bestehen. Wir können uns ein erneuertes sozioökonomisches System zurückerobern, in dem wir wieder eine Vertrauensbeziehung zwischen den Eliten und den Menschen aufbauen.

Im Rahmen meiner Beratertätigkeit habe ich eine große Zahl von Fabriken besucht und mit vielen Spitzenmanagern gesprochen. Mit meiner Hilfe entwickeln sie Ideen, die das künftige Wachstum ihrer Unternehmen beschleunigen können. Manchmal sind diese Ideen Teil ihres Kerngeschäfts, manchmal greifen sie auf andere Tätigkeitsbereiche über. In beiden Fällen fehlen den Führungskräften meist die Zeit und die Methodik, daran anzuknüpfen. Ich hoffe, *Die Tesla-Methode* wird dazu beitragen, die Informations- und Prozesslücken zu füllen, vor denen solche Manager stehen, und dabei jedem Leser Einblick in die Industrie von morgen geben.

EINLEITUNG

Seit mehreren Jahren schwappt nun schon eine gewaltige Welle des Wandels über die Welt der Fabriken. Industrielle und digitale Aktivitäten sind nach und nach verschmolzen und haben ein neues Paradigma hervorgebracht, in dem sich Dienstleistungen und Produkte mischen und miteinander verflechten, um den neuen Nachfragemerkmalen des 21. Jahrhunderts Rechnung zu tragen. Unter dem Einfluss von Smartphones und anderen neuen neuronalen Anhängseln hat sich der moderne Verbraucher in einen hypervernetzten User verwandelt, dessen Nachfrage auf der Suche nach mehr Spontaneität, Anwenderfreundlichkeit, Individualität, Zusammenarbeit, Gemeinschaft und Verantwortungsbewusstsein sich immer mehr auf die immaterielle Welt ausrichtet.

Die aus der digitalen Sphäre importierten Ansprüche stellen die Welt der Industrie (und die gesamte Wirtschaft) vor große Herausforderungen. Angefangen hat das alles mit dem beschleunigten technischen Fortschritt, der das erforderliche Kompetenzniveau in allen Industriesektoren hochschraubte. Dann kam das Phänomen der sogenannten Disruption, im Zuge deren neue Akteure erhebliche Marktanteile für sich beanspruchten, indem sie mit Geschäftsmodellen antraten, die so ganz anders waren als alles Bisherige. Das wiederum führte zu einer Hyperkonzentration von Werten, Talenten und Ressourcen, was sich in mehr Chancen für manche Parteien niederschlug, aber – umgekehrt – auch in der Notwendigkeit, in Bezug auf die mit wachsenden gesellschaftlichen, geografischen und ökologischen Spannungen verbundenen Risiken wachsamer denn je zu sein. In technischer, wirtschaftlicher und gesellschaftlicher Hinsicht waren die Veränderungen gewaltig, was manche Beobachter veranlasste, eine vierte industrielle Revolution zu postulieren. Es stellt sich jedoch die Frage, warum einem Tätigkeitsbereich so viel Aufmerksamkeit zukam – der Industrie nämlich, der heute lediglich 16 Prozent des globalen Bruttoinlandsprodukts zuzurechnen sind, mit stetig fallender Tendenz in den meisten Ländern des Globalen Nordens. Die Antwort: Die fraglichen 16 Prozent wirken sich unverhältnismäßig stark auf die übrige Wirtschaft aus, da die Industrie weltweit für 70 Prozent aller Exporte verantwortlich zeichnet und für 77 Prozent der gesamten Forschung und Entwicklung (Abbildung 0.1).

Abbildung 0.1 **Beitrag der Fertigung zu Export, Innovation, Produktivität und Beschäftigung**

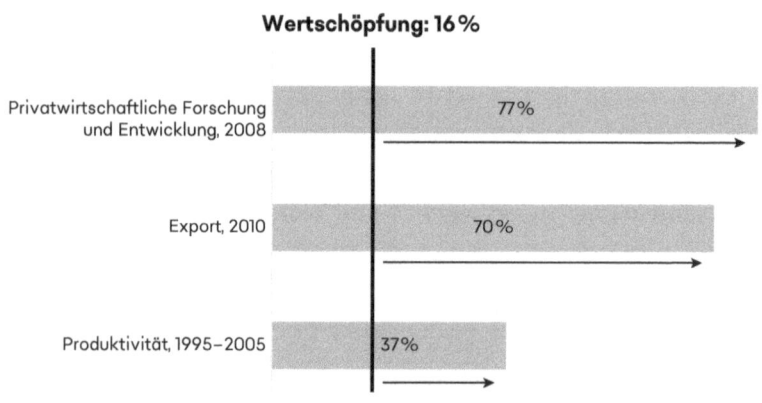

Quelle: OPEO, gestützt auf Daten von McKinsey (2012)

Die führenden Industrieländer der Welt sind sich dieser neuen Herausforderungen bewusst und haben progressiv nationale Strategien entwickelt, die sich auf Investition, Innovation, Aus- und Weiterbildung und die Strukturierung der strategischen Tätigkeitszweige konzentrieren. Deutschland stieß den Prozess 2011 mit seinem Plan „Industrie 4.0" an, der allenthalben eine explosive Wirkung hatte und andere führende Nationen überzeugte, dass es an der Zeit war, nachzuziehen.

Für Deutschland als führenden Industriestaat Europas steht viel auf dem Spiel. Das Land begrüßt die Umstellung auf die Digitaltechnologie als Möglichkeit, seine Stellung in einem Sektor zu wahren, in dem der Wettbewerb ausgesprochen hart sein kann. Die 2011 auf der Hannover Messe vorgestellten neuen Maßnahmen werden weithin für ihre Zukunftsorientierung gelobt. Die Strategie verfolgte drei Ziele: die Entwicklung eines Angebots an produktionsbezogener Digitaltechnik und entsprechenden Dienstleistungen, die fortlaufende Digitalisierung des Industriesektors und die Ausweitung durch den Einbezug von Smart Services (La Fabrique de l'industrie, 2017). Die Besonderheit dieser transversalen Strategie lag darin, dass sie versuchte, einen Technologiezweig zu schaffen, der in der Lage war, mehrere verschiedene Produktionssysteme untereinander zu verknüpfen.

Dann kamen die Vereinigten Staaten mit ihrem „National Network for Manufacturing Innovation" von 2013, gefolgt von Japan mit „Connected Industries", Südkorea mit der „Manufacturing Industry Innovation 3.0 Strategy", China mit „Made in China 2025", Frankreich mit „L'Industrie du futur" und schließlich Ende 2016 Italien mit dem „Calenda"-Plan. Interessanterweise haben die „Industrie der Zukunft"-Programme vieler Länder die gleichen Hebel in Bewegung gesetzt. Die meisten, wenn nicht gar alle, heben darauf ab: 1) ihr eigenes technisches Angebot zu entwickeln, 2) die Kompetenzen der Beschäftigten anzupassen oder auszubauen und 3) die Industrie gleichzeitig zu modernisieren und aufzurüsten (Abbildung 0.2).

Abbildung 0.2 **Politische Hauptthemen der „Industrie der Zukunft"**

Industrie der Zukunft

Technischer Fortschritt

- Errichtung von Forschungszentren
- Vernetzung der maßgeblichen Akteure
- Investitionen in öffentliche Forschung
- Normalisierung

Anpassung der Kompetenzen

- Zukunftsgerichtetes Denken
- Entwicklung und Umsetzung geeigneter Aus- und Weiter- bildungswege

Modernisierung der Fabriken

- Unterstützung für die Roboterisierung
- Synchronisierung mit der Umstellung auf Digitaltechnik
- Bewusstseinsschaffung für die mit der Industrie der Zukunft verbundenen Herausforderungen

Quelle: La Fabrique de l'industrie (2016)

Für länderspezifische Eigenheiten liefert Japan ein gutes Ausgangsbeispiel. Das Land führte im März 2017 eine neue Industriestrategie ein, die mit „Connected Industries" überschrieben ist. Hauptziel war die weitere Digitalisierung der japanischen Industrie. Ausgehend von der Prämisse, dass dem Sektor ein ernsthaftes Kontraktionsrisiko drohte, förderte die Initiative den verbreiteten Einsatz von Daten, um die nationale Produktivität zu steigern. Im Anschluss entschied sich Japan für eine Reihe ehrgeiziger Ziele, darunter die Einrichtung 50 kleiner Fabriken bis spätestens 2020, deren Betrieb sich vor allem auf vernetzte Objekte bezog.

In China setzte Premierminister Li Keqiang mit dem 10-Jahres-Plan „Made in China 2025" eine ganz ähnliche Dynamik in Gang. Das Land, das aufgrund seiner enormen Produktionsleistung lange als das Fertigungszentrum der Welt galt, plant inzwischen, das Image seiner Industrie zu verbessern und stützt sich dabei auf Forschung und Entwicklung, neue Technologie und eine Reorganisation seines Fertigungssektors. Das ist ein Musterbeispiel für eine Politik, die auf die Modernisierung der Industrie speziell unter dem Aufwertungsaspekt abzielt.

Derselbe Gedanke trieb die südkoreanische Regierung dazu, im Juli 2014 die Initiative „Manufacturing Industry Innovation 3.0 Strategy" zu starten. Wie Japan will auch Südkorea mehr intelligente Fabriken bauen. Dazu gehört vor allem die Entwicklung der Hightech-Industrie mit entsprechenden Investitionen, um bis dahin unbekannte Produkte ins Land zu holen, unter anderem für die Medizin der Zukunft und für intelligente Bekleidung.

In den Vereinigten Staaten und dem Vereinigten Königreich ist die Motivation etwas anders gelagert. Hier geht der Grundgedanke dahin, nicht die öffentlichen Investitionen in bestehende Unternehmen zu erhöhen, sondern bestimmten Technologien wie dem 3D-Druck gewidmete Forschungszentren aufzubauen. Ein Merkmal dieser gewählten Strategie ist die Zunahme von Partnerschaften zwischen Fabriken und Universitäten. Das ist auch das erklärte Ziel der US-amerikanischen Initiative „National Network for Manufacturing Innovation" – nämlich die Errichtung eines Netzwerks öffentlich-privater Partnerschaften unter Einbezug von Industrie, Universitäten und staatlichen Stellen, um dafür Sorge zu tragen, dass in diesem Bereich in die gleiche Richtung gedacht wird. Inzwischen gehören dem Netzwerk 14 Parteien an, und es hat einen maßgeblichen Beitrag zur Entwicklung neuer Industrietechnologie im Land geleistet. Das vielsagendste Beispiel ist das 2015 von Barack Obama ins Leben gerufene Digital Manufacturing and Design Innovation Institute (DMDII). Dank der kräftigen Unterstützung, die das Institut vom Verteidigungsministerium erhält, ist es eines der ausgereiftesten Organe auf diesem Gebiet und hat bisher insgesamt knapp 90 Millionen US-Dollar in mehr als 60 Forschungsprojekte zur Digitalisierung der Industrie investiert.

Frankreich bildet in diesem Trend keine Ausnahme, was an der Regenerierung seines Industriesektors in den letzten Jahren abzulesen ist. Ein Indiz dafür ist unter anderem der neue Plan von Premierminister Edouard Philippe mit dem Titel „Territoires d'industrie", den er am 22. November 2018 dem nationalen Industrieverband vorstellte. Die Initiative ermittelte 124 Bereiche mit hohem industriellen Potenzial, die allesamt vom besonderen Engagement und der individuellen Unterstützung durch den französischen Staat profitieren sollen. Bei Ausgaben in Höhe von 1,36 Milliarden Euro genießen diese Standorte Priorität, wobei die öffentliche Politik vier Bereiche ausgemacht hat, in denen besonderer Bedarf besteht: Anwerbung neuer Mitarbeiter, Einwerbung weiterer Investitionen, weitere Innovation und vereinfachte Verwaltungsverfahren. Die gemäß dieser vier Prioritäten umgesetzten Maßnahmen sollten den Herausforderungen Rechnung tragen, die Teil dieses neuen Umfelds sind. Mit diesem Ansatz liegt der französischen Industriepolitik eine ganz neue Dynamik zugrunde. Das Land ist auf seinem Dezentralisierungskurs in ein neues Stadium eingetreten: Die politische Richtung wird von Regionalbehörden vorgegeben, die in größerer Nähe zu den Akteuren in vorderster Front agieren.

Diese verschiedenen Beispiele für eine öffentliche Politik, die der Entwicklung der Industrie der Zukunft Vorschub leistet, zeigt, dass wir heute im Grunde eine Steigerung des globalen Bewusstseins für die Umstellung auf eine vierte industrielle Revolution erleben. Alle vier Teile der Welt verzeichnen eine verstärkte Digitalisierung. Eine PwC-Studie von 2016 schätzt den weiteren Anstieg für die nächsten fünf Jahre auf 42 Prozent in Nord- und Südamerika, 34 Prozent in Asien und 41 Prozent in Afrika (PwC, 2016).

Doch ungeachtet all dieser Initiativen klafft weiterhin eine Lücke zwischen der Energie, die in der Industrie tätige Akteure des öffentlichen oder privaten Sektors investieren, und den messbaren Ergebnissen ihrer Bemühungen. Laut der aktuellen Studie „Industry 4.0: Global Digital Operation Survey 2018" sind nur zehn Prozent aller Unternehmen weltweit als Spitzenreiter in Sachen Industrie 4.0 zu erachten. Zwei Drittel haben mit der Digitalisierung noch gar nicht begonnen. Bei den digitalen Champions haben prozentual gesehen Länder aus der Region Asien-Pazifik die Nase vorn, gefolgt von Nord- und Südamerika (elf Prozent). Erst dann kommen Europa, der Nahe Osten und Afrika, wo nur fünf Prozent aller Unternehmen dieser Kategorie zuzurechnen sind (PwC, 2018).

Aus gesamtwirtschaftlicher Perspektive war der Aufschwung beim industriellen Bruttoinlandsprodukt und bei der Beschäftigung minimal. Aus mikroökonomischer Sicht bestehen Zweifel, ob sich die Unternehmen angesichts des heutigen Tempos aller sonstigen Entwicklungen schnell genug verändern. Die PwC-Umfrage unter 1.293 Chief Executive Officers (CEOs) aus 87 Ländern, die 2018 im Auftrag des Weltwirtschaftsforums durchgeführt wurde, ergab: Die Geschwindigkeit des technischen Wandels und die potenziellen Probleme, denen sie beim Zugriff auf die überlebensnotwendigen Kompetenzen gegenüberstehen, bereiten 76 Prozent aller Befragten Sorgen. Ganze 32 Prozent sind überzeugt, dass in ihrem Sektor letztlich ein Umbruch bevorsteht. Das verändert die Diskussionsgrundlagen. Die neue Frage lautet, wie sich die negativen Begleiterscheinungen des Trends vermeiden lassen, wenn die Gesamtbewegung Fahrt aufnimmt. Für den wahrgenommenen Unterschied zwischen dem Tempo des Fortschritts und der Geschwindigkeit, mit der sich Unternehmen darauf einstellen, gibt es mindestens drei Erklärungen.

Erstens widerspricht exponentielles Denken der menschlichen Natur. Die meisten Naturgesetze, die unser tägliches Leben regeln, sind ihrem Wesen nach linear. Unser Gehirn hat sich über Tausende von Jahren bestimmte Denkweisen antrainiert. Schon einem Einzelnen fällt es schwer, das Phänomen des exponentiellen technischen Fortschritts zu begreifen. Ist ein ganzes Unternehmen betroffen, ist die Herausforderung ungleich größer.

Zweitens ist es bisher nur sehr wenigen Unternehmen gelungen, eine Transformationsmethode zu definieren, die es ihnen ermöglicht, aus der alten in die neue Welt überzuwechseln. Dabei sind die meisten bisher erfolgten Veränderungen so grundlegend, dass es unmöglich wäre, eine Reaktion darauf zu improvisieren. Nur in eine Technologie zu investieren reicht nicht aus, um sicherzustellen, dass ein Unternehmen daraus auch Nutzen zieht. Dieses Dilemma lag *The Smart Way* (Valentin, 2017) zugrunde, das die Geschichte eines

Unternehmers erzählt, der seine Firma auf die Industrie der Zukunft einstellen wollte.

Die dritte Erklärung hebt auf das Fehlen eines Zielmodells ab, wodurch Unsicherheit darüber entsteht, welche Strategie gewählt werden sollte – und demzufolge, welches Betriebs- oder Managementsystem (und letztlich, welche Organisation) empfehlenswert ist. Dabei ist zu berücksichtigen, dass all diese Fragen vor dem Hintergrund dreier weiterer Debatten gestellt werden – nämlich darüber, wie in einer Welt, die sich ständig verändert und in der das Konzept von einem Sektor als solches nicht mehr sinnvoll erscheint, Wachstumstreiber erkennbar sind, wie sich Disruption vermeiden lässt und wie man fähige Mitarbeiter anzieht und bindet.

Um die Transformation ihrer Branchen sicherzustellen, brauchen Unternehmen neue Kompetenzen. Nur 27 Prozent aller Arbeitgeber glauben, dass ihre Belegschaft richtig ausgebildet ist, um all diese Veränderungen zu bewältigen. Fähige Mitarbeiter sind daher ein ganz wesentlicher Aspekt der digitalen Transformation. Das erklärt, warum weltweit neue Studiengänge entstehen, die auf diese neuen Bedürfnisse ausgerichtet sind. In den Vereinigten Staaten ist das beispielsweise die „Digital Initiative" der Harvard University, ein auf digitale Transformation orientiertes Programm, das unter anderem das Studium der Industrien der Zukunft beinhaltet. In Saclay bei Paris hat die Boston Consulting Group ein „Operational Innovation Centre" eingerichtet – im Grunde eine Version einer Fabrik 4.0, in der Studenten aus erster Hand die Arbeitsrealität erfahren und sich mit konkreten Anwendungen und Fällen vertraut machen können, die den Betrieb digitalisierter Fabriken betreffen. Von solchen Zentren soll es in Frankreich in den nächsten Jahren landesweit noch weitere geben. Sie bilden den Unterbau der neuen industriellen Revolution. Und auch die führenden technischen Hochschulen des Landes wie die Arts et Métiers, Paris Tech oder Centrale Paris bieten inzwischen allesamt Studiengänge für die Industrie der Zukunft.

Im Großen und Ganzen versuchen Länder in aller Welt, Rahmenbedingungen zu schaffen, welche die Unternehmen bei der

Umsetzung von Strukturen unterstützen, mit denen sie Innovationen fördern können. Dadurch entsteht allmählich ein ganzes Ökosystem.

Den drei bisherigen industriellen Revolutionen der Wirtschaftsgeschichte lagen jeweils drei Treiber zugrunde: disruptiver technischer Fortschritt, neue gesellschaftliche Bedürfnisse und ein Organisationsmodell, das sich an den neuen Kontext anpasste, um dafür zu sorgen, dass der technische Fortschritt auch zu messbarer wirtschaftlicher Entwicklung führte. Beispielhaft dafür ist der Fordismus als offensichtlicher Bezugspunkt der zweiten industriellen Revolution – wenn auch nur wegen der gewaltigen Produktivitätssteigerungen, die er hervorbrachte. Das Leitmodell der dritten industriellen Revolution war der Toyotismus, der eine beeindruckende Verkürzung der Reaktionszeiten bewirkte. Die vierte industrielle Revolution dagegen hat vorerst noch kein solches „Leuchtturm"-System vorzuweisen. Zweifellos tun sich im Sektor der digitalen „Pure Player" erwartungsgemäß viele Unternehmen wie die des GAFA-Quartetts (Google, Apple, Facebook und Amazon) hervor, die sich als Zielmodelle anbieten könnten. Doch in den Sektoren Industrie und Fertigung herrscht der Eindruck, dass kein Einzelakteur in seiner Vergleichsgruppe so viel Anerkennung genießt, dass sein System als universeller Treiber des Wandels anzusehen ist. Folglich stellt sich die Frage, welches Modell im vierten Industriezeitalter die Rolle übernimmt, die einst Toyota spielte.

Dieses Buch vertritt die Auffassung, dass die vierte industrielle Revolution fraglos bereits in vollem Gang ist und nur eines der neuen Systeme alle Voraussetzungen erfüllt, um davon uneingeschränkt zu profitieren. Dieses System, das die Umstellung der Industrie vom dritten Industriezeitalter auf einen digital-industriellen Hybridsektor vorantreiben wird, ist dem Gehirn von Elon Musk entsprungen, dem ebenso charismatischen wie umstrittenen Chef von Tesla, San Franciscos berühmtem (und weithin gehyptem) Kultunternehmen. Tesla trägt das Erbgut in sich, das diese neue

Welt hervorbringen kann. Das Unternehmen wurde in eine digitale Wiege und Kultur hineingeboren und durch und durch von der kapitalistischen Struktur geprägt, die für Technologie-Start-ups unabdingbar ist. Bei der Marktkapitalisierung kann Tesla bereits mit Ford, Renault und GM mithalten und entwickelt sich stetig zum führenden Hersteller in der symbolträchtigen Automobilbranche – und das in einem Land, in dem diese Branche seit Anfang des 20. Jahrhunderts schon nichts wirklich Neues mehr gesehen hat. Dass das mit dem vierten Industriezeitalter assoziierte Modell von einem neuen Akteur stammen konnte, der in der digitalen Kultur und in der Industriekultur gleichermaßen zu Hause ist, ist allerdings keine Überraschung.

Über diese Beobachtung auf Makroebene hinaus liefert das vorliegende Buch eine detailgenaue Darstellung des Teslismus-Modells – hier interpretiert als Nachfolger des Toyotismus. Ziel ist dabei, zu beleuchten, wie es auf die Herausforderungen des vierten Industriezeitalters reagiert. Sieben Grundprinzipien lassen sich daraufhin abklopfen.

Kein System ist vollkommen – nicht einmal das von Elon Musk entwickelte, das Kritikern diverse Ansatzpunkte bietet. Ganz zu schweigen davon, dass es reduktionistisch wäre, den Teslismus auf Tesla zu beschränken. Das hat sogar Musk selbst über die Rolle gesagt, die sein Unternehmen in der Gesellschaft spielt: dass nämlich Tesla, auch wenn es an und für sich unbedeutend ist, genügend Einfluss ausübt, um die übrigen Autobauer in aller Welt dazu zu animieren, massiv in Elektrofahrzeuge zu investieren (Fabernovel, 2018).

Daher ist es nicht etwa Zweck dieses Buches, für die Marke als solche zu werben. Vielmehr soll es den Leser dazu bringen, aus der Distanz über die mit dem Tesla-Modell assoziierten Grundsätze nachzudenken. Immerhin könnten diese für die Organisationen der Zukunft Orientierungshilfe bieten, indem sie sie für künftige Entwicklungen fit machen. Diese Überlegung liegt der Entscheidung zugrunde, jeden der in diesem Buch erörterten

Grundsätze mit Kommentaren aus anderen führenden Industrieunternehmen zu untermauern – allerdings nicht ohne weitere
Aspekte anzuführen, über die sich jeder Leser seine eigenen
Gedanken machen kann, wenn er das Tesla-Modell an seinen
jeweiligen Kontext anpasst.

DAS DRITTE INDUSTRIELLE ZEITALTER IST VORÜBER: SO WEIT, SO GUT

ZUSAMMENFASSUNG

Jede industrielle Revolution zeichnete sich bisher durch eine exponentielle Beschleunigung des technischen Fortschritts aus. Wie schon die Legende von König Balhait veranschaulicht, übersteigt exponentieller Fortschritt den menschlichen Verstand. Das erklärt, warum die aktuellen Veränderungen so beunruhigend wirken können.

Die Zeit nach dem Zweiten Weltkrieg war durch eine Globalisierungsphase geprägt, die sich durch die globale Streuung der Lieferketten, die Auslagerung der Produktion ins Ausland und einen Glauben an möglichst große Konzerne auszeichnete – und das alles in einem Kontext, der sich durch die Liberalisierung der Finanzmärkte definierte.

Gegen Ende des dritten Industriezeitalters entwickelte sich der Toyotismus – eine Reaktion auf die veränderten Bedürfnisse von Verbrauchern, Aktionären und Beschäftigten. Inzwischen stößt dieses Modell an seine Grenzen. Neue Imperative wie Anpassungsfähigkeit, Reaktionsfähigkeit, Individualisierung und sinnvolle Arbeit sind entstanden, getragen vom Aufkommen digitaler Technologien, die in der Lage sind, Geschäftsmodelle, die Wettbewerbslandschaft, Verbrauchergewohnheiten und die Erwartungen der Beschäftigten grundlegend zu verändern. Die Welt der physischen Objekte muss sich auf ein Universum voller Informationen und Datenströme einstellen.

Noch vor nicht allzu langer Zeit war „glückliche Globalisierung" ein Schlagwort in den Unternehmen. Die Transportmöglichkeiten und -volumina explodierten und es entstanden globalisierte Lieferketten und Produktionsanlagen (bedingt durch territoriale Arbitrage, die ihrerseits durch die Arbeitskosten diktiert wurde). Folglich hatten die Unternehmen in einem von der Liberalisierung des Handels und der Finanzmärkte geprägten Kontext Anreize, zu expandieren, um Skalenvorteile zu erzielen. Der Toyotismus, der später auch als Lean Manufacturing oder schlanke Produktion bezeichnet werden sollte, schien als Organisationsmodell besonders gut in diese Ära zu passen, da er Qualitätssteigerungen, kürzere Produktionszeiten und geringere Lagerbestände ermöglichte, was Unternehmen beim Betriebskapital Erleichterungen verschaffte. Doch von vielen unbemerkt wirkte das digitale Zeitalter bereits destabilisierend auf dieses Modell. Die Betriebsweise etablierter Industrieunternehmen wurde durch eine Fülle von Faktoren infrage gestellt, darunter die wachsende Nachfrage nach Unmittelbarkeit, Transparenz und Sinn, die exponentielle Beschleunigung der technischen Entwicklung (die bewährte Kompetenzplattformen auf den Kopf stellte) und der Auftritt neuer Konkurrenten aus dem digitalen Universum.

Innovation und industrielle Revolution: Die unvermeidliche Beschleunigung

Der Homo erectus erschien erstmals vor einer Million Jahren auf der Bildfläche. Damals richtete sich der Mensch auf und lernte, seine Arme immer geschickter zu benutzen und sich von anderen Tieren zu unterscheiden. 900.000 Jahre später trat der Homo sapiens auf und begann erstmals, Werkstoffe umzuformen, was in der ersten Verwendung von Werkzeugen gipfelte. Wieder 90.000 Jahre später begann die Menschheit, Vieh zu züchten und Ackerbau zu betreiben. Noch 9.000 Jahre später war es die Druckerpresse, die die Kommunikation zwischen den Menschen für immer veränderte (und sogar Brücken zwischen Generationen schlug). Weitere 700 Jahre später erfand James Watt die Dampfmaschine im Zuge einer Entwicklung, die bald als erste industrielle Revolution bezeichnet werden sollte, aber im Grunde den Anfang eines gewissen beschleunigten Fortschritts darstellte, den die Menschen tatsächlich wahrnehmen konnten.

Im Anschluss häuften sich große Durchbrüche in der Wissenschaft so dermaßen, dass nachfolgende Generationen eine Welt erlebten, die sich durch laufende Neuerungen infolge technischer Fortschritte auszeichnete und bewirkte, dass jede neue Generation ganz anders lebte als die ihrer Eltern (oder auch die ihrer Kinder oder Enkel). Der Begriff „Disruption" bietet sich an, um die folgenden drei maßgeblichen Zeitalter zu beschreiben, die alle durch eine bestimmte Entwicklung charakterisiert wurden. Diese ging über einfache technische Veränderungen hinaus und brachte ganz neue Arbeitsmethoden und eine systematische Reaktion auf bestimmte, in der Gesellschaft entstehende, neue wirtschaftliche und soziale Bedürfnisse hervor. Bei der ersten industriellen Revolution vollzog sich diese Entwicklung im späten 18. Jahrhundert. Damals ging es vor allem darum, die Nachfrage nach Infrastruktur zu befriedigen, also Gebäude zu errichten und den Personen- und Güterverkehr auszubauen. Die Dampfmaschine sollte eine Mechanisierung von Aufgaben ermöglichen, die wiederum zu neuen Arbeitsmethoden führte.

Menschen lernten, mit Maschinen zu arbeiten – mit allen sozialen Konsequenzen, die das mit sich brachte.

Die nächste Station der fortschreitenden industriellen Entwicklung war die zweite industrielle Revolution, die etwa 100 Jahre später einsetzte. Aus wissenschaftlicher Sicht war der Auslöser dafür die Entdeckung der Elektrizität. Doch auch diesmal gingen die Konsequenzen weit über die eigentliche Erfindung hinaus. Der elektrische Strom machte es möglich, den Fabrikbetrieb ganz anders aufzuziehen. An die Stelle einer Konfiguration mit einer großen zentralen Dampfmaschine traten viele kleine autonome strombetriebene Maschinen, die über die gesamte Anlage verteilt waren. Daraus entstand das Prinzip der Fließbandproduktion, was wiederum gewaltige Produktivitätssteigerungen brachte, die es ermöglichten, die ab Anfang des 20. Jahrhunderts explodierende Massennachfrage zu befriedigen. Gesellschaftlich ging diese Revolution mit einem neuen kollektiven Konzept einher, das von Charlie Chaplins berühmtem Film *Moderne Zeiten* verkörpert wurde – die „Fließbandarbeit", wie es allgemein bezeichnet wurde. Das waren im Grunde die Anfänge des Fordismus, eines auf den Grundsätzen eines Ingenieurs namens Taylor beruhenden Organisationsmodells, das es durch Spezialisierung ermöglichen sollte, die Effizienz der Arbeit um den Faktor 10 zu erhöhen.

60 Jahre später vollzog sich eine weitaus hintergründigere Revolution. Im Zuge neuerlicher und verstärkter Globalisierung ebneten die ersten Computer den Weg für die Robotik und die Automatisierung. Das Problem dieser letztgenannten Innovation, die enorme Rechenleistung erforderte: Die Kapazität des menschlichen Gehirns, das auf wiederkehrende Aufgaben ausgelegt ist, stieß bald an ihre Grenzen. An diesem Punkt kommt unweigerlich das Moore'sche Gesetz ins Spiel, so benannt nach dem berühmten Intel-Ingenieur, der den Mikroprozessor erfand und vorhersagte, dass sich die Speicherkapazität alle 18 Monate verdoppeln würde. Zum ersten Mal erkannten die Menschen, dass der Fortschritt mit dieser neuen industriellen Revolution exponentiell werden könnte.

Dennoch war Moore mit seinen Prognosen noch vergleichsweise konservativ. 50 Jahre später gilt sein „Verdoppelungsgesetz" nach wie vor und liegt dem fortgesetzten Wachstum von Speicherkapazität und Rechenleistung zugrunde. Ein näherer Blick auf die Geschwindigkeit, mit der die verschiedenen menschlichen Innovationen aufeinanderfolgen, offenbart starke Parallelen zu einem exponentiellen Gesetz – Homo erectus: vor 1 Million Jahren, Homo sapiens: vor 100.000 Jahren, Ackerbau: vor 10.000 Jahren, Buchdruck: vor 600 Jahren, Dampfmaschinen: vor 300 Jahren, Elektrizität: vor 100 Jahren, Computer: vor 40 Jahren … und heute das Smartphone (Abbildung 1.1)!

Abbildung 1.1 **Die Menschheit und der technische Fortschritt**

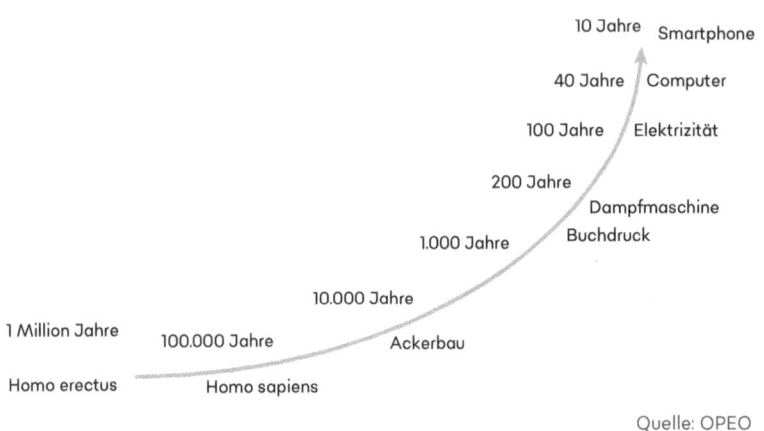

Quelle: OPEO

Das menschliche Gehirn und das Exponentialgesetz

Der Mensch ist an ein lineares Leben gewöhnt. So entwickelt sich das Leben, und so lernt unser Gehirn – in kleinen Schritten, Tag für Tag. Wie schwer es dem Menschen fällt, sich das Exponentialgesetz vorzustellen, geht sehr treffend aus der alten indischen Legende vom König Balhait hervor.

Eines Tages langweilte sich Balhait und beschloss, einen Wettbewerb auszurufen: Demjenigen, dem eine gute Zerstreuung einfiel, wurde eine märchenhafte Belohnung in Aussicht gestellt. Ein weiser Mann namens Sissa nahm die Herausforderung mit einem boshaften Hintergedanken an. Er erfand zu diesem Zweck (der Legende nach) das Schachspiel und präsentierte es dem König. Dieser war so begeistert, dass er Sissa für dieses außergewöhnliche Geschenk alles versprach, was sein Herz begehrte. Sissa bat seinen Herrscher daraufhin, ihm ein Reiskorn auf das erste Feld des Schachbretts zu legen, zwei auf das zweite, vier auf das dritte und so weiter. Die Zahl der Reiskörner sollte von einem Feld zum nächsten bis hin zum allerletzten verdoppelt werden. Als die Berater des Königs versuchten, diesen Wunsch zu erfüllen, merkten sie bald, dass es im ganzen Königreich nicht genug Reis gab, um auch nur die Hälfte des Schachbretts abzuarbeiten. Der König begriff, dass ihn Sissa hinters Licht geführt hatte, und verurteilte den Mann zum Tode. Sissa war quasi einer der ersten, der den Kollateralschäden des Exponentialgesetzes zum Opfer fiel, das wir bis heute nicht richtig begreifen können.

Diese Legende veranschaulicht, wie schwer es dem menschlichen Gehirn fällt, ein Gesetz zu erfassen, das seine endgültige Form noch nicht erreicht hat. Dabei wird die Neuzeit, die manche Experten unbedingt als „drittes Industriezeitalter" etikettieren wollen, bereits von einem Grundsatz des exponentiellen Fortschritts bestimmt. Das könnte nicht nur erklären, weshalb heute so verbreitet der Eindruck herrscht, es sei alles im Fluss, sondern auch das kollektive Unbehagen, das dieser beschleunigte Fortschritt auslöst. Die moderne Zivilisation nähert sich dem Punkt, an dem die Kurve steiler wird. Fortschritt offenbart sich nicht mehr von einer Generation zur nächsten, sondern innerhalb der eigenen Lebenszeit. Das alles verdeutlicht, warum vor jeder Diskussion über die Existenz einer neuen industriellen Revolution (der vierten in der Geschichte) ein genauerer Blick auf die Merkmale des dritten Industriezeitalters angezeigt ist – eines Wirtschafts-, Technik- und Organisationsmodells, das beispiellose Stärken und Vorzüge hat, aber auch ganz klare Grenzen.

Das Paradigma von der glücklichen Globalisierung

Der Wiederaufbau der westlichen Welt nach dem Zweiten Welt-krieg bewirkte, dass sich eine überwiegend vom Ackerbau geprägte Wirtschaft zu einer Wirtschaft entwickelte, die sich auf industrielle (und später dienstleistungsorientierte) Anwendungen spezialisierte. Befeuert durch immer reichlicher vorhandene Öl-ressourcen und eine Lockerung der Handelsbarrieren hatte sich der Welthandel in den 1960er-Jahren bereits wieder verstärkt. Von Jahr zu Jahr demokratisierte sich der Personen- (und dann auch der Waren-)verkehr zusehends und nahm zu – vor allem nach dem Fall der Berliner Mauer 1989. Der International Civil Aviation Organization (ICAO) zufolge spiegelte sich dieser allgemeine Trend auch im Luftverkehr wider: Dieser verzeichnete einen Anstieg von zehn Millionen Passagieren im Jahr 1950 auf 500 Millionen im Jahr 1970 und 3 Milliarden im Jahr 2010. Das senkte die Trans-portkosten und erleichterte es, Produkte fernab ihrer Verbraucher zu fertigen.

Berichten zufolge wurden Betriebsverlagerungen ab den 1980er-Jahren in den Industrieländern der Welt zum Massenphänomen, was insbesondere die Herausbildung neuer asiatischer Schwerge-wichte begünstigte – allen voran China. Mit dem Aufkommen industrieller IT-Systeme bedeutete die Fragmentierung der Lie-ferketten, dass weltweit immer anspruchsvollere Produkte hoch-komplex produziert und über durchgehende Transportketten ge-liefert werden konnten (also alles vom einfachen Bauteil bis zum fertigen Produkt). Selbst wenn die Endmontage nicht unbedingt ausgelagert wurde, führte das zu einer Situation, wie sie heute vorliegt, in der über 50 Prozent der gesamten Wertschöpfung „exportiert" werden und nicht in dem Markt stattfinden, in dem ein Produkt konsumiert wird – auch bei Hightech-Produkten. Parallel zur Atomisierung der Lieferketten explodierte der gewerb-liche Handel – wodurch die Transportwege für grundlegende Industriekomponenten und Produktmodule gleichermaßen länger wurden.

Verstärkt wurde dieser Trend durch die Liberalisierung der Finanzmärkte, denn der freie Kapitalverkehr trug zur Entstehung polymorpher Gruppen bei, die sich verbanden und trennten in Abhängigkeit von Trends, die von der Realwirtschaft vollkommen losgelöst sein konnten. Am Ende verschwanden dadurch große Teile der klassischen Fertigung aus dem Westen. Textilien beispielsweise wurden nur noch im Ausland produziert, gefolgt von anderen Artikeln des Grundbedarfs wie Spielzeug und einfachen Elektronikprodukten. In Europa setzte sich der fabriklose „Fabless"-Ansatz durch, den Serge Tchuruk als Chef von Alcatel bekannt machte. Die logische Folge war die Frage, warum ein Unternehmen überhaupt margenschwache Waren in einem Sektor, der laufender Erneuerung unterlag, lokal produzieren sollte. Der Wert eines Unternehmens koppelte sich zunehmend vom Wert seiner Produktionsanlagen ab, deren Standort sich immer stärker nach dem Arbeitskostengefälle zwischen dem Globalen Norden und dem Globalen Süden richtete.

Das vorherrschende Strategiemodell – das sowohl den Wettlauf um Wachstum (zur Deckung der Gemeinkosten) als auch die Fragmentierung der Lieferketten (zur Ausnutzung der weltweiten Unterschiede bei den Arbeitskosten) reflektiert – ermöglichte Skalenvorteile und Wertschöpfung durch die Optimierung des globalen Betriebs. Solches Wachstum entstand einerseits organisch, andererseits durch Akquisitionen. In beiden Fällen lief es auf einen Wettlauf um Größe hinaus, der sich in einer Strategie zur Anhäufung von Aktivposten äußerte. Nach und nach wurden die Akteure in den verschiedenen Ketten immer stärker voneinander abhängig, wobei jeder das Interesse verfolgte, durch herausragende Leistungen in seinem Kerngeschäft die eigenen Margen zu schützen.

Der Toyotismus – ein Schicksalsmodell

Verbraucher, Aktionäre und Beschäftigte stellten immer höhere Ansprüche. Die Verbraucher wollten Produkte kaufen, die passgenauer auf sie zugeschnitten waren, schnell verändert werden konnten und jederzeit zur Verfügung standen. Das setzte die Lieferkettenlogistik und die Reaktionsfähigkeit der Fabriken gleichermaßen unter Druck. Auch die Struktur der Aktionäre entwickelte sich weiter, vor allem im Nachgang zur Entstehung großer Pensionsfonds. Die Forderungen nach kurzfristigen Erträgen wurden zu dem Zeitpunkt lauter, als die Risikobereitschaft zurückging. Das brachte Unternehmen in Zugzwang, die darauf mit einer Verringerung ihres Betriebskapitals reagierten. Letztlich (und darin spiegeln sich sonstige Veränderungen in der Gesellschaft wider) forderten die Beschäftigten in diesem dritten Industriezeitalter mehr Mitspracherecht und bessere Chancen auf berufliche Weiterentwicklung.

Per saldo brachten dieses drei Phänomene die meisten Industrieunternehmen dazu, ihre eigenen Modelle infrage zu stellen. Die frühen Jahre der Automatisierung und Robotisierung hatten dazu beigetragen, die Zahl schwerer, monotoner Arbeiten, die von Unternehmen ausgeführt wurden, zu verringern und dabei zumindest zum Teil die Forderungen nach kurzfristiger Rentabilität zu befriedigen. Etliche Unternehmen setzten auch erste Systeme zur Ressourcenplanung (Enterprise Resource Planning oder kurz ERP) ein. Diese ermöglichten verschiedenen Funktionen den Austausch von Daten, die entweder von Drittanbietern auf dem Markt oder intern aus ihren eigenen globalen Produktionsprozessen bezogen wurden. Dadurch sollte die Widerstandsfähigkeit der Lieferketten erhöht werden.

Dessen ungeachtet mangelte es dem dritten Industriezeitalter an einem Organisationsmodell, das das Management großer Unternehmen und komplexer Lieferketten möglich machen konnte, ohne zu starke Abstriche beim Betriebskapital oder der Servicequalität für die Endnutzer zu verursachen. So konnte ein System entstehen, dessen Betriebsgrundsätze mit dem Taylorismus brachen, der die vorausgegangene Ära bestimmt hatte. Das neue System, das zunächst als Toyotismus bezeichnet wurde – und später als schlanke Produktion –, reagierte auf die drei erwähnten Herausforderungen, indem es ein Wertschöpfungskonzept förderte, das den Endnutzer in den Mittelpunkt aller internen Praktiken stellte. Das Konzept beruhte auf drei Grundprinzipien. Das erste bestand im Austesten „schlanker Abläufe" in Reaktion auf die Notwendigkeit, Betriebskapital durch weniger Lagerhaltung zu verringern. Das zweite war das System zur Qualitätsüberwachung, das auf der Vorstellung fußte, alles auf Anhieb richtig zu machen – „Right-First-Time" –, um herausragende Leistungsqualität zu möglichst niedrigen Kosten zu garantieren. Drittens ermöglichten es partizipative Managementsysteme, die intellektuelle Schlagkraft, die einem Unternehmen zur Verfügung stand, voll auszuschöpfen. Das galt auch für Arbeiter, nicht nur für Führungskräfte oder Ingenieure.

In den 1980er- und 1990er-Jahren entdeckte die Welt ein Toyota-Modell, das 40 Jahre lang sämtliche Bereiche der Wirtschaft durchdringen und erhebliche Verbesserungen bei Kosten, Produktionszeit und Produktqualität herbeiführen sollte. Dieses Modell wird in den meisten Sektoren mehr oder minder bis heute eingesetzt, und die damit verbundenen Herausforderungen des dritten Industriezeitalters durch die Ansprüche von Verbrauchern, Aktionären und Beschäftigten bestehen nach wie vor. Warum also sollte sich daran etwas ändern?

Die Grenzen des Modells

Die Welt verändert sich nicht grundlegend von einem Tag auf den anderen wie durch Umlegen eines Lichtschalters. Zumindest für eine gewisse Zeit überlappen die Maßstäbe zweier Epochen. Daher gelten die mit dem dritten Industriezeitalter verknüpften Maßstäbe zwar noch, doch es zeichnen sich bereits maßgebliche Veränderungen ab. Dazu zählt ein Bewusstsein, das sich in verschiedenen Tätigkeitsbereichen und abhängig von der Entwicklungskurve der einzelnen Industrieakteure langsamer oder schneller herausbildete.

Die augenfälligste all dieser Veränderungen ist zweifelsohne das Aufkommen der sozialen Netzwerke, die unmittelbaren Zugriff auf Produkt-, Marken- und Dienstleistungsinformationen sowie die virale Verbreitung von Informationen ermöglichen. Eine Folge davon ist, dass die Verbraucher neuerdings regelmäßig durchgehende Transparenz von allen an der Industriekette beteiligten Parteien einfordern. Das stellte das mit dem dritten Industriezeitalter verbundene Modell vor ein Problem – war es doch stärker auf die globale Optimierung der Produktionskosten ausgerichtet, indem es Industriestandorte auf der Grundlage von nur zwei Faktoren auswählte (Transportkosten im Vergleich zu Arbeitskosten vor Ort). Es entstand ein Spannungsfeld zwischen Zielen, die ausschließlich auf Rentabilität abgestellt waren, und solchen, die das Image des Unternehmens betrafen wie unter anderem Arbeitsbedingungen, Rückverfolgbarkeit der eingesetzten Rohstoffe, Ökobilanz und steuerrechtliches Verantwortungsbewusstsein in den Ländern, in denen es Produktionsstätten betrieb.

Neben der eindeutigen Beachtung ethisch begründeter Schwellenwerte durch Akteure aus der Industrie ist da noch der Umstand, dass inzwischen die sogenannten Generationen Y und Z auf den Arbeitsmarkt drängen, die weit mehr Wert auf sinnstiftende Arbeit legen als ihre Vorläufer. Am Ende standen generell kritischere Blicke der Öffentlichkeit auf die Standorte von Industriebetrieben, Entwicklungszentren oder Support-Funktionen, noch verschärft durch die jüngste Rückkehr zu altmodischem Chauvinismus (auf nationaler wie regionaler Ebene). Ein bezeichnendes Beispiel dafür ist die zunehmende Gegensätzlichkeit zwischen großen globalisierten Metropolen und der „Peripherie", deren Einwohner sich von der Politik immer stärker vernachlässigt fühlen (Guilluy, 2014). Das dritte Industriezeitalter hat zu Konkurrenz unter diesen peripheren Regionen geführt, die früher schlicht Rohstoffe oder verarbeitete Lebensmittel in die Ballungszentren geliefert hatten, welche im Anschluss die erforderlichen Umverteilungs- und Verwaltungsaufgaben übernahmen. Kleinstädte in landwirtschaftlich geprägten US-Bundesstaaten wie Iowa konnten sich damals auf die nächste Großstadt verlassen, für die sie als „Subunternehmer" immer mehr manuelle und industrielle Tätigkeiten übernahmen. Im Austausch kümmerte sich die Großstadt um das Bildungssystem und die Umverteilung der auf den Verbrauch der besagten Produkte vereinnahmten Steuern. Im Großen und Ganzen war das für alle Beteiligten eine Win-win-Situation. Doch plötzlich mussten eben diese Kleinstädte mit mittelgroßen Städten in Mexiko, Osteuropa oder Asien konkurrieren – weil sich in der dritten industriellen Revolution eine Art Untervergabe von Aufträgen an Offshore-Anbieter herauskristallisierte, die gänzlich von jeder auf Nähe gestützten und auf politischem Vertrauen basierenden Beziehung losgelöst war. All das erklärt, warum die Toleranzschwelle für ein Modell, das die interregionalen Ungleichgewichte sowie alle möglichen Spannungen verstärkt hatte, inzwischen gesunken ist (wie die jüngsten Wahlergebnisse im Globalen Norden deutlich machen).

Durch die wachsende Nachfrage nach Unternehmensethik geriet auch das Verhalten der Aktionäre ins Visier. Auf die Liberalisierung der Finanzmärkte folgte im Zuge komplexer Finanzregelungen eine grandiose Ära der Kapitalverwässerung. Gebremst wurde diese Entwicklung eindeutig durch die Finanzkrise von 2008, als der ganzen Welt bewusst wurde, dass das System außer Kontrolle geraten konnte – ganz gleich, was das für die Realwirtschaft bedeutete. Dieser Umbruch löste zwei Reaktionen aus. Einerseits erfolgte eine Rückbesinnung auf handfeste physische Werte, und die Vorstellung, dass der Industriesektor für diesen Ansatz eine Vorreiterrolle übernehmen konnte, griff um sich. Andererseits wurden die Aktionäre misstrauischer betrachtet. Ihnen wurde vorgeworfen, sie seien vor allem am finanziellen Ertrag interessiert und daher kurzfristig orientiert, ohne Bezug zu den Unternehmen und ihren Beschäftigten. Die Geschichte des produzierenden Gewerbes strotzt vor Beispielen für Fabriken, die gleich mehrfach von Fonds aufgekauft wurden, die vielleicht mit ein paar langfristigen Ambitionen antraten, doch letztlich (oft aufgrund von fremdfinanzierten Übernahmen) gezwungen waren, ans „Eingemachte" des Industrieapparats zu gehen, indem sie dessen Grundbedürfnisse nach Instandhaltungs- und Modernisierungsinvestitionen vernachlässigten. Im

Zuge des beschleunigten technischen Fortschritts trat diese Art von Strategie – die ein oder zwei Jahre lang ohne spürbare Folgen funktionieren konnte – deutlicher zutage denn je. Doch gierige Investmentfonds hatten keine sehr gute Presse mehr und trugen dazu bei, dass etliche das System in Bausch und Bogen ablehnten.

Eine weitere bahnbrechende Veränderung bestand darin, dass die digitale Wirtschaft ihr Modell in andere Sektoren zu exportieren begann. Das galt vor allem für eine charakteristische Eigenschaft des immateriellen Austauschs, nämlich die Forderung nach Transaktionen in Echtzeit. In der Welt der Industrie werden Informationen letztlich stets in ein physisches Gut verwandelt. Trotz der enormen Verkürzung der Produktionszeiten sollte die Industrie in diesem dritten Zeitalter durch eine neue Forderung komplett auf den Kopf gestellt werden, die angesichts der Verzögerungen bei der Umwandlung und der Lieferung der Rohstoffe unerfüllbar schien. Auch die paradigmatische Vorstellung, dass große Konzerne profitierten, indem sie ihre Größe in die Waagschale warfen, um sich Skalenvorteile zu verschaffen, verlor an Aktualität. Eine neue Idee nahm Gestalt an: Größe galt nicht mehr unbedingt als vorteilhaft, sondern konnte ein großes Hindernis für rasche Anpassung und sofortige Reaktion sein.

Außerdem stießen die Technologien des dritten Industriezeitalters bei der Befriedigung der neuerdings erforderlichen Reaktions- und Anpassungsfähigkeit nach und nach an ihre Grenzen. Es war schwer, eine Nachfrage zu erfüllen, die immer mehr auf Einzelchargen und individuelle Produkte abhob. Maschinen und Prozesse waren damals im Hinblick auf Serienlogik dimensioniert. Roboter waren von Käfigen umschlossen, und nur Spezialisten hatten Zugriff darauf. Zur Verarbeitung sämtlicher Managementdaten und zur Sicherstellung, dass die Industrieplanung einmal im Jahr nachjustiert wurde, kam dabei ERP zum Einsatz. Natürlich konnte es Jahre dauern, bis ein derart konzipiertes System eingerichtet war. Da solche Systeme unzureichend auf Marktvolatilität und auf die Nachfrage nach Produktanpassungen eingestellt waren, wurde zunehmend deutlich, dass sie dringend wiederbelebt werden mussten. Agile Lösungen wie kollaborative, lernfähige Roboter sowie Spezialanwendungen, die rasch installiert und auf Software-as-a-Service-Basis (SaaS-Basis) betrieben werden konnten, erschienen vielversprechend.

Bleibt zu sagen, dass neue Technologien einen weiteren Effekt haben würden, der im Hinblick auf die traditionelle Betriebsweise von Unternehmen des dritten Industriezeitalters sogar noch schädlicher war. Exponentielle Veränderungen erforderten immer aktuellere Kompetenzen, die immer schneller aufgefrischt werden mussten. Außerdem setzten sie eine intensivere Zusammenarbeit zwischen Fachleuten voraus. Doch all diese Zukunftskompetenzen intern zu entwickeln war beinahe unmöglich. Das Prinzip, dass innovative Tätigkeiten und Betriebsgeheimnisse erhebliche Einstiegsbarrieren darstellten, galt nicht mehr. Ganz im Gegenteil, Innovation erforderte vermehrten Zugriff auf externe Kompetenzen und Engagement in Partnerschaften, an denen unter Umständen auch Konkurrenten beteiligt waren. Das Problem dabei: Der wachsende Innovationsbedarf zur Wahrung der eigenen Wettbewerbsfähigkeit auf dem Markt musste mit Abgrenzung von der Konkurrenz und kontinuierlicher Aufgeschlossenheit für die Ermittlung nützlicher Kompetenzen unter einen Hut gebracht werden. Größtes Dilemma dieses technologischen Wandels war, dass nicht mehr nur den klassischen Konkurrenten eines Unternehmen Misstrauen entgegengebracht wurde, sondern auch Akteuren aus anderen Sektoren, die entweder aus derselben Wertschöpfungskette stammten (vor- oder nachgeschaltet) oder aus einer ganz anderen Sphäre (etwa der GAFA-Welt der reinrassigen Digitalunternehmen, deren digitale Plattformen ganze Branchen bedrohten).

Mit ihren Forderungen nach Ethik, Unmittelbarkeit, Individualisierung und disruptiver Innovation hatte die vom dritten Industriezeitalter geschaffene Welt zwar noch eine gewisse Reichweite, doch die radikalen Veränderungen, die sie durchlief, warfen ernsthafte Fragen zu ihren Grundprinzipien auf. So stellte sich die

Frage, ob man diesen Veränderungen mit Gleichmut begegnen und abwarten sollte, bis sich die Lage stabilisierte (wie man einen Schmerz ignoriert, bis er unerträglich wird), oder ob die Zeit reif war für eine weitere Umwälzung. Bis dahin war ja alles bestens gelaufen – so weit, so gut –, doch ob das so bleiben konnte, war unklar. Zu klären blieb, ob all die anstehenden Disruptionen so weltbewegend waren, dass sie als neue industrielle Revolution bezeichnet werden durften, die vierte in der Menschheitsgeschichte.

2

DAS VIERTE INDUSTRIEZEITALTER: ECHTE DISRUPTION ODER FALSCHE REVOLUTION?

ZUSAMMENFASSUNG

- Die Welt der Industrie steht vor vier neuen Herausforderungen: Jeder ist mit jedem hypervernetzt, Fortschritt ist seinem Wesen nach exponentiell, es liegt eine Hyperkonzentration nach dem Alles-oder-nichts-Prinzip vor und die Wirtschaft wird zur „Use Economy". Diese vier Herausforderungen zwingen die Welt der Industrie im Zusammenspiel zu Veränderungen, die jedoch von vielen Spitzenmanagern hinterfragt werden.

- Die Zweifler bringen drei Hauptargumente vor. Nach ihrer Auffassung gibt es keine Disruption (lediglich eine Erhöhung der üblichen Geschwindigkeit des industriellen Wandels), die bisher aufgetretenen

Veränderungen sind widersprüchlich und lassen sich nicht ohne Weiteres eindeutig charakterisieren; es ist unmöglich, in der Welt physischer Objekte dieselbe Logik zu reproduzieren, die für immaterielle Abläufe gilt.

- Was den Industriebetrieben im Kielwasser des Fordismus und Toyotismus fehlt, ist ein Benchmark-Organisationsmodell, das an dieses neue Industriezeitalter angepasst ist. Dieses Modell müsste agil sein, vernetzt, zu disruptiver Innovation fähig und attraktiv für die klugen Köpfe von morgen – kurz, in der Lage, die Herausforderungen des vierten Industriezeitalters zu bewältigen.

- Die Tesla-Methode – inspiriert durch das von Tesla eingeführte System – könnte die Matrix für ein neues Modell einer produktiven Organisation werden. Strukturell ließe sich dieses durch drei konzentrische Kreise und sieben Prinzipien darstellen: Entwicklung eines Narrativs, Kreuzintegration, Tentakeltraktion, Start-up-Leadership, Software-Hybridisierung, Hyperproduktion und menschliches und maschinelles Lernen

Viele Beobachter bezweifelten, ob sich tatsächlich eine industrielle Revolution vollzog. Statt sich bereitwillig auf einen disruptiven Ansatz einzulassen, zogen sie es vor, untätig zu bleiben oder sich auf einfachste Reformen in kleinen Schritten zu beschränken. Sicherlich hat das Fehlen eines konkreten Ziels in Form eines Organisationsmodells all jenen das Leben schwerer gemacht, die echte Transformation erreichen wollten. Nach dem Taylorismus, dem Fordismus und dem Toyotismus stellte sich nun die Frage, welches neue Organisationsmodell sich wohl herausbilden und es Unternehmen ermöglichen würde, all die eintretenden technologischen

Veränderungen ganz auszuschöpfen und gleichzeitig die neuen Anforderungen der Kunden zu erfüllen.

Vier neue Herausforderungen für die Industrie

Bevor wir über die vierte industrielle Revolution sprechen, sollten wir auf die angesprochenen größten Herausforderungen eingehen – und auf ihre wichtigsten Folgen (Abbildung 2.1).

Die erste Herausforderung war die neue Hypervernetzung zwischen Maschinen, Menschen, Produkten und dem Berufs- und Privatleben jedes Einzelnen. In der neuen Welt wäre jeder mit jedem vernetzt und hätte Zugang zu Informationen, die nicht mehr länger nur wenigen Personen und Teams vorbehalten wären, die am Arbeitsplatz Wert auf mehr Sinnstiftung und Autonomie legen. Auch die modernen Verbraucher würden Abläufe in Echtzeit einfordern – mit Reaktionsschnelle als Schlüsselwert. Das würde bedeuten, dass Unternehmen verstärkt auf immer umfassendere Konnektivität setzen müssen, da Kunden noch schnellere Reaktionen fordern.

Abbildung 2.1 **Die vier Herausforderungen des vierten Industriezeitalters**

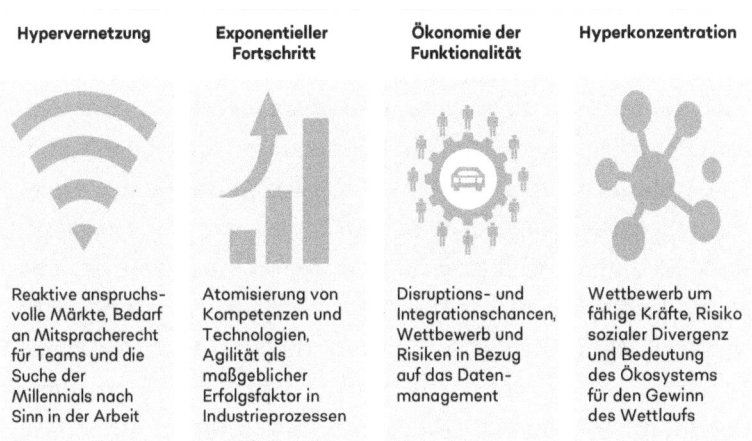

Hypervernetzung	Exponentieller Fortschritt	Ökonomie der Funktionalität	Hyperkonzentration
Reaktive anspruchsvolle Märkte, Bedarf an Mitspracherecht für Teams und die Suche der Millennials nach Sinn in der Arbeit	Atomisierung von Kompetenzen und Technologien, Agilität als maßgeblicher Erfolgsfaktor in Industrieprozessen	Disruptions- und Integrationschancen, Wettbewerb und Risiken in Bezug auf das Datenmanagement	Wettbewerb um fähige Kräfte, Risiko sozialer Divergenz und Bedeutung des Ökosystems für den Gewinn des Wettlaufs

Quelle: OPEO

Die zweite Herausforderung bestand im exponentiellen Charakter des Fortschritts. Dem Moore'schen Gesetz zufolge verdoppelt sich die Rechenleistung alle 18 Monate, und die meisten Technologien folgen diesem Exponentialitätstrend. Am Ende stand die Verbreitung von immer stärker atomisierten Technologien, die gleichzeitig spezifischer und innovativer waren. Das ging einher mit der Atomisierung der damit verbundenen Kompetenzen in einem Umfeld, das sich durch fließende Prozesse auszeichnete. Agilität (auf der Grundlage ständiger Anpassung) würde zum zentralen Wert, und die Frage wäre, wie man vom fortlaufenden Wandel in der Industrierobotik, im 3D-Druck, beim Internet der Dinge, bei der künstlichen Intelligenz und bei digitalen Tools am besten profitieren konnte.

Die dritte Herausforderung stellte die Hyperkonzentration dar: die Möglichkeit, dass die größten Akteure in der digitalen Sphäre sowohl nach Marktwert als auch geografisch dominieren würden. Die globale Forschung und Entwicklung konzentriert sich weitgehend auf wenige kleine Standorte (mit zehn Clustern, auf die rund drei Viertel der gesamten Forschung und Entwicklung weltweit entfallen). Eine solche Konzentration hat für soziales Ungleichgewicht gesorgt. Die Menschen befürchten allmählich, dass ihre Arbeitsplätze nicht mehr sicher sind und die Mittelschicht verschwinden könnte. Hinzu kommt, dass auch die Missverhältnisse zwischen den Regionen zunahmen. Konservative Geschäftsmodelle reichten nicht mehr, und es wurden breiter angelegte Support-Systeme erforderlich. Das zentrale Wertsystem war das Ökosystem. An diesem Punkt stellte sich die Frage, wie ein Sicherheitsnetz eingezogen werden konnte, um dafür zu sorgen, dass die digitale Welt (mit dem ihr innewohnenden Alles-oder-nichts-Prinzip) nicht unweigerlich zu sozialen oder ökologischen Verheerungen führte. Außerdem mussten auch Antworten gefunden werden auf das Bedürfnis der neuen Generationen nach Sinnstiftung am Arbeitsplatz und in ihrem Konsumverhalten.

Die vierte und letzte Herausforderung schließlich bezog sich auf die Veränderung der Wertwahrnehmung. Eine Gesellschaft, die im Konsum von Gütern verwurzelt war, entwickelte sich kontinuierlich hin zu einer Welt, in der es nur noch um die Nutzung von Gütern ging. Erfolg winkte darin allen, die neue Geschäftsmodelle begründeten und Daten nutzten, um als Allererste innovative Dienste wie digitale Plattformen zu entwickeln. Alle versuchten eifrig, herauszufinden, wie man spezifischere Dienste und Produkte anbieten konnte, um die Nachfrage der Verbraucher des 21. Jahrhunderts zu befriedigen, die sich mehr dafür interessierten, wie man Güter nutzen konnte, als für den mit dem Eigentum daran verbundenen Status.

Diese Herausforderungen warfen Probleme auf, die einerseits grundlegend waren, andererseits aber auch eine Struktur vorgaben. Sie legten ausgesprochen deutlich nahe, dass das daraufhin geschaffene Modell seinem Wesen nach disruptiv sein müsste. Die Realität ist jedoch etwas komplexer, denn jede Anpassung an solche Herausforderungen wäre erheblich, mitunter widersprüchlich und auf jeden Fall schwer zu konzipieren. Daher die Skepsis, die viele Führungskräfte verspürten, während andere weiter ratlos waren, wie man von der neuen Bewegung am besten profitieren konnte.

Zweifler aus guten, aber falschen Gründen

Der erste Grund, nichts zu verändern, war gleichzeitig der naheliegendste. Wie bereits angesprochen, war die vierte industrielle Revolution in gewisser Hinsicht eine Fortsetzung der dritten, allerdings bei beschleunigtem technischem Fortschritt. Unter diesen Umständen wäre unklar gewesen, warum es überhaupt Veränderungen geben sollte. Roboter waren bereits hinlänglich bekannt, Informationssysteme ebenfalls (ERP war längst etabliert). Dasselbe galt für digitale Ansätze, die mehr oder minder als logische Nachfolger der Einführung des PCs am Arbeitsplatz galten.

Auch Toyotismus und schlanke Produktion gab es schon viele Jahre. So entstand die Idee, die Anstrengungen in all diesen Bereichen in der blinden Hoffnung zu verstärken, dass daraus schon etwas Gutes erwachsen würde. Ungeachtet dessen, wie groß die Herausforderung war, auch nur im Geschäft zu bleiben, war das die in vielen Unternehmen seinerzeit vorherrschende Einstellung – und ist es bis heute.

Ein zweiter Grund, am Status quo festzuhalten, waren die innerlichen Widersprüche zwischen manchen der mit dem vierten Industriezeitalter verbundenen Konzepten. Manche Analysten fühlten sich blockiert durch eine Situation, in der Agilität und eine anpassungsfähige Start-up-Mentalität Voraussetzung für den Erfolg war. Währenddessen wurde die Welt immer komplexer, was wiederum hoch entwickelte, robuste Betriebsprozesse erforderte, die so gar nicht zu der unbeschwerten Improvisation zu passen schienen, die gewöhnlich mit einer Start-up-Aktivität assoziiert wurde. Dieser Widerspruch wurde auch von der damals verbreiteten Idee verkörpert, dass es die Investmentrenditen unterlaufen könne, wenn das neue Paradigma größere Investitionen in neue Systemarchitektur erforderte, die sich auf langfristige Interessen fokussierte, kurzfristig aber unter dem Strich keinen Nutzen versprach. Das stand scheinbar in krassem Gegensatz zu der finanziellen und operationellen Agilität, nach der die Märkte verlangten. Wohlgemerkt war in jeder vorausgegangenen industriellen Revolution ein ganz ähnliches Phänomen zu beobachten, das sich in der erheblichen Zeitlücke zwischen der Verfügbarkeit neuer Technologien und der Konkretisierung ihrer wirtschaftlichen Effekte niederschlug. Enthusiastische Phasen traten überwiegend dann ein, wenn Innovationen in der Kombination allmählich einen größeren Wert generierten, als die Summe ihrer Teile zuvor hervorgebracht hatte. Anfang des 20. Jahrhunderts dauerte es beispielsweise über 20 Jahre, bis aus der Entdeckung der Elektrizität größere Veränderungen erwuchsen – nämlich, als Fabriken auf das Fließband umstiegen und die Taylor'schen

Grundsätze auf der Grundlage der Elektrifizierung kleinerer, flexiblerer Maschinen anwendeten. Das Problem dabei: Die immer stärker finanziell geprägte Sichtweise der modernen Welt erschwerte es, die Perspektive eines langfristigen Aktionärs einzunehmen.

Der letzte Grund für Widerstand gegen den Wandel war die berüchtigte Einbildung, dass „bei uns alles anders läuft". Natürlich hatten industrielle Tätigkeiten nichts mit Dienstleistungen zu tun – doch das ließ auch unklar erscheinen, wie ein Modell, das auf gänzlich immateriellen Abläufen beruhte, in eine Welt der physischen Abläufe übertragen werden konnte.

Hinzu kommt, dass sich der Industriesektor überwiegend aus Unternehmen zusammensetzt, die auf Business-to-Business-Basis (B2B) arbeiten. Gleichzeitig stützte sich die überwältigende Mehrheit der Einhörner (Anm. d. Ü.: Ein Einhorn bezeichnet ein Start-up-Unternehmen mit einer Marktbewertung, vor einem Börsengang oder einem Exit, von über einer Milliarde US-Dollar) auf Business-to-Consumer-Modelle (B2C). Und es war natürlich etwas ganz anderes, Produkte an Privatkunden zu verkaufen als an andere Unternehmen.

Konkret stellte sich auf dieser Ebene die knifflige Frage, wie auf die wachsende Nachfrage der Verbraucher nach authentischen Produkten reagiert werden sollte. Traditionelle oder kunsthandwerkliche Gewerbe – auch solche, die in letzter Zeit automatisiert wurden (wie die Herstellung von Uhren oder edlen Lederwaren) – profitierten bereits von einer gewissen Wertschöpfungsaura. Daher erschien ihre Digitalisierung nicht unbedingt sinnvoll.

Kontinuität trotz Beschleunigung, widersprüchliche Konditionalitäten, die verbreitete Verleugnung einer Notwendigkeit für Veränderungen – all diese scheinbar fundierten Argumente weckten Zweifel daran, ob es eine vierte industrielle Revolution überhaupt gab. Doch ohne ein an die Merkmale dieser neuen Ära angepasstes Organisationsmodell gab es möglicherweise noch einen weiteren Grund für die herrschende Skepsis.

Das vierte Industriezeitalter – verwaist durch mangelnde Disruption in der Organisation

Viele Beobachter betrachten eine industrielle Revolution tendenziell als Ereignis, das vor allem von radikaler technischer Umwälzung dominiert wird. Dabei entsprach bisher jede industrielle Revolution einer Bewegung auf drei Ebenen: einer Revolution auf den Märkten und in der Gesellschaft, einer technischen Revolution als Reaktion auf diese ursprünglichen Veränderungen und insbesondere auch einer Revolution der Organisation in den Unternehmen, die versuchten, die Punkte zu verbinden. Ein neues Organisationsmodell ist für ein Unternehmen unabdingbar, das technische Innovation als Reaktion auf neue Marktbedürfnisse voll nutzen und dabei gleichzeitig den langfristigen Bestand aller Tätigkeiten, Kompetenzen und menschlichen Motivationen sichern möchte, die in dem neuen Kontext Form annehmen. Daher kam es im Zuge der bisherigen industriellen Revolutionen zur systematischen Entstehung neuer Organisationsmodelle, die jeweils dazu beitrugen, die Revolution zu verstärken und zu konsolidieren.

Die erste industrielle Revolution entsprang dem zu Anfang des 19. Jahrhunderts bestehenden Bedarf an Infrastruktur parallel zur Entwicklung der Dampfmaschine, deren Produktivität um Längen das übertraf, was der Mensch sonst leisten konnte. Organisationssprachlich war das der Beginn der Mechanisierung.

Die zweite industrielle Revolution wandelte sich im frühen 20. Jahrhundert in zunehmenden Massenkonsum um. In technischer Hinsicht gab die Entdeckung der Elektrizität den Fabriken eine neue Struktur, indem deren Kernausstattung durch Fließbänder mit eigenständigen Mechanismen ersetzt wurde. Durch diese Veränderung konnten sich der Taylorismus und später der Fordismus durchsetzen. Vor allem aber führte eine Spezialisierung der Aufgaben zu erheblichen Produktivitätssteigerungen.

Die dritte industrielle Revolution setzte in der Frühphase der Globalisierungswelle ein, die in den 1960er-Jahren aufkam. Technisch gesehen war das der Beginn der Robotisierung und der industriellen IT. Die Unternehmen passten ihre Organisationen an, indem sie globale Lieferketten aufbauten und progressiv neue Prinzipien wie Just-in-time-Produktion oder Lean Manufacturing einführten, immer im Hinblick darauf, die Forderungen der Verbraucher nach schnellerer Reaktionsfähigkeit auf einem globalisierten Markt zu befriedigen. Das aus dieser Ära stammende Leitmodell für Organisationen ist der Toyotismus.

Im Vergleich zur Vergangenheit, als wissenschaftliche Arbeitsorganisation, Fordismus, Toyotismus und schlanke Produktion sich allesamt an die vorherrschenden wirtschaftlichen und technischen Paradigmen ihrer Zeit angepasst hatten, wirkt die vierte industrielle Revolution regelrecht verwaist. Ihr fehlt ein disruptives Organisationsmodell, das ihr helfen könnte, auf die vier erwähnten großen Herausforderungen zu reagieren. Doch ein Modell, das dieser neuen Revolution entsprechen soll, muss vernetzt, agil und zu disruptiver Innovation fähig sein, fähige Köpfe anziehen und sicherstellen, dass die Kompetenzentwicklung mit dem beschleunigten technischen Fortschritt Schritt hält. Stellt sich die Frage, wie ein Modell zu konzipieren ist, das gleichzeitig auf all diese Herausforderungen eingeht – also eines, das disruptiv genug ist, um Zweifel, Skepsis und Ratlosigkeit in Chancen umzumünzen. Anders formuliert: eines, das dieselbe Rolle spielen kann wie der Toyotismus im dritten Industriezeitalter.

Ein solches Modell existiert, doch anders als in früheren industriellen Revolutionen kombiniert es verschiedene Unternehmensattribute. Der vierten industriellen Revolution angemessen, verwirrt das neue Modell zwangsläufig alle, die traditionelle logische Maßstäbe anlegen, denn es ist eine Synthese des Besten von allem aus sämtlichen Industriesektoren, und zwar sowohl auf strategischer Ebene also auch organisationsbezogen, technisch und menschlich.

Dies vorausgeschickt gibt es ein Unternehmen, das sich – aufgrund der Unerschrockenheit und außergewöhnlichen Innovationsfähigkeit seines Chefs – in der Lage gezeigt hat, ein auf das vierte Industriezeitalter zugeschnittenes neues Organisationsmodell zu versinnbildlichen. Dieses Unternehmen heißt Tesla – das kalifornische Start-up, dem es erstmals seit der Gründung von Ford, General Motors und Chrysler Anfang des 20. Jahrhunderts gelungen ist, die Liste großer US-amerikanischer Autobauer um einen neuen Namen zu verlängern. Das Modell wird als „Teslismus" bezeichnet (Abbildung 2.2).

Abbildung 2.2 **Der Teslismus, ein potenzielles Organisationsparadigma für die vierte industrielle Revolution**

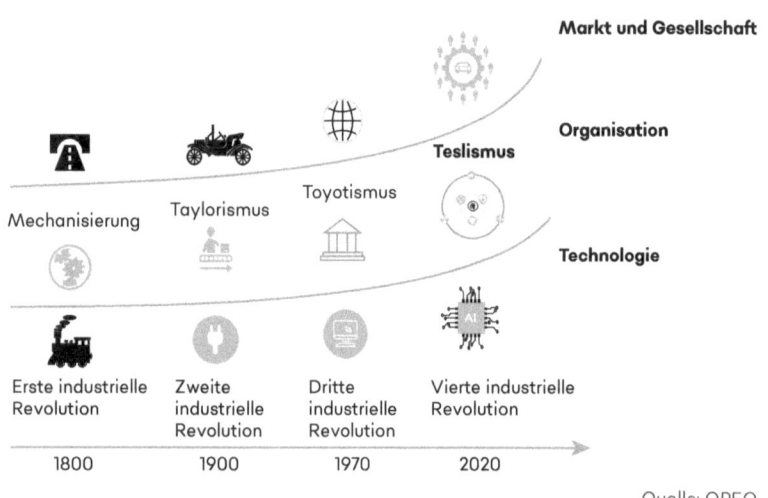

Quelle: OPEO

In den verbleibenden Kapiteln dieses Buches wird die DNA des neuen Modells analysiert, um seine Grundlagen verständlicher zu machen. Das geschieht, indem Tesla auf seine Betriebsebenen heruntergebrochen wird, sowie durch die gezielte Veranschaulichung führender globaler Referenzbeispiele für die einzelnen angesprochenen Dimensionen.

Der Teslismus als potenzielles Organisationsmodell für das vierte Industriezeitalter

Die Analysen und Beobachtungen des Autors zum Tesla-Modell (und anderen potenziellen „Leuchttürmen" der Industrie 4.0) belegen, dass der „Teslismus" die Bezeichnung „System" verdient und sich um drei konzentrische Kreise dreht.

Einer ist nach außen gewandt, ein anderer nach innen. Der dritte bildet das Kernsystem, das auf die Fähigkeit von Menschen – aber auch Maschinen – fokussiert ist, schnell zu lernen. Das System zeichnet sich durch sieben Prinzipien aus: Entwicklung eines Narrativs, Kreuzintegration, Tentakeltraktion, Start-up-Leadership, Software-Hybridisierung, Hyperproduktion und menschliches und maschinelles Lernen (Abbildung 2.3).

Bevor wir tiefer in diese sieben Prinzipien einsteigen, ist es sicherlich sinnvoll, kurz auf die Frage einzugehen, wie der Teslismus zu einer überzeugenden Lösung für die strategischen und technischen Probleme des vierten Industriezeitalters werden könnte.

Abbildung 2.3 **Die sieben Prinzipien des Teslismus**

Die ganze Welt inspirieren, ohne die Bodenhaftung zu verlieren

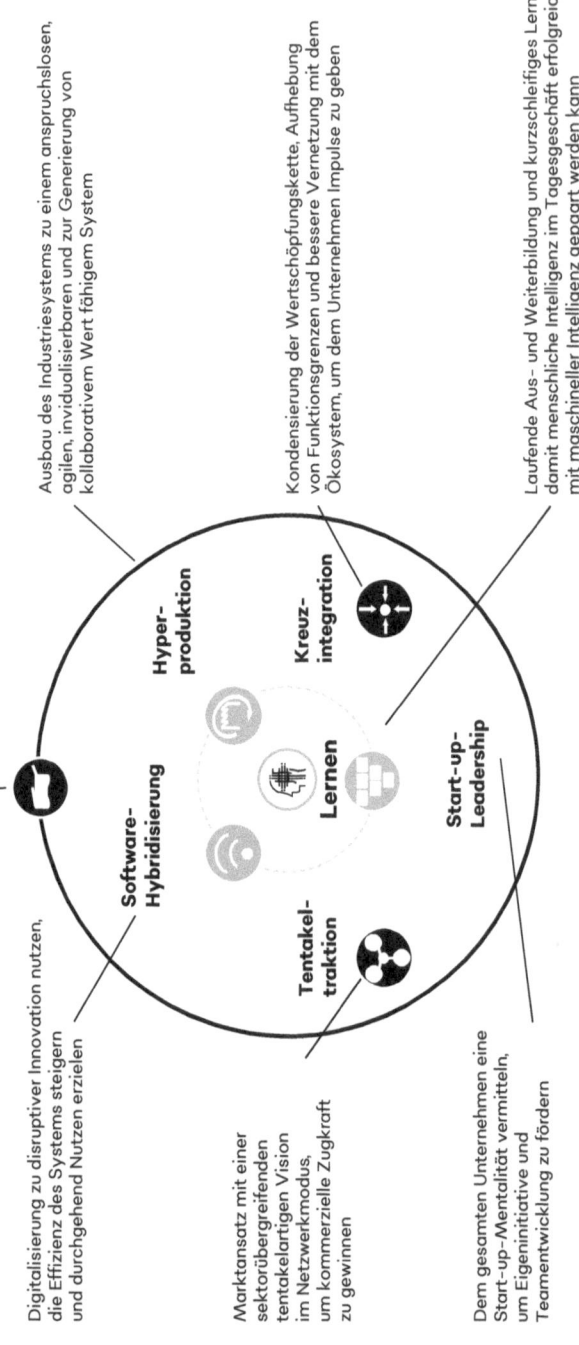

Ausbau des Industriesystems zu einem anspruchslosen, agilen, invidualisierbaren und zur Generierung von kollaborativem Wert fähigem System

Kondensierung der Wertschöpfungskette, Aufhebung von Funktionsgrenzen und bessere Vernetzung mit dem Ökosystem, um dem Unternehmen Impulse zu geben

Laufende Aus- und Weiterbildung und kurzschleifiges Lernen, damit menschliche Intelligenz im Tagesgeschäft erfolgreich mit maschineller Intelligenz gepaart werden kann

Digitalisierung zu disruptiver Innovation nutzen, die Effizienz des Systems steigern und durchgehend Nutzen erzielen

Marktansatz mit einer sektorübergreifenden tentakelartigen Vision im Netzwerkmodus, um kommerzielle Zugkraft zu gewinnen

Dem gesamten Unternehmen eine Start-up-Mentalität vermitteln, um Eigeninitiative und Teamentwicklung zu fördern

Narrativ

Hyper-produktion

Kreuz-integration

Software-Hybridisierung

Lernen

Start-up-Leadership

Tentakel-traktion

Quelle: OPEO

Abbildung 2.4 Die vier Ziele des Teslismus

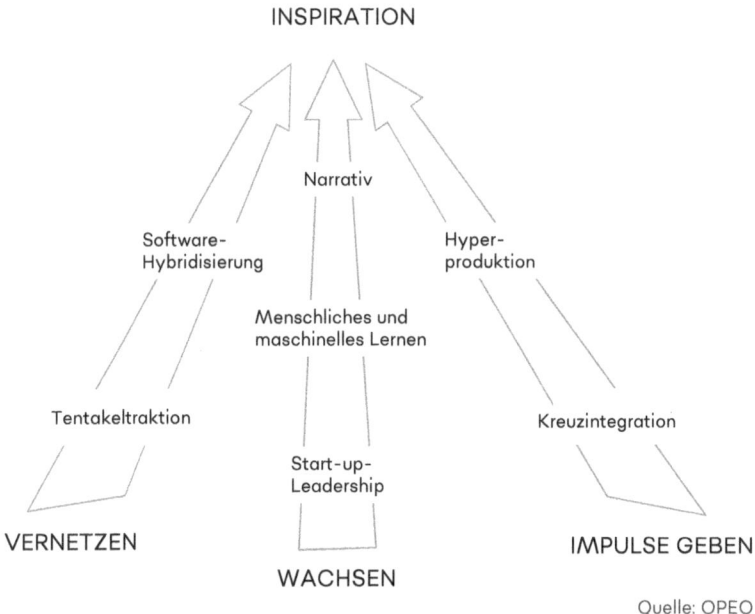

INSPIRATION

Narrativ

Software-
Hybridisierung

Hyper-
produktion

Menschliches und
maschinelles Lernen

Tentakeltraktion

Kreuzintegration

Start-up-
Leadership

VERNETZEN

IMPULSE GEBEN

WACHSEN

Quelle: OPEO

Im Anschluss beleuchtet das Buch, wie die sieben Prinzipien auf die vier Hauptziele eingehen: die Welt mit einem Projekt zu inspirieren, das über das Unternehmen, in dem es entstanden ist, hinausgeht; den betrieblichen Systemen und Schnittstellen des Unternehmens Impulse zu verleihen; seine Geschäftsfelder, sein Ökosystem und seine Kunden digital zu vernetzen; und seinen Mitarbeitern zu helfen, sich weiterzuentwickeln, um im Tagesgeschäft dazu beizutragen, dass die Organisation als Ganzes wachsen kann (Abbildung 2.4). Diese vier Ziele entsprechen perfekt den vier mit dem vierten Industriezeitalter verbundenen Herausforderungen. Wird die Welt inspiriert, kann sie auf die durch die Hyperkonzentration von Wert und fähigen Köpfen verursachte Nachfrage nach Ethik und Regulierung reagieren. Die interne wie externe Stärkung und Vernetzung eines Systems wird dem wachsenden Bedarf an Produktfunktionalität gerecht, und damit den Herausforderungen einer nutzungsgestützten Wirtschaft. Das System profitiert dabei von der Hyperkonnektivität zwischen Menschen, Maschinen und Produkten. Unterstützt man Menschen dabei, sich weiterzuentwickeln, wird dadurch letztlich die Entwicklung individueller und kollektiver Kompetenzen ermöglicht, sodass exponentieller Fortschritt als Chance angesehen wird – und nicht als Wettlauf gegen die Zeit.

INSPIRIEREN, VERNETZEN, VERSTÄRKEN UND AUSBAUEN: JPB SYSTEMS – EIN MITTELSTÄNDLER, DER SICH GANZ UNBEWUSST NACH DER TESLA-METHODE GERICHTET HAT

Die unglaublich inspirierende Geschichte eines Menschen, der mit viel Tiefgang das Lebenswerk seines Vaters weiterführt

Obwohl schon über zehn Jahre Chef eines eigenen mittelständischen Unternehmens, sah sich Damien Marc nie als eine Art Elon Musk. Der 36-jährige Unternehmer brauchte weder Tesla noch die Industrie 4.0, um eine Vision zu entwickeln, die dem, was alle in seinem Sektor sagten, diametral entgegengesetzt war. Damien machte aus der Not eine Tugend. Er lässt sich seit jeher von dem Gefühl leiten, dass er seinen „Vater am besten durch Wachstum des Unternehmens lebendig erhält". Obwohl dieser schon seit Langem tot ist, berührt dieses Thema Damien immer noch sichtlich. Es heißt, Gefühle können Berge versetzen. Im Mittelpunkt der Geschichte von JPB steht die Überlieferung von Gefühlen und Leidenschaft von einer Generation an die nächste. Damiens Vater Jean-Pierre wurde 1958 geboren und entsprach selbst ebenfalls nicht dem typischen Profil. Er war Künstler – Fotograf –, was seinem Vater missfiel, der Jean-Pierre schon früh erklärte, er müsse einen ordentlichen Beruf ergreifen. Daraufhin schrieb ihn seine Mutter für eine

Mechanikerausbildung am Lemmonier Institute in Caen ein und er begann seine Laufbahn als Feinmechaniker. Doch dieser neue Kurs konnte seine Kreativität nicht dämpfen – ganz im Gegenteil. Als er ein paar Jahre lang für einen Mann namens Bernard gearbeitet hatte, wagte Jean-Pierre, eine Fehlentwicklung infrage zu stellen, die der Luftfahrtsektor bis dahin toleriert hatte. Sie betraf die Art und Weise, wie Befestigungsmuttern mit Sicherungsdraht kombiniert wurden, um die Gefahr von Drehmomentverlust zu minimieren. Dieser Kompromiss kostete viel Zeit und Geld und war dabei nicht absolut zuverlässig. Jean-Pierre begann, in der Werkstatt an einem eigenen System zu basteln, doch wie bei so vielen bahnbrechenden Entwicklungen nahmen ihn anfangs nur wenige ernst. „Könnte man das System ändern, hätte es die Industrie doch längst getan", war offenbar die Haltung der Schwarzmaler. Dennoch war Bernard bereit, mit Jean-Pierre ein neues Unternehmen zu gründen – neben seiner eigenen Maschinenbaufirma.

Das war 1995. Jean-Pierre brauchte über sechs Jahre, bis ein betriebsbereites Produkt vorlag. In dieser Zeit schloss Damien die Schule ab. Er war ein eher durchschnittlicher Schüler und interessierte sich mehr für die Praxis als für die Theorie, schaffte aber ein gutes Abitur. Vor die Wahl gestellt, ob und was er studieren wollte, entschied sich Damien für eine technische Ausbildung, die er einem theorielastigeren Studium vorzog. Weil ihm Elektronik viel Freude machte, begeisterte sich Damien für seine Ausbildung und schloss als Jahrgangsbester ab. Das motivierte ihn, sich danach an einer Ingenieurschule einzuschreiben. Dennoch ging er andere Wege als seine Kommilitonen. Er machte zunächst ein Praktikum in Afrika, bevor er erste Berufserfahrungen als

Vorarbeiter sammelte. Der Einstieg ins Erwerbsleben verlief reibungslos – ihm gefiel seine Arbeit.

Damals sprachen Damien und Jean-Pierre wenig über berufliche Dinge. Damien hatte im Grunde keine Ahnung vom väterlichen Unternehmen. Eine Verkettung unerwarteter Ereignisse änderte das und brachte sie näher zusammen. Jean-Pierre war gesundheitlich angeschlagen und sein Zustand verschlechterte sich abrupt, als er nach einem schweren Herzinfarkt ins Koma fiel. Für Damien war das ein gewaltiger Schock. Nicht nur hatte er nie die Firma seines Vaters übernehmen wollen – schlimmer noch, er verstand nichts vom Geschäft. Das bedeutete, er musste sich alles von der Pike auf aneignen. Ein paar Monate später – und vollkommen unerwartet – wachte Jean-Pierre aus dem Koma auf. Damien ergriff die Gelegenheit, die dieses wundersame Intermezzo (das 18 Monate dauern sollte) bot, und nutzte sie nach Kräften, um ein paar wichtige Angelegenheiten zu klären. Jean-Pierres Unternehmen schrieb zwar schwarze Zahlen, lebte aber von einem einzigen Großkunden. Es hatte drei Beschäftigte, die den ganzen Tag über hart arbeiteten, damit alles lief. Damien musste viel Energie in die Aushandlung der rechtlichen Voraussetzungen investieren, um die Leitung von Jean-Pierres Firma übernehmen zu können. Die übrigen Teilhaber fürchteten, sie stünde unmittelbar vor dem Untergang. Diese Phase ständiger Konflikte, in der Damien große Risiken eingehen musste, ging nicht spurlos an ihm vorbei. Am Ende gelang es ihm, den Betrieb zu übernehmen, doch zu einem hohen Preis: Seine Mutter, die ihm durch die ganzen juristischen Querelen hindurch zur Seite gestanden hatte, musste ihre sämtlichen Ersparnisse einbringen.

Doch JPB Systems schrieb in nur zehn Jahren eine unglaubliche Erfolgsgeschichte. Das Unternehmen zählt inzwischen vier der größten Motorenhersteller des globalen Luftfahrtsektors zu seinen Kunden – und ihre wichtigsten Partner. Der Jahresumsatz beträgt heute mehr als 18 Millionen Euro. Dennoch ist die Unternehmenskultur nach wie vor von den schweren Anfangsjahren geprägt. Harte Arbeit und eine Bereitschaft, sich Herausforderungen zu stellen, sind weiterhin Grundwerte seiner Teams.

Ein gezielter Fokus von Anfang an: Durch Andersdenken Wachstum und mehr Wettbewerbsfähigkeit herbeiführen

Wer neu in einem so anspruchsvollen Sektor wie der Luftfahrtindustrie anfängt, muss noch schneller Lösungen finden als andere Akteure, die bereits fest im Sattel sitzen. Per definitionem beginnt jedes Unternehmen zunächst als Start-up, was bedeutet, dass noch nichts erledigt und getan ist. Für Damien stand der Gedanke im Vordergrund, dass „Exzellenz unsere einzige Option war". Diese Einstellung hat ihm großen Erfolg beschert. Sein Unternehmen läuft fast allen Rivalen den Rang ab.

Bei JPB Systems liegt die Service Rate nun schon seit mehreren Jahren bei 100 Prozent. Das Unternehmen hat etliche Auszeichnungen erhalten und gilt heute allgemein als „Leuchtturm" für den Luftfahrtsektor. Hätte es ausgetretene Pfade beschritten, wären diese fantastischen Ergebnisse allerdings nicht eingetreten. Die großen Fehler, die Damien nach der Übernahme des Unternehmens vermeiden musste, waren Selbstgefälligkeit und Arroganz. Stattdessen beschloss er, „immer weit vorauszublicken … Dinge voranzubringen und an allen Fronten zu kämpfen." Kurz, die Voraussetzungen für den Erfolg sind Wagemut und Tatkraft – wenngleich das allein nicht ausreicht.

Spricht man mit Damien über die Faktoren, die der Dynamik seines Unternehmens zugrunde liegen, springt als Erstes der Chef persönlich ins Auge – ein Visionär, der es versteht, in jeder Lebenslage bescheiden und ergebnisorientiert zu bleiben. „Mir blieb am Anfang gar nichts anderes übrig, als mich als Beobachter des Systems aufzustellen. Ich kam aus der Welt der Elektronik. Von Mechanik hatte ich keine Ahnung." Anders formuliert: Damiens erster Schritt war die Anpassung an eine neue Situation. Er lernte schnell, und vielleicht fühlte er sich, gerade weil er fachfremd war, in der Lage, bestimmte Risiken einzugehen, die andere scheuten. Ein Beispiel war seine Entscheidung, von Grund auf eine vollständig automatisierte Fertigungsstraße zu entwickeln, sobald das Unternehmen im Aufwärtstrend war. Dabei verfolgte er insofern ein hehres Ziel, als er keine Betriebsteile nach Polen auslagern wollte. Alle anderen fanden, er sei verrückt, so ein Risiko einzugehen. Doch er hatte damit großen Erfolg. Natürlich lief nicht auf Anhieb alles rund, und es dauerte eine Weile, bis bestimmte Zuverlässigkeitsprobleme behoben waren. Doch Damien war hartnäckig und konnte dadurch die Stellung halten, auch wenn es hart auf hart kam. Er war seinen Teams ein gutes Vorbild, weil er die Einstellung verkörperte, „nicht dem Zweifel zu erliegen, sondern Vertrauen in unser Handeln zu haben."

Neben diesen ein wenig verrückten Risiken wurzelte die Dynamik von JPB auch in der Fähigkeit zu kontinuierlicher Beschleunigung. Seit es seinen Modus Operandi infrage gestellt hat, wächst das Unternehmen immer weiter. Diese Fähigkeit zur raschen Ausführung schlägt sich vor allem darin nieder, wie schnell seine Systeme Entscheidungen treffen können, was vor allem auf dem Vertrauen beruht, das die Geschäftsleitung den Teams entgegenbringt, sowie auf der ihnen gewährten Autonomie. „Sobald ich eine Angelegenheit durchschaue, zögere ich nicht. Gewöhnlich treffe ich sofort eine Entscheidung – zumindest aber noch am selben Tag."

Nur durch eine Start-up-Mentalität können kleine Unternehmen in einer von Giganten dominierten Welt überleben

Für den Chef eines KMU ist es nicht so einfach, zu einem neuen Elon Musk zu werden. Besonders groß ist die Herausforderung für Unternehmen mit nur einem Geschäftsfeld und wenigen Mitarbeitern – wenn auch nur, weil es so schwierig ist, die nötigen Kompetenzen zu erwerben und zu entwickeln. In seinen Anfangsjahren hatte sich JPB vor allem auf technische Studien fokussiert. Das Produkt, das Jean-Pierre entwickelt hatte, war eine absolut disruptive Neuerung. Ganz zu schweigen davon, dass das Unternehmen damals winzig klein und stark von seinen Teilezulieferern abhängig war (und von seinem einen Kunden). Der Schlüssel zur weiteren Entwicklung waren daher eine stärker vertikale Integration sowie eine viel engere Anbindung an das übrige Ökosystem.

Zu diesem Zweck bediente sich Damien einer ganz typischen Start-up-Strategie. Er setzte sich so gründlich mit den Bedürfnissen der Kunden auseinander, dass er nicht mit Zwischenhändlern (und auch nicht mit großen Konkurrenten) arbeiten musste. Er ging rasch auf direkte Kontakte zu den Endnutzern der Produkte über, nämlich den Verfahrenstechnikern. Ihr wichtigstes Ziel in der Designphase ist es, ihren internen Entscheidern so schnell wie möglich Prototypen zu präsentieren. Damien und seine Teams kamen auf eine fantastische Lösung. Sie investierten in Technik im Entwicklungsstadium (Metallbearbeitungsmaschinen, Öfen, Prüfstände), die eingesetzt werden konnte, um neue Teile in unter einer Woche zu entwickeln und zu testen. Das war eine Revolution im Luftfahrtsektor, was JPB bald bei einer Reihe von Ausschreibungen den Zuschlag sicherte.

Es gab aber auch Anlass für neue Sorgen, weil das Unternehmen zu klein war und dadurch das Größenkriterium nicht erfüllte, das potenzielle Käufer für ihre Zulieferer vorgaben. Daraufhin wandte sich Damien an lokale Mitbewerber und tat sich mit ihnen zusammen, um eine Größe zu erreichen, die von großen englischen oder US-amerikanischen Kunden als ausreichend erachtet wurde.

Neben diesen rein psychologischen Fragen bestand da aber auch noch die grundsätzliche Notwendigkeit, dass die Leistung stimmen musste. Sind kleine Unternehmen von großen Konkurrenten umgeben, kämpfen sie manchmal ums nackte Überleben. Damien merkte schnell: Er würde die verschiedenen Facetten seiner Fertigungsfunktion integrieren müssen, wenn er eine Chance haben wollte, die üblichen Lieferfristen in der Luftfahrtlieferkette einzuhalten. Das spielte angesichts seines persönlichen Ehrgeizes eine besondere Rolle, denn dieser schloss von vornherein aus, dass sich JPB bei der Arbeit an einem eher mittelmäßigen Servicestandard orientierte. Am Ende stand eine strategische Entscheidung, die Produktion nach und nach ins eigene Unternehmen zurückzuholen. Dabei entschied sich Damien auffallend oft für die Automatisierung möglichst vieler Prozesse, um weiterhin in Frankreich investieren zu können. Das wiederum wirkte sich auf die hausinternen Designabläufe aus, aber auch – worin sich seine Bereitschaft zu disruptiver Innovation niederschlug – auf das maßgeschneiderte Informationssystem, das sich die Teams von JPB ausgedacht hatten. Damien schaute sich auch auf dem ERP-Markt um, doch keines der dort angebotenen Produkte konnte ihn wirklich zufriedenstellen – er fand sie zu vorsintflutlich und nicht reaktionsschnell oder benutzerfreundlich genug. Wieder meisterte er die Herausforderung, indem er „mit Input von zwei jungen Absolventen" ein eigenes Produktionsausführungssystem (Manufacturing Execution System, kurz MES) aufbaute. Damit hielt er sich an die grundlegende Philosophie von JPB, die besagte: Lief etwas zu langsam, ließ es sich stets dadurch beschleunigen, dass Aufgaben ins eigene Unternehmen zurückgeholt und dessen hochmotivierte Teams darauf angesetzt wurden.

Heute ist das Unternehmen weit größer, doch Damien gestattet sich noch immer nicht, sich auf seinen Lorbeeren auszuruhen. Er vernetzt sich nach wie vor mit größeren Netzwerken, nutzt dafür heute aber andere Kanäle. Dazu gehören Beziehungen zu Hochschulen, Beiträge zum Gründungszentrum von Bpifrance und die Zusammenarbeit mit den Medien, um dem Unternehmen zu mehr Bekanntheit zu verhelfen und es für potenzielle fähige Neuzugänge attraktiv zu machen. Derartige Vernetzungen bilden irgendwie nach wie vor den Schlüsselfaktor für den Erfolg – vor allem bei kleinen Unternehmen, die gegen übermächtige Rivalen antreten.

Das Team vergrößern: Menschen sind wichtiger als Kompetenzen

„Das Allerschwierigste an diesem ganzen Unterfangen war zweifellos das Personalmanagement." Mit Blick auf all die Probleme, die er lösen musste, schlägt Damien mitunter sehr ernste Töne an. „Das Personalmanagement ist eindeutig ein wesentlicher Faktor für unseren Erfolg." Das war ihm aber nicht von Anfang an klar, und noch viel weniger, wie komplex dieses ganze Ressort werden würde – vor allem, wenn es schlechte Nachrichten zu übermitteln gab. „Am schwersten ist meiner Erfahrung nach, sich von jemandem zu trennen. Doch wenn es nötig ist, muss man den Mut dazu einfach aufbringen. Das ist gewöhnlich für beide Seiten viel besser." Einzuräumen, dass Fehler passieren können, ist Teil der Kultur von JPB – wieder ein Merkmal, das das Unternehmen mit der digitalen Welt gemein hat.

Ins Bild passt auch folgende Feststellung Damiens: „Es funktioniert nicht immer, wenn Beschäftigte aus dem technischen Bereich mit Führungsrollen betraut werden." Abgesehen davon kommt es vor allem anderen auf das Vertrauen zwischen Geschäftsleitung und Belegschaft an. In der Organisation hat jeder seinen Platz, solang er gute Arbeit leisten will. Fand er jemanden im Vorstellungsgespräch sympathisch, bot er der oder dem Betreffenden einen Job an auf der Grundlage: „Über deine Position sprechen wir später." Das hat so gar nichts mit den starren Einstellungsverfahren vieler, wenn nicht der meisten Großunternehmen gemein. Vor Kurzem stellte Damien beispielsweise einen Bekannten ein, der zuvor CEO bei einem Mittelständler gewesen war. Der Betreffende erledigte in einer Übergangsphase beide Aufgaben und entschloss sich dann, die Vertriebsabteilung von JPB zu übernehmen. „Unsere Teams treibt eine Leidenschaft für das Geschäft an – und der Stolz, den sie empfinden, wenn sie zum Wachstum des Unternehmens beitragen." Stolz ist Damien auch auf das Tempo, in dem manche Manager die Karriereleiter erklettern, obwohl sie beim Einstieg kaum mehr als einen Berufsabschluss nachweisen können. „Ich arbeite auf Vertrauensbasis. Es gibt für jeden einen Platz, an dem er aufblühen kann. Ich kann dazu nur sagen: Je motivierter einer ist, desto schneller steigt er auf."

Entscheidend sind also Vertrauen und auch unternehmerische Freiheit. Damien findet es stets amüsant, dass das Unternehmen so gut – vielleicht sogar besser – läuft, wenn er nicht da ist. „Es ist großartig, wenn mir ein Mitarbeiter den letzten Prototyp vorführt, sobald er aus dem Labor kommt. Die Leute sind ganz offensichtlich stolz auf ihre Arbeit – und wissen Sie was? Ich auch."

Natürlich war es am Anfang nicht so einfach, fähigen Nachwuchs anzuwerben. Für manche Neuzugänge war der Wechsel zu JPB erst einmal mit Gehaltseinbußen verbunden. Mit der Zeit begeisterten sich aber viele für dieses außergewöhnliche Abenteuer – und die erste Kohorte neu angeworbener Beschäftigter übernahm letztlich eine Schlüsselrolle als Wegbereiter. Damien war mit seiner inspirierten Vision mit gutem Beispiel vorangegangen, aber das Umfeld im Unternehmen war dennoch stets durch strenge Vorgaben geprägt. „Manchmal forderte ich Maschinenlieferanten sogar auf, Teile noch einmal zu streichen, obwohl sie kaum sichtbar waren. Ich bin da knallhart, aber meine Überzeugung ist nun einmal, dass eine Fabrik ebenso sauber und ästhetisch ansprechend zu sein hat wie ein Labor." Kurz, Damien stellt an alles, was JPB tut, extrem hohe Ansprüche. Von Anfang an stellte er die Dinge infrage durch seine Entscheidung, Atome (also Maschinenbau) mit Bytes (Elektronik) zu kombinieren – eine Paarung, die bald zur Kernkompetenz des Unternehmens werden sollte. Diese Bereitschaft zur Revolutionierung der Unternehmenskultur zeigt sich auch in seinem Geschäftsgebaren, seinem Ansatz zur Lösung potenzieller Entwicklungs- und Produktionsprobleme und nicht zuletzt auch darin, wie er bei JPB Personal einstellt und entwickelt.

Alles in allem ist JPB Systems ein hervorragendes Beispiel für die Kreuzung der Digitalisierung mit der traditionellen Industrie. Generell gibt es jedoch eine ganze Reihe von Unternehmen, die wie Damien – ohne sich dessen überhaupt bewusst zu sein – in ihren Betrieben Transformationen à la Tesla vorangetrieben haben. Die folgenden Kapitel vermitteln ein genaueres Bild davon, wie sich die Tesla-Methode am besten beschreiben lässt. Dabei werden die zuvor angesprochenen sieben Dimensionen herangezogen.

„ERST 110 PROZENT GEBEN – UND DANN AUFS GAS TRETEN": SODISTRA, DIE TESLA-METHODE IN REINKULTUR

Engpässe in Chancen verwandeln: Ein inspirierender Chef, der bewusst Zuversicht ausstrahlt

Château-Gontier im französischen Département Mayenne inmitten dreier dynamischer sektoraler Unternehmenszusammenschlüsse ist ein untypischer Ort – eine sehenswerte historische Kleinstadt mit einer ungewöhnlich hohen Unternehmerkonzentration. Hier investierte Erwan Coatanea vor fünf Jahren, als er ein Unternehmen übernahm, das innovative Luftaufbereitungsanlagen herstellte.

Erwan begleitete mich auf meinem Besuch der Anlage, die er im September 2013 erworben hatte – an einem Standort am Rande der Innenstadt. Die Fabrik ist in einer Ansammlung relativ moderner Gebäude auf den ersten Blick schwer zu erkennen. Der Grund dafür: Die hier errichteten Industrieparks sollen die umliegende natürliche Landschaft nicht verschandeln. Die Unternehmen bemühen sich sichtlich darum, dass die ganze Gegend sauber und ansprechend wirkt. Erwan wird ganz ernst, als er mir von den Anfängen erzählt: „Es war erst ungefähr vier Monate her, dass ich Sodistra gekauft hatte. Meine Frau und ich waren damit ohnehin ein großes Risiko eingegangen, doch dann kam die Gewerbeaufsicht und erklärte uns, dass an diesem Standort nichts den Anforderungen entsprach." Mit solchen Dingen hatte Erwan schon Erfahrung. Als er in die Autoindustrie einstieg, fiel sein Potenzial schnell auf, was darin gipfelte, dass ihm die Verantwortung für über 1.000 Beschäftigte übertragen wurde. Die Arbeit in einem großen Unternehmen sagte ihm aber nicht zu – er fühlte sich zu stark reglementiert. Daher entschloss er sich, seinen Posten aufzugeben und ein KMU aus der Aluminiumbranche zu übernehmen. Nach diesen beiden aufschlussreichen Erfahrungen fühlte er sich für Größeres gerüstet. Aus diesem Grund war das negative Prüfungsergebnis seines neuen Betriebs so kurz nach der Übernahme auch ein solcher Schock. Für Compliance-Zwecke waren gewaltige Investitionen in Höhe von mehreren Millionen Euro erforderlich.

Doch Erwan verkraftete die schlechten Nachrichten und löste seine Probleme. Der geborene Optimist sah in dem neuen Zwang eine Chance. Nachdem er gründlich über die Angelegenheit nachgedacht hatte, beschloss er, ganz einfach einen Neubau zu errichten. Das brachte erhebliche Risiken mit sich – und Kosten in Höhe von acht Millionen Euro, Maschinen eingeschlossen. Bei solchen Summen dachten am Anfang alle, er würde scheitern. Doch kaum fünf Jahre später hatte sich der Umsatz von Sodistra beinahe verdoppelt (von fünf Millionen Euro im Jahr 2013 auf neun Millionen Euro 2018). Die plausibelste Erklärung dafür: Erwan investierte nicht nur in sein Unternehmen, sondern revolutionierte es, indem er sein eigenes Transformationsprogramm unter der Devise „das Gestern, das Heute und das Morgen meistern" lancierte.

Hinter diesem Slogan verbarg sich eine Fülle technischer und betriebswirtschaftlicher Veränderungen, angefangen bei einer spürbaren Verbesserung der Arbeitsbedingungen. Darin schlug sich Erwans Vorstellung nieder, dass es Menschen sind, die das Herzstück jedes Systems bilden – ein Modus Operandi, der davon ausgeht, dass sich Führungskräfte und Belegschaft respektieren.

Ausführungsgeschwindigkeit – eine entscheidende Priorität für KMU

Nach einer Rundfahrt im Auto setzte mich Erwan schließlich auf dem Parkplatz der neuen Anlage ab. Dort herrschte eine magische Hightech-Atmosphäre, zu der ein ultramodernes Gebäude, ein gepflegter Rasen und eine ganz von Glas umschlossene Lobby beitrugen. Drinnen erwartete mich jedoch ein heftiger Kulturschock – aus ländlicher französischer Idylle wurde ich sozusagen in ein kalifornisches Start-up katapultiert. Im zentralen Großraumbüro saßen junge Ingenieure fröhlich Seite an Seite mit erfahreneren Kollegen. Die hohe Energie, die hier herrscht, ist förmlich greifbar. Alles hier erinnert eher an einen Bienenstock als an ein Büro in einem Industriepark. Gesprächen mit mehreren Teammitgliedern entnahm ich, dass diese Dynamik ganz allein auf den Chef zurückgeht. Wie mir jemand scherzhaft zuflüsterte: „Manchmal macht er uns fertig mit seinen 40 neuen Ideen am Tag." Doch im Ernst: Die Ausführungsgeschwindigkeit war bei Sodistra von Anfang an ein wesentlicher Erfolgsfaktor. Schon beim Betreten des Produktionsbereichs merkte man, dass alles darauf ausgerichtet war, die Abläufe zu beschleunigen: kräftige Upstream-Investitionen, um so schnell wie möglich vom 3D-Plan zur physischen Anlage zu kommen, verbreitete Automation, integrierte Software, um Schneidemaschinen zu optimieren und inaktive interoperationelle Bestände zu minimieren, visuelles Projektmanagement et cetera. Schließlich waren Latenzzeiten beim Gewinnen von Marktanteilen und Wettbewerbsfähigkeit ein entscheidender Aspekt. Erwan machte immer wieder klar: Oberste Priorität hatte für ihn der Gedanke, dass der Kunde bei allem, was das Unternehmen tut, im Mittelpunkt steht. Abgesehen von diesen rein technischen Gesichtspunkten fokussierte er sich aber auch stark auf die Mentalität der Menschen und auf die Frage, wie sie zu Treibern des Wandels werden konnten. Das galt vor allem für ihn selbst. „Ich verbringe sehr viel Zeit mit den Menschen, die die eigentliche Arbeit tun, und versuche, meine Entscheidungen bis ins Letzte zu erklären. Das soll nicht heißen, dass ich sie anderen überlasse, sondern lediglich, dass jeder Einzelne begreifen soll, warum eine bestimmte Entscheidung getroffen wurde." Dadurch soll eine neue Methode entstehen, das Unternehmen zu führen. Organisationen müssen sich ständig weiterentwickeln, wenn sie schneller und wendiger werden wollen. Das gilt vor allem für das mittlere Management. Dazu Erwan: „Es ist total anachronistisch, zwischen den Arbeitnehmern und der Geschäftsleitung Filter zwischenzuschalten ... Man muss einfache Entscheidungen treffen und diese den Leuten an der Basis verständlich machen. Sonst kann man nicht erwarten, dass sie sich daran halten." Auch die Personalpolitik war eine wichtige Stellschraube, um die neue Dynamik anzutreiben. Es sollte das richtige Verhältnis hergestellt werden zwischen jüngeren, energiegeladenen Beschäftigten und älteren Kollegen, die von langjähriger Berufserfahrung profitierten.

Bei altgedienten Mitarbeitern kam es stets auf Weiterentwicklung an („mit dem Strom schwimmen" hieß das bei Erwan). Wer herumlief wie ein kopfloses Huhn, war fehl am Platz.

Ein offenes Ohr, Aufgeschlossenheit und Ehrlichkeit – drei Grundwerte für bleibende Konnektivität, von der alle profitieren

Der örtliche Unternehmerverband, der French Fab, das Gründungszentrum von Bpifrance, Kunden, Zulieferer, Kommunalbehörden – Erwan ist gut vernetzt. Von seinem Fokus lässt er sich aber dadurch nicht abbringen. „Ein Netzwerk beginnt damit, dass man alle im eigenen Umfeld beobachtet und ihnen zuhört. Das Streben nach Vernetzung ist natürlich, doch man muss akzeptieren, dass es nicht unmittelbar Resultate bringt. Das Wichtigste ist, sich anderen gegenüber zu öffnen und Beziehungen zu pflegen – alles zu seiner Zeit."

Geht es darum, Absichten in die Tat umzusetzen, ist jedoch Vorsicht angezeigt – und auch die Beachtung ein paar allgemeiner Regeln. Erstens: Nur einen Kurs einschlagen, den man auch richtig versteht. Die Teams müssen unbedingt in der Realität verankert bleiben – will heißen, ihre Geschichte sollte nicht nur erzählt, sondern vielmehr schriftlich niedergelegt werden. Zweitens: Nie vergessen, dass der Kunde im Mittelpunkt steht. Dasselbe gilt auch für Kollegen an der Schnittstelle zwischen dem Unternehmen und seinen Märkten. Drittens und letztens: Es kommt auf die richtigen Machtverhältnisse an. Alle Interessengruppen, Kunden und Zulieferer sind zu respektieren, und das Ziel muss sein, dass alle dabei gewinnen. Erwan fasst seine Vision gern in der Sprache der Mathematik zusammen: „Wenn es nach mir geht, sollen Beziehungen bijektiv oder sogar injektiv sein, aber niemals surjektiv."

In den Personalräumen von Sodistra erzählte Erwan eine Anekdote, die diese geistige Haltung mustergültig vermittelte. Neben einem Kickertisch, den er gekauft hatte, als die Fabrik den Betrieb aufnahm, befanden sich in Kisten unter dem Tisch ein paar 3D-Drucker und etwa 20 blaue Plastikgockel. Weil Erwan neugierig auf die 3D-Technologie war und wissen wollte, wie sie funktionierte, hatte er die Geräte 2015 gekauft. Da aber niemandem eine sinnvolle Nutzung einfallen wollte, standen sie monatelang ungenutzt herum. Eines Tages stellte Erwan einen jungen Bewerber ein, der sich begeistert auf so ein Gerät stürzte und es ausprobierte, um sich im Umgang mit der Technik zu schulen. Dann bat Erwan Bpifrance, einen blauen Plastikhahn als physische Wiedergabe des Logos anzufertigen, das für die French-Fab-Initiative (made in France) ausgewählt worden war. Der Test verlief erfolgreich, und seither sind die Geräte ständig in Betrieb und spucken so gut wie alle der kleinen blauen Plastikvögel aus, die überall auf den von dieser öffentlichen Investitionsbank organisierten Veranstaltungen zu sehen sind. Das hat nichts mit Sodistras Kerngeschäft zu tun, stellt aber ein großes Abenteuer voller Chancen dar, die sich im Zusammenhang mit dem Netzwerkeffekt ergeben – und gleichzeitig kann das Unternehmen sich so bestimmte 3D-Kompetenzen aneignen, die ihm bei der Entwicklung künftiger Systeme von Nutzen sein können.

Wie aus Spaß und Ehrgeiz Wachstumstreiber werden

Die nächste Frage war, wie man Teams zusammenstellen und ihre Entwicklung in einem Kontext fördern konnte, in dem das Unternehmen gleichzeitig rasch wuchs und eine echte Transformation durchmachte. Von Anfang an war Sodistras Lösung gewesen, sich zunächst auf die Wünsche und Motive der Menschen zu konzentrieren, dann erst auf die Erweiterung ihres Know-hows. Erwan war der Überzeugung: „Das Wichtigste ist, Leute zu finden, die dazulernen und Ziele erreichen wollen." Anders ausgedrückt: Man lernt am besten, indem man sich auf Erreichbares konzentriert, statt auf die Hindernisse, mit denen man sich auf dem Weg dorthin konfrontiert sieht. Es geht nur um die geistige Haltung des Betreffenden, die vor allem anderen handlungsorientiert sein muss. Als Konzept ist Erfahrung daher für Beschäftigte, die im Unternehmen aufsteigen wollen, unabdingbar. Je öfter sich Gelegenheiten ergaben, dazuzulernen, desto eher konnten die Leute daraus Kapital schlagen. Das bedeutete allerdings nicht, dass nicht gelegentlich auch Schulungsmaßnahmen zum Erwerb formeller neuer Kompetenzen erforderlich waren – nur, dass stets beide Ansätze wichtig genommen wurden. Aus diesem Grund musste der Chef dafür sorgen, dass der gesamte Prozess so fließend wie möglich blieb, von der Einstellung bis zur ständigen Weiterbildung. Die Teams müssen außerdem Zugriff auf sämtliche Instrumente haben, die ihre Erfolgschancen maximieren könnten.

Per saldo ist Sodistras Erfolgsgeschichte in erster Linie ein kollektives Abenteuer, eine eindeutig von Erwan betriebene Veränderung auf der Grundlage der von ihm vorgegebenen Vision, seiner Unterstützung bei der Beschleunigung des Prozesses und der Art und Weise, wie er das Unternehmen mit seinem Ökosystem vernetzt hat.

Besonders zu beachten ist allerdings, wie das gesamte Team dieses Wachstum und diesen Erfolg erlebt hat. Erwan hat großartige Kollegen, Menschen, die stets ihr Bestes geben wollen, jeden Tag – auch und vielleicht sogar vor allem, wenn sie auf Widerstand stoßen. Abschließend steht hinter Sodistra die Begeisterung einer ganzen Familie. Erwan sagt oft, seine Frau Anne sei „seine Inspiration". Sie war von Anfang an mit von der Partie. In der Summe ist Sodistra also mehr als ein Unternehmen – nämlich ein menschliches Abenteuer.

Mit markigen Worten beschreibt Erwan selbst am treffendsten, wie Sodistra die Tesla-Methode umsetzt: „Erst 110 Prozent geben – und dann aufs Gas treten."

3

DIE SIEBEN PRINZIPIEN DES TESLISMUS

Erstes Prinzip	Hyperproduktion
Zweites Prinzip	Kreuzintegration
Drittes Prinzip	Software-Hybridisierung
Viertes Prinzip	Tentakeltraktion
Fünftes Prinzip	Entwicklung eines Narrativs
Sechstes Prinzip	Start-up-Leadership
Siebtes Prinzip	Menschliches und maschinelles Lernen

Erstes Prinzip: Hyperproduktion

Ausbau des industriellen Systems, um es einfach, agil, individualisierbar und so zu gestalten, dass gemeinschaftliche Wertschöpfung möglich wird

ZUSAMMENFASSUNG

- Hyperproduktion ist eine Aufwertung der schlanken Produktion, die sich auf die drei Säulen des Toyotismus stützt: Kundenorientierung, Just-in-time-Produktion und das Right-First-Time-Prinzip, um Verschwendung zu minimieren.
- Es kommen allerdings noch drei neue Dimensionen hinzu: Sparsamkeit, Agilität und gemeinschaftliche Wertschöpfung.
- Tesla lehrt, dass es möglich ist, in einem einzigen Werk die besten Merkmale der digitalen Welt mit den Organisationspraktiken modernster Industrien zu vereinen.

Einführung in die Hyperproduktion

Wie sollte eine Fabrik im Jahr 2019 aussehen? Wie Elon Musk selbst sagte, muss sie nicht mehr dem abstoßenden, monotonen Ort gleichen, den Charlie Chaplin in *Moderne Zeiten* porträtierte. Bei der Einweihung seiner Gigafactory sagte Musk (YouTube, 2016): „Eine Fabrik ist kein so langweiliger Ort, wie viele meinen. Sie ist eine Maschine, die Maschinen baut – man muss sie als integriertes System konzipieren."

Natürlich entfallen auf die zehn Millionen Fabriken, die weltweit heute im produzierenden Gewerbe in Betrieb sind, noch immer 20 Prozent aller CO_2-Emissionen (Abbildung 3.1).

Doch Industrie steht heute auch für fast drei Millionen Industrieroboter (Abbildung 3.2, International Federation of Robotics,

2017), 964 Milliarden Euro gezielte Investitionen in das Internet der Dinge (Gartner, 2017) sowie einen Sektor, in dem Produkte entwickelt und hergestellt werden, die immer passgenauer auf den Kunden zugeschnitten sind, während die Hersteller ständig gezwungen sind, die Einführungszeiten zu verkürzen. Beispielhaft dafür sind Deutschlands drei führende Autohersteller, die die gebotenen Auswahlmöglichkeiten in den letzten zehn Jahren von 47 auf 113 Prozent erhöht haben, obwohl die Lebenserwartung ihrer Produkte im selben Zeitraum um 10 bis 19 Prozent zurückgegangen ist. Heutzutage generieren Fabriken für jeden produzierten Euro 19 Cent an Dienstleistungen. Zwischen 30 und 55 Prozent aller Tätigkeiten in diesen Fabriken weisen eine Servicekomponente auf (McKinsey Global Institute, 2012).

Die Produktion ist heute in jeder Hinsicht absolut „hyper" – hypergenügsam aufgrund von Ressourcenknappheit und durch Einsatz neuester Technologie, hyperagil und hyperindividuell als Reaktion auf Nachfrageschwankungen und Diversifizierung, hypervernetzt und aufgeschlossen bei der gemeinschaftlichen Wertschöpfung.

Abbildung 3.1 **Der Fertigungsindustrie und dem Baugewerbe zuzurechnende CO$_2$-Emissionen**
(in Prozent der gesamten Kraftstoffverbrennung)

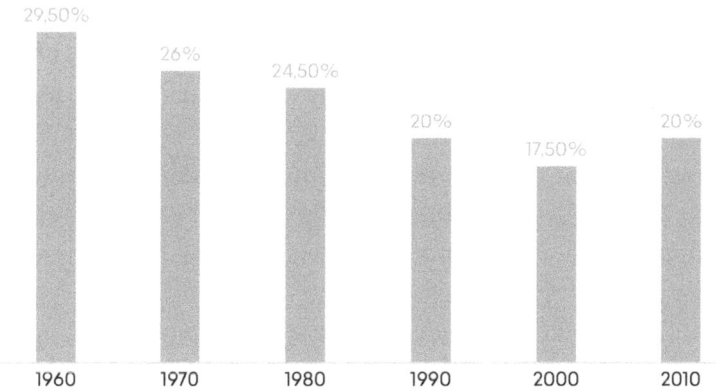

Quelle: OPEO, übernommen aus einer elektronischen Datei
der OECD und der IEA (International Energy Agency)

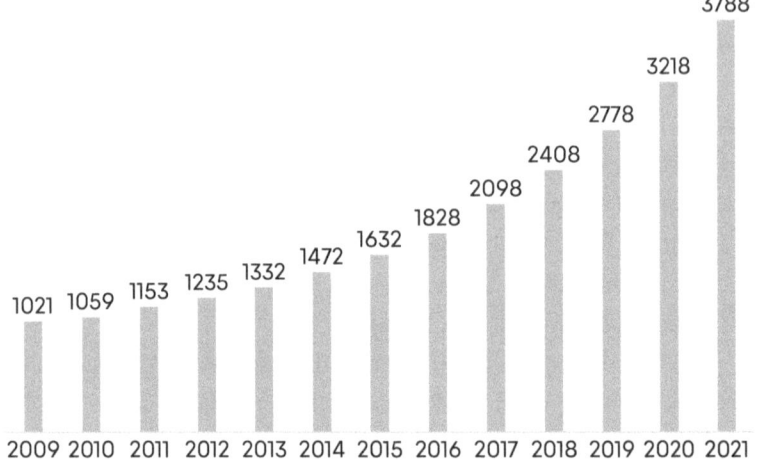

Abbildung 3.2 Geschätzter operativer Bestand an Industrierobotern weltweit, 2016/2017 und prognostiziert für 2019 bis 2021

(in 1.000 Robotern)

Quelle: OPEO, gestützt auf Daten der International Federation of Robotics, Executive Summary World Robotics 2017 Industrial Robots

Doch wie Lean Manufacturing ist auch die Hyperproduktion in allererster Linie eine Geisteshaltung. „Hyper"-Denken wird von Elon Musks bevorzugtem oberstem Grundsatz trefflich zusammengefasst: Die Problemlösung ist stets aus physikalischer Perspektive anzugehen. Das sagt er regelmäßig, um seine Sicht auf die Dinge zu erklären – mit einem Seitenblick auf Newtons ersten Energieerhaltungssatz. Das äußert sich in erster Linie in einer disruptiven Vision, die feste Vorstellungen infrage stellt, um für jeden Schlüsselprozess seines Unternehmens innovative Lösungen zu finden, insbesondere für Produktentwicklung und technische Innovation.

Auf die Fabrikwelt angewandt, lässt sich dies unter anderem mit dem Fokus auf extreme Rationalisierung übersetzen, um die Produktivität knapper Ressourcen wie verfügbarer Raum, Maschinenkapazität, menschliche Kompetenzen, Energie und Rohstoffe zu maximieren. Zu beachten ist dabei, dass es sich auch in einer Besessenheit von der Geschwindigkeit und Agilität des Produktionsprozesses niederschlägt – und darin, dass der Betrieb für die übrige Welt „offen" ist.

Hyperproduktion ist aber mehr als frontale Disruption. Am besten erklären lässt sie sich als „Ausbau" der schlanken Produktion. Um ihre Grundlagen zu verstehen und bevor wir näher auf ihre Grundsätze eingehen, empfiehlt es sich, sich noch einmal bewusst vor Augen zu führen, worum es im dritten Industriezeitalter eigentlich ging.

Lean Manufacturing, Just-in-time-Verfahren und Mehrwert

Als die dritte industrielle Revolution einsetzte, hatte die Explosion des Wirtschaftsverkehrs bereits begonnen. Die Lieferketten atomisierten sich allmählich, und das in einer Welt, in der als Begleiterscheinung eine ganze Reihe industrieller Bauteile und Baugruppen in immer weitere Ferne abrückten. Aufgrund der Finanzialisierung der Wirtschaft, der zunehmenden Notwendigkeit schneller Reaktionen, der Gefahr logistischer Unterversorgung und des wachsenden Drucks auf das Betriebskapital gingen die meisten Unternehmen jedoch allmählich dazu über, ihre operative Effizienz zu verbessern. Sie hofften, dadurch die Kosten dieser neuen ungezügelten Globalisierung zu verringern. Innerhalb dieses Paradigmas tat sich das Produktionssystem von Toyota besonders hervor. Dass die Welt die Entdeckung dieses Systems Forschern des MIT (Massachusetts Institute of Technology) verdankt (nämlich Womack, Jones und Roos, 1990), die sich mit einer NUMMI (New United Motor Manufacturing, Inc.)-Fabrik in Fremont (Kalifornien) befassten, ist ein historischer Zufall. Übrigens handelte es sich dabei um dieselbe Fabrik, die Toyota 1984 von General Motors kaufte und die so symbolträchtig 2010 von Tesla übernommen wurde.

Die Effizienz des Toyota-Systems stützte sich auf zwei Säulen und drei Grundlagen, die alle auf das grundlegende Prinzip möglichst geringer Verschwendung ausgerichtet waren. Aus diesem Grund wurde es irgendwann nur noch als „schlanke Produktion" bezeichnet (Abbildung 3.3, Abbildung 3.4).

Die erste Säule des Toyotismus war das Just-in-time-Verfahren – ein Konzept, bei dem jedes Glied in der Kette exakt zum richtigen Zeitpunkt für den unmittelbaren Kunden produzierte. Das war gleichbedeutend mit geringer Bestandshaltung und einem flexiblen Betriebssystem, das in der Lage war, auf veränderte Kundenwünsche einzugehen.

Abbildung 3.3 **Der Toyota-Tempel**

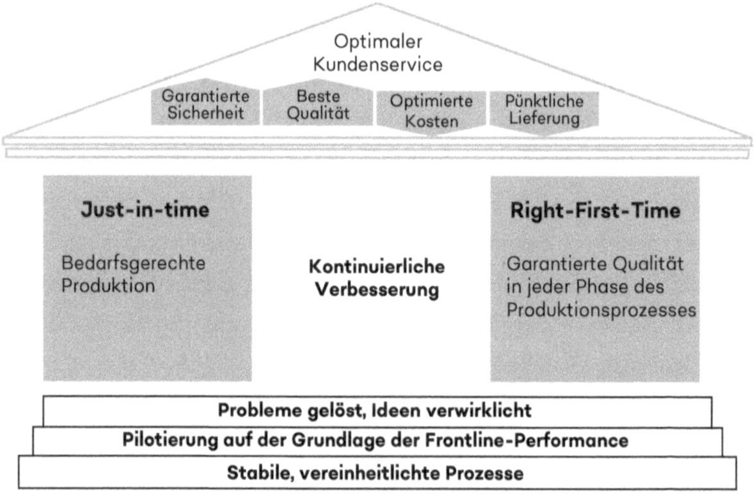

Quelle: OPEO, inspiriert von Womack und Jones (1990)

Das Prinzip erschien klar und einleuchtend, doch die Umsetzung war sehr komplex und erforderte strenge Aufsicht, um Probleme so schnell wie möglich zu erkennen und zu lösen und Blockaden der Lieferkette zu vermeiden. Just-in-time-Produktion basierte auf der Anwendung von fünf Faktoren: Kontinuität der Abläufe, ununterbrochener Warenfluss, bedarfssynchrone Produktion, schlanke Abläufe und Prozessmanagement entlang der gesamten Logistikkette. Eines der Hauptziele war die Vermeidung von Chargen-

Abbildung 3.4 **Die acht Quellen der Verschwendung im Toyotismus**

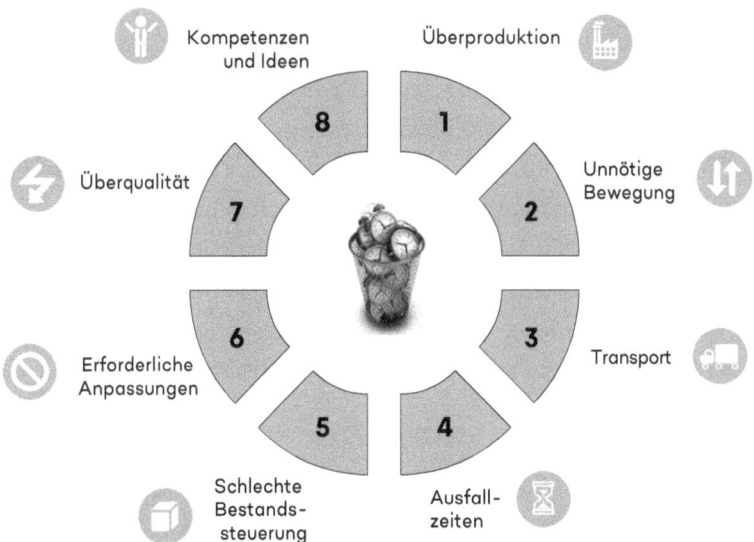

Kompetenzen und Ideen · 8

Überproduktion · 1

Überqualität · 7

Unnötige Bewegung · 2

Erforderliche Anpassungen · 6

Transport · 3

Schlechte Bestandssteuerung · 5

Ausfallzeiten · 4

Quelle: OPEO, inspiriert von Womack und Jones (1990)

größen, die zwar vielleicht auf Mikroebene die Effektivität der Maschinen durch Serienproduktion von Teilen erhöhen, dabei aber die gesamte Ablaufgeschwindigkeit verringern würden. Trotz alledem gelang es nur wenigen Unternehmen, mit ihrem Just-in-time-System dieses Endziel zu erreichen. Die Standardchargengrößen variierten je nach Sektor oft von mindestens zehn bis zu mehreren Tausend Teilen, wobei der Durchschnitt bei einem Standard von rund 100 Teilen lag.

Die zweite tragende Säule des Toyotismus war das Jidōka-Prinzip: die Grundvoraussetzung, um den Prozess dahingehend zu optimieren, auf Anhieb richtige Ergebnisse zu erzielen („Right-First-Time") – sozusagen die Qualitätsdimension des Just-in-time-Konzepts. Danach sollte jedes Glied in der Kette nur weiterproduzieren, wenn sichergestellt war, dass die ans nächste Glied weitergeleiteten Posten von guter Qualität waren. Andernfalls wurde das gesamte System abgeschaltet. Qualitätsrisiken ließen sich verringern, indem Fehler in untergeordneten Baugruppen verhindert wurden. Diese stellten eine echte Gefahr dar, da sich Qualitätsprobleme in der Serienfertigung potenzierten.

Diese beiden Säulen entsprachen den immateriellen Zielen des Toyotismus: der Orientierung auf den Endverbraucher und der Konzentration auf Wertschöpfung. Just-in-time-Produktion bedeutete, dass Überproduktion vermieden wurde. Das hieß, es wurden keine Unternehmensressourcen für die Entwicklung von Produkten verwendet, die sich nicht verkaufen ließen und dadurch verschwendet wären. Ebenso bedeutete das „Right-First-Time"-Prinzip, dass qualitativ fragwürdige Abläufe und die Herstellung von Produkten vermieden wurden, welche die Kunden nicht kaufen würden.

Neue Codes für das vierte Industriezeitalter

Zu Beginn des vierten Industriezeitalters entwickelten sich industrielle Software-Datenbanken weiter, worin sich ein steigendes Bedürfnis nach Sparsamkeit und Wendigkeit sowie eine neue Nachfrage nach gemeinschaftlicher Wertschöpfung spiegelte. Die Philosophie der Hyperproduktion, die sich aus dieser Umorientierung ergab, hatte die „Disruptionsmentalität" genutzt, für die sich Elon Musk mit seinem ersten Grundsatz aussprach, und dabei versucht, Hindernisse aus dem Weg zu räumen, die der gemeinschaftlichen Wertschöpfung entgegenstanden.

Sparsamkeit

Da die meisten globalen Klimawissenschaftler eine Verknappung fossiler Brennstoffe ankündigten und bestätigten, hat sich im 21. Jahrhundert ein kollektives Bewusstsein in Bezug auf den Energieverbrauch herausgebildet. Daneben bedeutet die Entstehung sozialer Netzwerke, dass heute jeder eine klare Vorstellung davon hat, woher die Produkte kommen, die er konsumiert, welchen Weg sie zurücklegen, und auch davon, ob sie ethisch einwandfrei produziert wurden. Das wiederum hat zum Konzept der Sparsamkeit in der Industrie geführt, das gemäß mindestens vier Hauptachsen funktioniert.

Die erste steht in Zusammenhang mit der durchgehenden Verringerung der CO_2-Bilanz durch Entwicklung von Produktionsmethoden und Werkstoffen, die den Verbrauch knapper Ressourcen minimieren und schon von der Designphase an erneuerbare Energien fördern. Eine Begleitmethode ist bislang, die Produktionswege so zu definieren, dass der weltweite Transport von der frühen Komponentenphase bis zur Auslieferung an den Endverbraucher optimiert wird.

Hinzu kommt noch das Konzept von der auf geringen Verbrauch ausgerichteten Produktion. Dazu gehört die Festlegung und Durchführung von Herstellungsprozessen, die die Verschwendung von Rohstoffen, die Rücksendung von Produkten und jeden unnötigen Energieverbrauch vermeiden und dabei Abfall minimieren und dazu beitragen, Rückstände wiederzuverwerten, um sämtliche Vorschriften für die Emission fester, flüssiger und gasförmiger Schadstoffe einzuhalten.

Auch auf lokaler Ebene ist engere Kooperation erforderlich, um eine Kreislaufwirtschaft zu fördern: Kommunalbehörden und Industriepartner müssen an den verschiedenen Standorten in Dialog treten, an denen die Tochtergesellschaften eines Unternehmens tätig sind. Zu den Methoden auf dieser Ebene zählen unter anderem Wiederverwendung unverbrauchter Energieträger oder Werkstoffe, Minimierung der Lärmentwicklung und anderer Arten von Verschmutzung vor Ort, eine zeitliche Gestaltung des Energieverbrauchs, die dazu beiträgt, die lokalen Erzeugungskapazitäten zu regulieren – und dabei die Förderung lebenslangen Lernens und die Anhebung des Kompetenzniveaus aller am Ökosystem Beteiligten.

Viertens und letztens bedeutet ein durchgängiges Produktethos, dass das Verhalten von Zulieferern nunmehr vom Anfang der Kette an überprüft wird. Das geschieht durch eine „erweiterte", belastbare und gemeinsame Strategie zur sozialen Verantwortung der Unternehmen.

Die starke Nachfrage nach einem solchen Ethos hat die Verbraucher jedoch nicht davon abgehalten, vermehrt maßgeschneiderte

Funktionalitäten und eine schnelle Produktauslieferung zu verlangen. Die Nachfrage hat daher weiterhin auf eine extreme Diversifizierung gedrängt. Für die Industrie bedeutete diese Veränderung ein verstärktes Bedürfnis nach Agilität und „flexibilisierter Massenproduktion". Das alles prägte im Zusammenspiel ein neues Paradigma, das sich durch Einzelchargen und taggleiche Lieferung auszeichnet. Viele Just-in-time-Prinzipien gelten auch weiterhin, werden aber bis ins Letzte ausgereizt, was Anpassungen erforderlich macht. Schlanke Abläufe bleiben nach wie vor ein Grundprinzip, doch die Vorstellung von einem „One-Piece-Flow" (Ein-Stück-Fluss oder kontinuierlicher Fluss, auch mitarbeitergebundener Arbeitsfluss) müsste nunmehr im eigentlichen Wortsinn angewandt werden – mit Chargengrößen, die für 100 Stück standardisiert worden waren und jetzt für einzelne Einheiten galten. Das Konzept der „Taktzeit" – also des durchschnittlichen Zeitraums, der zwischen dem Produktionsbeginn zweier Artikel liegt – wurde besonders intensiv auf den Prüfstand gestellt. Inzwischen wird davon ausgegangen, dass jeder einzelne Artikel seine eigene Produktionszeit hat. Schlanke Abläufe bleiben das Leitprinzip für die gesamte Lieferkette, werden aber zu Logistikzonen verallgemeinert, in denen sich nicht länger Mitarbeiter zu den Teilen bewegen („Mann zur Ware"), sondern Teile zu den Mitarbeitern („Ware zum Mann").

Agilität

Hinsichtlich des „Right-First-Time"-Prinzips – der zweiten Säule des Toyotismus – gelten die meisten Grundsätze auch weiterhin. Es zeichnet sich einmal mehr durch die Notwendigkeit aus, die Reaktionszeit des Systems zu beschleunigen, aber auch die Ebene anzupassen, auf der die damit verbundenen Informationen innerhalb eines Unternehmens und über dessen gesamten Logistikkette hinweg ausgetauscht werden (die Endverbraucher eingeschlossen). Die vorgelagerte Upstream-Seite der Industriekette musste somit mehr Innovationsverantwortung übernehmen. Bei der Entwicklungsmethode, die sich daraufhin allgemein durchsetzte, handelt es sich um eine Kombination aus traditionellen industriellen Methoden – sequenziell organisiert und mit Orientierungspunkten –, wobei sogenannte „agile" Methoden aus der Welt der Software importiert wurden. Das Grundprinzip für diese letztgenannte Sphäre war stets gewesen, dass sich die Kundenvorgaben ständig weiterentwickeln, auch noch sehr spät im Innovations- und Entwicklungsprozess, was weit kürzere Schleifen zwischen Endnutzern und Designern erforderlich macht, die auch als „Sprints" bezeichnet werden. In den Upstream-Stadien musste auch das „Right-First-Time"-Konzept angepasst werden, da sich das neue Leitprinzip stärker auf „Testen und Lernen" fokussiert – ein Ansatz, der rasches Handeln dem perfekten Handeln vorzieht und daher Fehler toleriert.

Die neuen Technologien machten es möglich, auf die von den beiden Säulen des Toyotismus (Just-in-time und Right-First-Time) benötigten Anpassungen zu reagieren. Dank der Fortschritte in der Robotik und insbesondere bei führerlosen Fahrzeugen (Automatic Guided Vehicles, AGVs) werden Menschen in Zukunft nicht mehr so viel unterwegs sein und können sich daher mehr auf ihre Kernaufgaben konzentrieren. Vernetzte Geräte (das Internet der Dinge – kurz IoT für Internet of Things) ermöglichen eine durchgängige Identifikation der einzelnen Produkte innerhalb ihrer verschiedenen Logistikketten, was auf eine flexible Ausgleichsdynamik an jeder Arbeitsstation hindeutet. Zu verdanken ist das der intelligenten Programmierung neuer 3D-Druck-Produktionsausführungssysteme (also der additiven Fertigung), die bestimmte mehrstufige Abläufe spürbar verkürzt haben – vor allem im Zuge der Upstream-Prototyping-Phasen, aber auch in den Produktionsphasen, in denen Teile keine besonders hohe Produktionsgeschwindigkeit erfordern. Das wird auch dem Erfordernis extremer Diversifizierung und agiler Informationsflüsse gerecht, ohne dass ein neues Arbeitsprogramm (oder eine Produktpalette oder Arbeitsmethode) zugelassen werden müsste. Die Qualitätskontrolle kann dank zerstörungsfreier Prüfung und Fortschritten bei industriellen

Bildverarbeitungssystemen verstärkt auf fließender Basis erfolgen. Auch das Qualitätswarnsystem kann jetzt digitalisiert und somit anhand eines Kaskadenprinzips in der Managementorganisation in Echtzeit gesteuert werden. Ansonsten kann nun das „Andon"-Prinzip – demzufolge jeder Arbeiter an einem Produktionsstandort Alarm schlagen kann, wenn Teile minderwertig oder fehlerhaft sind – generell auf alle Ablaufprozesse angewandt werden, vom ursprünglichen Design bis zur Endauslieferung. Die damit verbundenen Informationsflüsse reichen von Tier-1-Unterauftragnehmern bis zur Geschäftsleitung des Generalunternehmers und sogar zu dessen Zulieferern, Partnern und Kunden, sodass schnelle Reaktionen und ein umfassender Informationsaustausch geboten sind. Die Zusammenarbeit unterstützende digitale Tools können bereits in den Produktentwicklungsphasen eingesetzt werden, um den Austausch zwischen den verschiedenen Unternehmenssparten und auch mit Partnern und Endverbrauchern zu verbessern. Vernetzte Geräte tragen dazu bei, diesen Informationsaustausch in Anpassungen am physischen Produkt zu übersetzen, konkret durch aktualisierte Versionen, oder, indem die Markteinführungszeit von Betaversionen verkürzt wird, wobei ständig Verbesserungen vorgenommen werden. Sämtliche Beteiligten können auf kurzen Wegen interagieren. Dies stellt sicher, dass im Zuge der Anwendung des Grundsatzes agiler Methoden über die gesamte Lebensdauer eines Produkts – von seiner Entwicklung über seine Vermarktung, Verbesserung und Wartung (die „Produktserienlebensdauer") – Produkte fortlaufend verbessert werden.

Gemeinschaftlicher Wert

Schließlich behält das Wertschöpfungskonzept seine Gültigkeit, wenngleich in begrenztem Umfang. Der zentrale Wert für Kunden – inzwischen „Nutzer" – ist ein gemeinschaftlicher Wert, der eine rasche Reaktion auf sämtliche Bedürfnisse ermöglicht und dabei der Customer Journey Rechnung trägt und den sparsamen Produktionsrahmen eines Produkts respektiert. Über die gesamte Kette

hinweg haben sich die acht Verschwendungskategorien des Toyotismus dergestalt weiterentwickelt, dass darin neue Bedürfnisse
von Endnutzern eingeflossen sind, die sich für eine erneuerte Form
von Wert interessieren.

Diese Beobachtungen der fortschrittlichsten Industriesysteme
ermöglichen die Auflistung der acht Haupthindernisse, die die Entstehung von gemeinschaftlichem Wert blockieren (Abbildung 3.5).

Überkonsum Er ist das Haupthemmnis für gemeinschaftlichen
Wert, da er in einer Welt, in der sämtliche Ressourcen per definitionem begrenzt sind, mit dem Verbrauch von Energie, Rohstoffen
und Tools einhergeht, die ansonsten eingesetzt werden könnten,

Abbildung 3.5 **Die acht Hauptfaktoren,
die die Entstehung von
gemeinschaftlichem Wert verhindern**

Quelle: OPEO

um etwas anderes zu produzieren. Das Konzept vom Überkonsum bezieht sich aber auch auf suboptimale Flächennutzung – wenn also keine maximale Fabrikdichte vorliegt. Die Verdichtung von Fabriken ist im vierten Industriezeitalter ein entscheidendes Thema – ähnlich wie die Miniaturisierung von Computern im dritten Industriezeitalter.

Ungenutzte Daten Das Eldorado der vierten industriellen Revolution sind die Daten. Verfügbare Daten über Kunden oder interne Geschäftsprozesse nicht zu erfassen, zu speichern oder zu analysieren verringert die potenzielle Wertschöpfung, von der Gesellschaft, Kunden oder Beschäftigte profitieren können. Das kann sich auch auf die Effizienz von Prozessen und auf die durchgängige Ablaufqualität auswirken. Ein Beispiel dafür ist unzulängliches Produktversionsmanagement. Ein anderes Beispiel ist, wenn Probleme unzureichend genutzt werden, um kontinuierlich Verbesserungen herbeizuführen und dadurch eine Logik des lebenslangen Lernens zu mobilisieren.

Silos Als „Silo" wird gemeinhin ein Teilbereich einer Organisation bezeichnet, der losgelöst von der übrigen Struktur arbeitet. Solche Silos bremsen die Zirkulation von Informationen erheblich und können ferner zu kontraproduktiven Entscheidungen führen. Sie stellen ein Hindernis für Reaktionsfähigkeit und Wertschöpfung dar. In einer digitalen Welt sollten sämtliche Abteilungen eines Unternehmens zur globalen Wertschöpfung beitragen – also außerhalb ihrer vermeintlich natürlichen Grenzen operieren. So benötigt beispielsweise die Lieferkettenfunktion auf ganz kurzem Wege Absatzdaten aus der Vertriebsabteilung, wenn sie schnellstmöglich reagieren soll. Ansonsten könnte sie auch Zugriff auf Filialen im Einzelhandelsnetz nehmen, um Produktbewegungen zu verfolgen und neue Trends exakt zu prognostizieren. Kurz, die Analysen, die die Abteilung im Rahmen dieser Analyse benötigt, können sich mit der Arbeit des Marketingteams überschneiden, das künftige Trends antizipieren soll, indem es sich laufend darüber informiert, was Kunden denken und tun.

Bürokratie Manche Organisationsbereiche halten sich akribisch an jede Vorschrift oder führen Neuregelungen ein, ohne grundsätzlich deren Auswirkungen zu bewerten. Sie tun das, um möglichst keine Risiken einzugehen oder weil sie keine Verantwortung übernehmen wollen. Das führt zu unnötigem Papierkrieg, abstrakten Diskussionen und mitunter zu Unstimmigkeiten, die gemeinschaftlichen Wert vernichten können. Grundsätzlich bedeutet Bürokratieabbau, dass unnützer Papierkram abgeschafft und Interaktionen zwischen Abteilungen oder innerhalb ein- und derselben Abteilung (zum Beispiel einer Produktionshalle) im Zuge nicht zweckdienlicher administrativer Prozesse eliminiert werden. Auf der nächsten Ebene kommt eine Mentalität des Infragestellens von Systemengpässen in einer Weise ins Spiel, die disruptiven Lösungen Vorschub leistet. Dieser Ansatz wurzelt in dem obersten Grundsatz, stets zu fragen, welche physikalische Regel auf einen bestimmten Prozess anwendbar ist (und was wirklich nötig ist, damit alles funktioniert). Oft sammeln sich Regeln und Kontrollmechanismen an, die verwendet wurden, um frühere Ad-hoc-Probleme zu lösen. Die gegenläufige Dynamik besteht darin, das Risiko einzugehen, Regeln zurückzunehmen, um das System zu entlasten und flexibler zu machen. Das entspricht jedoch ganz und gar nicht dem natürlichen Reflex vieler Akteure und erfordert entsprechend kräftige Impulse vom Management.

Unentschlossenheit In einer schnelllebigen Welt ist gar keine Entscheidung im Allgemeinen schlechter als eine schlechte Entscheidung. Fehler sind hinnehmbar, solange sie sich rasch korrigieren lassen. Gar nicht zu handeln ist dagegen die schlechteste aller Möglichkeiten. Deshalb sollte es ein Managementsystem geben, das Informationen so schnell wie möglich zu den richtigen Entscheidungsträgern befördert, wodurch deren Zuständigkeiten so eng wie möglich mit den Entwicklungen im Tagesgeschäft verknüpft werden. Außerdem sollen leitende Führungskräfte angehalten werden, viel Präsenz zu zeigen, um zu vermeiden, dass wichtige Entscheidungen verzögert oder schlecht kommuniziert werden.

Wartezeiten Stehen Menschen, Maschinen, Werkstoffe und Daten still und verharren in Wartestellung, bleiben knappe Ressourcen ungenutzt, obwohl sie für den Betrieb eines Unternehmens und die Reaktionsfähigkeit des Systems lebenswichtig sein können. In einer Welt, die ständig in Bewegung ist, wirken Untätigkeit und nicht ausgelastete Aktivposten wertvernichtend. Es muss also unbedingt ein System erdacht werden, das flexibel ist, aber dennoch Auslastung und Kapazität ins Gleichgewicht bringen kann, und dessen Prozesse so robust sind, dass sie das industrielle Inventar an die Marktvolatilität anpassen.

Monotone, anstrengende Aufgaben Fortschritt bei Automation, Robotik und künstlicher Intelligenz bedeutet, dass die langweiligsten oder ergonomisch schwierigsten Aufgaben durch Maschinen erledigt werden können – was sich für das Unternehmen ordentlich rentiert. Derartige Fortschritte ungenutzt zu lassen bedeutet, die knappste Ressource des Systems – nämlich die Menschen – für Arbeiten einzusetzen, die ihre Kapazität nicht auslasten. Ziel ist, manuelle Arbeit einfacher und interessanter zu machen und dafür zu sorgen, dass Support-Funktionen verstärkt für Tätigkeiten herangezogen werden können, die für das System wertsteigernd sind – also solche, die gemeinschaftlichen Wert generieren, indem sie komplexe Probleme lösen, gute Unternehmens- und Berufsstandards festsetzen, Teams weiterbilden und innovative, zukunftsorientierte Lösungen entwickeln. Nach und nach sollen routinemäßige mechanische Tätigkeiten unternehmensweit ganz verschwinden. Natürlich sind das Aufgaben, die den Menschen gewöhnlich wenig Freude bereiten – ein weiteres gutes Argument, sie sobald wie möglich auszumerzen.

Nutzerfreundlichkeit Voraussetzung für die Entstehung von gemeinschaftlichem Wert für Kunden und/oder Beschäftigte ist die Möglichkeit, von aus ergonomischer Sicht komfortablen Anwendungen und Funktionalitäten zu profitieren, denn so ein System will jeder gern verwenden und zu seiner laufenden Verbesserung beitragen. Die ganz Großen aus der Digitalbranche haben inzwischen flächendeckend vermittelt, dass es die User Journey ist, die Entscheidungen beim Technologiedesign für neue Produkte beeinflusst. Dasselbe gilt für die Teams, die in der Industrie arbeiten – Akteure, die immer häufiger dazu aufgefordert sind, ihr Tagesgeschäft mithilfe digitaler Tools zu managen. Die Ausrüstung von Teams mit ergonomischen Schnittstellen, die auf ihre verschiedenen Geschäfts- oder Berufsfelder zugeschnitten sind, ist zu einem Schlüsselfaktor für die Motivation und die Alltagseffektivität von Menschen geworden.

Was wir von Tesla lernen können

Als Elon Musk in Nevada die Gigafactory für die Batterieproduktion offiziell eröffnete – die flächenmäßig die größte der Welt werden sollte –, ging er in seiner Ansprache auf seine Vision von Fabriken ein, die ähnlich wie Produkte konzipiert werden sollten: nämlich als integrierte Systeme, deren Betrieb sich durch die Anwendung physikalischer Grundsätze optimieren lässt. Das hieß aber nicht, dass Musk dem Größenwahn erlag – hatte er doch stets gesagt, dass Sparsamkeit und Effizienz grundsätzlich an erster Stelle stehen müssen. In seiner Rede definierte Musk ferner den Gigantismus. Zumindest vorerst würde seine neue Fabrik weltweit die einzige sein, die Batterien herstellte – eine wesentliche Voraussetzung für verstärktes autonomes Fahren. Längerfristig war das Ziel, genügend Batterien für 1,5 Millionen Fahrzeuge zu bauen. Trotz dieser ehrgeizigen Zielsetzung wurde der Standort ganz auf eine verdichtete Nutzung ausgerichtet. Wie Musk sagte: „Ich bin kein Produktionsexperte, doch ich habe die vergangenen drei Monate in Fabrikhallen zugebracht. Wenn ich an eine Autofabrik denke, dann fällt mir stets mein oberstes Prinzip ein. Um eine Analogie zu physischen Abläufen herzustellen: Es geht um die Optimierung folgender Gleichung: Volumen mal Dichte mal Ablaufgeschwindigkeit" (YouTube, Elon Musk, 2016). Musk war der Ansicht, dass sich diese Kennzahl aus zwei Gründen leicht um den Faktor 5 oder gar 10 verbessern ließ.

Erstens sind nur zwei bis drei Prozent des Volumens eines fertigen Automontagewerks wirklich „nützlich". Zweitens ist die

Geschwindigkeit, mit der Fahrzeuge vom Band laufen, scheinbar hoch, doch in Wirklichkeit relativ begrenzt (auf circa 0,2 Meter pro Sekunde). Kurz, statt bei vorhandenen Technologien und Produktionsmodi anzusetzen und diese nach Möglichkeit zu verbessern, wollte Musk das Problem ganz anders angehen, indem er an der Gleichung arbeitete, die der Ablaufgeschwindigkeit der Fabrik zugrunde lag – hier als System zu verstehen. Auch ohne unmittelbare Lösung ging er davon aus, dass ein solcher Ansatz Teams zu mehr Ehrgeiz anstacheln konnte. In der Gigafactory – der ersten Fabrik, in der dieses Prinzip durchgängig zur Anwendung kam – war das Ergebnis eindrucksvoll. Eine komplett digitalisierte dreidimensionale Ansicht der Fabrik erinnerte stark ans Innenleben eines Rechners und verfolgte dasselbe Ziel der Volumenoptimierung. Daraus sprach Musks Überzeugung, dass sich die Welt der Produktion ganz ähnlich entwickeln müsste wie Computer, die seit den 1980er-Jahren einen Wettlauf um Miniaturisierung hinlegten. Unternehmen würden auf das Bevölkerungswachstum nicht durch den Bau immer größerer Fabriken reagieren, sondern stattdessen versuchen, zu miniaturisieren – durch die Verdichtung von Prozessen und die Beschleunigung von Abläufen.

Der oberste Grundsatz der Hyperproduktion besteht in der Verdichtung von Fläche, um Überkonsum zu vermeiden. Das Gleiche gilt für den Energieverbrauch. Die Gigafactory ist komplett mit Sonnenkollektoren ausgerüstet, recycelt aber auch so viel Energie wie möglich. In perfekter Übereinstimmung mit ihrem narrativen Aspekt (siehe fünftes Prinzip), der auf das Ziel der Erhöhung des Anteils erneuerbarer Energien abhebt, bemühte sich Musk stets um die Motivation seiner Teams, die Betreuung seiner Aktionäre und die Loyalität seiner Kunden. Erreicht werden sollte das durch die Verknüpfung seiner Betriebsgrundsätze – auf der Grundlage einer Art Sparsamkeit innerhalb des industriellen Inventars – mit seinem Endziel: der Verbesserung der globalen Ökobilanz seiner Transportaktivitäten. Zu diesem Zweck sollten verschiedene Verkehrsmittel besser zusammenarbeiten (und jedes Fahrzeug intelligenter betrieben werden). Außerdem sollte bei der Herstellung und Nutzung von Fahrzeugen in maximalem Umfang auf saubere Energie gesetzt werden und es sollten alle Fahrzeuge an ein intelligentes Energienetz angeschlossen werden, das in der Lage sein musste, Bedarfsspitzen und -senken auszugleichen. Energiefragen hat Musk stets im Hinterkopf – wie seine jüngste Äußerung bezeugt, mit der er in Erinnerung ruft, dass die Sonne dem Planeten Erde in einer Stunde mehr Energie liefert, als dieser in einem ganzen Jahr benötigt (Fabernovel, 2018).

Das alles erklärt, warum Musk ein System errichtete, das es ihm ermöglichte, alle Faktoren auszuschalten, die der gemeinschaftlichen Wertschöpfung im Wege stehen. Seine Fabriken sollten Leuchtturmcharakter haben und die neuesten automationsbezogenen technischen Fortschritte zur Schau stellen. Sie sollten sich ferner durch Organisationsprinzipien auszeichnen, die Silodenken hinter sich ließen und vor allem rasche Entscheidungen ermöglichten, indem Entwicklungs- und Produktionsteams am gleichen Standort vereint wurden. Natürlich mussten die Teammitglieder vielfältige Kompetenzen mitbringen, und alles musste kurzschleifig organisiert werden, um ungeachtet des Themas Entscheidungsprozesse voranzutreiben. Diese Vision führte Musk näher aus, als er seinem Biografen Ashlee Vance erklärte, dass es für ihn Priorität habe, schnell zu agieren und Unternehmen ohne bürokratische Hierarchie zu führen. Regelungen, die echte Durchbrüche verhinderten, müssten bekämpft werden (Vance, 2015, S. 20). Außerdem sollten erhebliche Anstrengungen unternommen werden, um die Modularität von Fahrzeugen zu maximieren, und zwar durch einen Katalog vordefinierter Funktionen. Das ultimative Ziel war dabei, den Endverbrauchern Zugriff auf ein Portal zu ermöglichen, auf dem sie ihr persönliches Fahrzeug „maßschneidern" konnten über direkte Verbindungen zu Fabriken, die in der Lage waren, einzelne Chargen sehr schnell zu produzieren. Die internen logistischen Abläufe waren so konzipiert, dass sie auf diese Massenpersonalisierungslogik reagieren konnten, inklusive automatisierter Aufsicht über den Austausch zwischen den einzelnen Arbeitsstationen.

Das Produkt als solches würde die Vorzüge der gemeinschaftlichen Wertschöpfung ebenfalls mustergültig demonstrieren. Tesla ist zu einem der wenigen Autohersteller der Welt geworden, der zusichert, den Wert seiner Fahrzeuge im Laufe ihrer Lebensdauer durch kontinuierliche Upgrades und vorausschauende Wartung der Fahrzeuge jedes einzelnen Kunden zu steigern – während andere Autobauer für ihre Upgrades ordentlich zur Kasse baten und so dafür sorgten, dass jedes Altfahrzeug aufgrund der geplanten Veralterung seiner eingebetteten Technologie im Zeitverlauf an Wert einbüßte.

Durch die tägliche Anwendung von Elon Musks oberstem Prinzip erscheint das Tesla-Modell eindeutig disruptiv. Ein Besuch in einer Tesla-Fabrik zeigt, wie dieses Prinzip konkret umgesetzt wird. Die Wände sind weiß, die Maschinen rot, alles ist weitestgehend automatisiert, verschiedene Funktionen teilen sich (offene) Bereiche, junge Ingenieure mit Tablets mischen sich unter die Arbeiter und es gibt keine sichtbaren Unterschiede zwischen den Belegschaftskategorien. Alles ist so strukturiert, dass jedes Hindernis für die gemeinschaftliche Wertschöpfung aus dem Weg geräumt wird.

Bemerkenswert ist dabei, dass Musk Disruption begrüßt – und wie er Probleme gleichzeitig pragmatisch und kühn anpackt. Dem außergewöhnlichen Energieniveau des Unternehmens ist zu verdanken, dass es – zumindest im Vergleich zu Teslas benachbarten Start-ups und rein digitalen Akteuren in Palo Alto – sehr schnell lernt.

Dadurch, dass Musk seine sich selbst gestellten Herausforderungen bewältigt, indem er die positivsten Aspekte der digitalen Welt erfolgreich mit bahnbrechenden industriellen Organisationspraktiken paart, dürfte das Produktionssystem von Tesla ziemlich einzigartig sein. Vielleicht wird sich das Werk in Fremont, das von Toyota übernommen wurde, nicht in Teslas Traumsystem verwandeln. Hyperproduktion, wie sie sich derzeit entwickelt, dürfte in den Fabriken, die Tesla für die Zukunft baut, auf eine höhere Stufe gehoben werden. Dazu gehört natürlich die Gigafactory, aber auch für den Fall, dass Wachstumsziele erreicht werden, die in Europa und Asien geplanten Anlagen. In nur wenigen Jahren hat Musk eine neue globale Autoschmiede hervorgebracht, die keiner anderen gleicht und den Sektor komplett revolutionieren könnte. Wie so oft bei Pionierunternehmen lässt sich aber erst längerfristig beurteilen, wie gut sich das System an sein Umfeld anpasst. Toyota hat sich auch nicht in wenigen Monaten zu dem entwickelt, was es heute ist, und auf seinem langen Weg an die Spitze der Automobilherstellung auch viele Krisen erlebt.

FRAGEN, DIE SICH JEDER SPITZENMANAGER STELLEN SOLLTE

- Tragen meine Entscheidungen bei der Produktentwicklung der globalen CO_2-Bilanz unseres Produkts und den Richtlinien unserer Partner zur sozialen Verantwortung des Unternehmens Rechnung?
- Verfügen mein industrielles Inventar und meine Lieferkette über Indikatoren und Schleifen zur laufenden Verbesserung, die eine rasche Abfallverringerung, bessere Abfallsortierung, Energieeinsparungen, einen höheren Anteil erneuerbarer Energien und Initiativen zur Selbstversorgung zulassen?
- Erfasse, speichere und nutze ich Daten über meine Kunden in ausreichendem Umfang? Und Daten über meine industriellen Prozesse?
- Werden Entscheidungen auf allen Unternehmensebenen schnell genug getroffen?

- Existieren in meiner Organisation oder extern im Umgang mit Partnern Silos?
- Habe ich einen systematischen Ansatz zur Automatisierung monotoner oder anstrengender Tätigkeiten in meinem Betriebssystem angestoßen?
- Halte ich meine Teams dazu an, Bürokratie zu minimieren, auf Papierkrieg zu verzichten und stets Schleifen zum direkten Austausch zu wählen, in denen jeder die Verantwortung für sein Handeln übernimmt?
- Gibt es in meinem System ungenutzte Ressourcen? Sehe ich vor Ort konkret Maschinen, Menschen oder Entscheidungen in Wartestellung?
- Probiere ich die Lösungen oder Produkte, die meinen Beschäftigten oder Kunden angeboten werden, selbst aus, um mich zu vergewissern, dass sie auch anwenderfreundlich sind? Ist dieser Punkt ein echtes Kriterium im Zusammenhang mit der Entwicklung oder Optimierung unserer Produkte und/oder der Tools, die wir einsetzen?
- Ist mein Industriesystem so agil, dass sich Produkte personalisieren lassen und sich an die Marktvolatilität anpassen? Kann ich meine Produktionszeiten verkürzen? Wird das Einzelchargenprinzip bei uns als Ziel aufgefasst, auf das meine Teams hinarbeiten sollten?

INTERVIEW MIT KIMBERLY CLARK

„Silos einreißen, um Hyperproduktion umzusetzen"

Am Standort Toul von Kimberly Clark sind 260 Menschen beschäftigt, die 74.000 Tonnen Papier pro Jahr für Marken wie Kleenex, Scott und Wypall herstellen. Wer die Anlage zum ersten Mal besucht, ist unwillkürlich beeindruckt von der mächtigen Papiermaschine, die im gesamten Werk das Tempo vorgibt. Die Fabrik an der Schnittstelle zwischen klassischem Industrieprozess und Konsumgüterproduktion wurde von der Zeitschrift *L'Usine Nouvelle* 2015 zum Industriestandort des Jahres gekürt. Betriebsleiter Mathieu Gaytté übernahm seinen Posten in dem Werk 2012, als gerade ein umfassender Transformationsplan in Angriff genommen wurde.

„Kein Hochleistungsunternehmen kann sich heutzutage mit mittelmäßigen Ergebnissen zufriedengeben"

Das Abenteuer begann im Jahr 2011. Der Unternehmensbereich von Kimberly Clark, dem die Fabrik unterstellt ist, hatte gerade einen neuen Leiter bekommen. Gaytté weiß noch: „Das war für uns eine kalte Dusche. Bis dahin galt für die Abstimmung unserer Optimierungsbestrebungen für alle Belegschaftsangehörigen die Devise, dass Umsetzungsstärke gefragt war." Der neue Chef beschloss, alle aus ihrer Komfortzone zu holen, und erklärte, dass sich „kein Hochleitungsunternehmen heutzutage mit mittelmäßigen Ergebnissen zufriedengeben" könne. So begann der lange Weg des Standorts zur Hyperproduktion. „In der Vergangenheit fuhren wir auf Sicht, doch wir brauchten einen Ansatz, der echte Transformation bewirkte und unser Vorgehen im Alltag agiler gestaltete." Unmittelbares Ziel war, für

die beiden sekundären Maschinen und die Papiermaschine innerhalb von vier Monaten eine Steigerung um
10 bis 15 Prozent zu erreichen.

Silos einreißen: Einer der Haupterfolge des Transformationsprozesses

Zunächst lag der Fokus darauf, die Silos im Unternehmen
einzureißen. „Wir ernannten dafür einen für mehrere
Abteilungen zuständigen Manager, der unsere Vision
von vollständig kontinuierlichen Abläufen in der Fabrik
kommunizieren sollte." Doch die erforderlichen Veränderungen waren schwer durchzusetzen. Gaytté spricht
von wechselseitigem Misstrauen, das die Beziehungen
zwischen den Teams aus der Papierherstellung und der
Papierverarbeitung rund 20 Jahre lang geprägt hatte.
„Probleme wurden stets der anderen Abteilung in die
Schuhe geschoben."

Außerdem floss eine Menge Arbeit in die Optimierung
der Wartungskompetenzen der Teams auf oberster
Ebene. Dadurch besserten sich die Beziehungen zwischen den Produktions- und den Wartungsmitarbeitern
spürbar, weil jeder den anderen besser verstand. Im
Rückblick erklärt Gaytté, wie Verhaltensveränderungen
dazu beitragen, Menschen wieder zusammenzubringen.
„Bestimmte Sicherheits- und Qualitätsprobleme waren
komplizierter, als wir gedacht hatten. Es erwies sich als
hilfreich, einen Sicherheitskoordinator für jeden Sektor
zu ernennen. Auch die Qualitätssicherung konnte ihre
Standards bald besser anwenden und echte Unterstützung bieten, statt nur Anforderungen zu stellen." Neben
diesen Anpassungen wurde auch das Managementsystem umstrukturiert. Bürokratie wurde abgebaut,
Entscheidungsprozesse wurden beschleunigt: „Durch
eine Tentakelstruktur schuf das Managementsystem

eine neue Verbindung zwischen den Arbeitern und der Unternehmensleitung."

Weniger verbrauchen und dadurch besser produzieren

Für große Zufriedenheit mit dem Gesamtplan sorgte der geringere Energieverbrauch. „2017 konnten wir unsere jährlichen Energiekosten beispielsweise um sechs Prozent senken und dadurch fast eine Million Euro einsparen. So ungefähr geht das jetzt schon seit fünf Jahren." Die Fabrik richtet sich bei der Festlegung von Optimierungsplänen weiterhin nach bestimmten Leitprinzipien. Es muss eine Win-win-Situation entstehen, und zwar rein unter Leistungsaspekten, aber auch, weil dadurch das Ökosystem und alle Teams profitieren. Ein Beispiel dafür ist die Reorganisation mancher Arbeitsstationen, um die Sicherheit zu erhöhen. Bei der Projektauswahl und den Optimierungszahlen stand dabei die Anwenderfreundlichkeit im Vordergrund.

Anwenderfreundlichkeit: Eine wesentliche Voraussetzung für den Erfolg

„Für jeden Bereich, zu dessen Optimierung wir ansetzen, stellen wir zunächst eine Liste der Störfaktoren auf, die uns die betroffenen Teams mitgeteilt haben und beseitigt haben möchten." Hinzu kommt, dass die Endnutzer modifizierter oder neu entwickelter Tools neuerdings systematisch an den vorgeschlagenen Änderungen mitwirken sollen. Gaytté führt die Vorzüge dieses Ansatzes auf die Entwicklung von Kompetenzen zurück. „Wenn jeder seine eigenen Positionen oder Tools (ob physisch oder digital) überprüfen soll, steigert das das Bewusstsein für den eigenen Schulungsbedarf und für die Lücke zwischen derzeitigen Aufgaben und künftigen Anforderungen." Der

Vorteil des auf gemeinschaftliche Wertschöpfung ausgerichteten Arbeitens liegt in dem Umstand begründet,
dass davon jede Interessengruppe in der Fabrik profitiert.

**Bessere Datensteuerung, durchdachte
Automatisierung: Ein Großprojekt für die Zukunft**

Für die Zukunft steht der Standort noch vor großen
Herausforderungen. Gaytté zufolge sind die beiden
Hauptknackpunkte die Datensteuerung und der Einsatz
intelligenter Automatisierung, um die Zahl monotoner
oder anstrengender Tätigkeiten zu verringern. Dadurch
soll die Standortintelligenz gesteigert werden, um
menschliche Kompetenzen optimal zu nutzen und sicherzustellen, dass jedem die Arbeit Spaß macht. Daten sind eine Schlüsselkomponente in der verarbeitenden Industrie. In diesem Fall dürfte es längerfristig zur
großen Aufgabe werden, durch zusätzliche Ebenen
algorithmischer und künstlicher Intelligenz die Intelligenz
der Papiermaschine zu erhöhen. Gaytté formuliert es
so: „Wir sind hier ja kein hobbymäßiger Wochenend-
heimwerker, der sich ein Superwerkzeug kauft und dann
nur ein Prozent von dessen Funktionalität nutzt." Der
Plan sieht stattdessen vor, die Kompetenz am gesamten Standort zu heben. Die Automation wird auf jeden
Fall ein wesentlicher Produktionskostenfaktor sein, wenn
der Standort seine Leuchtturmfunktion behalten und
von jüngsten Verbesserungen profitieren will. Die Belegschaft von Kimberly Clark weiß, dass sie sich weiterentwickeln und ständig anpassen muss. Sie ist sich
sogar bewusst, dass sich das Tempo bald täglich steigern wird. Deshalb hat die Unternehmensleitung unlängst
entschieden, in jede Abteilung wieder Change-Akteu-
re zu integrieren, um sicherzugehen, dass Verbesserungen flüssig und flexibel vonstattengehen.

Zweites Prinzip: Kreuzintegration

Verdichtung der Wertschöpfungskette, Öffnung der Funktionen und bessere Vernetzung mit dem Ökosystem, um dem Unternehmen kräftige Impulse zu geben

ZUSAMMENFASSUNG

- Die Kreuzintegration erfüllt gleich zwei Erfordernisse: Reaktionsschnelligkeit und Umweltschutz. Dem liegen die Integration und die Vernetzung des kompletten Spektrums von Unternehmensfunktionen bis hin zum Endkunden zugrunde.
- Kreuzintegration findet auf vier verschiedenen Ebenen statt (Strategie, Organisation, Technologie und Peripherie).
- Bei Tesla hat die Integration die unternehmensinterne Produktion der meisten Bauteile ermöglicht, die andere Autobauer an Subunternehmer vergeben, obwohl sich das Unternehmen weiterhin nach außen orientiert, indem es alle technologischen Bausteine integriert, die es möglich machen, den Kunden ein komplettes Wertökosystem zu bieten.

Einführung in die „Kreuzintegration"

Die Optimierung der Produktion ist ein Grundprinzip, das dazu beiträgt, durch beschleunigte Ausführung neue Systeme aufzubauen. Das Betriebsmodell des vierten Industriezeitalters muss eindeutig die gesamte Organisation ankurbeln, und sei es nur, weil die Entwicklung digitaler Lösungen das Konzept der physischen Distanz abgeschafft hat. Alles läuft immer schneller ab und Informationen zirkulieren weltweit ohne jede Zeitverzögerung. Verbraucher fordern vermehrt schnelle Auslieferung und Echtzeit-Service. Um mit diesen

Belastungen zurande zu kommen, hat sich die Welt der Industrie durch den Einsatz digitaler Lösungen auf ausgeprägten Integrationskurs begeben. So belegte zum Beispiel eine von PwC durchgeführte Umfrage unter 2.000 Führungskräften aus der Industrie deren Erwartung, dass sich das Niveau der vertikalen Integration entlang ihrer Wertschöpfungsketten bis 2020 von 41 auf 72 Prozent erhöhen würde und das Niveau der horizontalen Integration (also der Integration zwischen verschiedenen Geschäftsbereichen innerhalb eines Unternehmens) von 34 auf 65 Prozent (PwC, 2016).

Das Paradoxe daran: Die Verbraucher (die ja auch Staatsbürger sind) fordern eine Rückkehr zum Lokalen. Die jüngeren Generationen legen (auch bei ihren Einkäufen) immer mehr Wert auf Sinnstiftung. Daher rührt die wachsende Beliebtheit kohlenstoffarmer Produkte, die in umwelt- und umfeldfreundlichen Fabriken hergestellt wurden. Auch die gemeinschaftliche Wirtschaft ist im Aufwind – sowohl, weil das Leben durch innovative Dienstleistungen leichter wird, als auch, weil sie aufgrund der gemeinschaftlichen Nutzung den Verbrauch natürlicher Ressourcen verringert. Der zweite Treiber des Teslismus – die Kreuzintegration – ist eine Reaktion auf dieses Doppelbedürfnis nach Reaktionsfähigkeit und Umweltfreundlichkeit. Integration umfasst heute sämtliche Unternehmensfunktionen bis hin zum Endnutzer, sämtliche verschiedenen Unternehmen und Berufsgruppen entlang der gesamten Lieferkette, die an verschiedenen Projekten beteiligten Parteien und die Akteure, aus denen sich das Ökosystem des Unternehmens zusammensetzt. Das alles muss erreicht werden, während gleichzeitig ein möglichst hohes Maß an Vernetzung und Datenaustausch zwischen sämtlichen Akteuren gefördert wird, um sowohl Reaktionsfähigkeit als auch Wertschöpfung zu maximieren.

Riesendinosaurier werden von geplanter Veralterung überrollt

Während die zweite industrielle Revolution in aller Regel stark integrierte Gruppen förderte, wie sie von den Ford-Fabriken verkörpert wurden – schwerfällige Riesen, die jedes nur vorstellbare Autoteil produzierten –, galt für die dritte industrielle Revolution genau das Gegenteil. Grenzen wurden geöffnet, Märkte liberalisiert, die Transportkosten gesenkt und im Globalen Süden die Marktwirtschaft eingeführt. All diese Maßnahmen eröffneten Chancen und erhöhten dadurch die Attraktivität eines Industriemodells, das sich zum Teil durch die Verlagerung bestimmter Tätigkeiten in Billigländer auszeichnete. Große Konzerne konzentrieren sich auf ihr Kerngeschäft und dessen Wachstum, bis sie ein bestimmtes Segment der Wertschöpfungskette dominieren. Dabei erweitern sie die engere Auswahl ihrer Zulieferer erheblich, um im Einkauf Kosten zu sparen. Im Automobilsektor haben sich beispielsweise ein paar riesenhafte Tier-1-Akteure herausgebildet, angefangen bei Delphi, Valéo und Faurecia. Die Wertschöpfungsketten wurden im dritten Industriezeitalter in aller Regel nach „Berufsgruppen" gegliedert, wobei auf jeder Ebene der Kette starke Branchenführer dominierten. Angesichts des wachsenden Drucks auf die Produkteinführungszeiten mussten diese Akteure allerdings ihre Modelle progressiv umgestalten, um sowohl die Produktentwicklung als auch die Ablaufgeschwindigkeit in der Fertigung zu beschleunigen. Die Antwort des Toyotismus darauf ist eine Rationalisierungsstrategie, die verschiedene Prozessphasen unter einem Governance-Schirm der Organisation zusammenfasst, um die Reaktionsfähigkeit zu steigern und Endnutzern einen besseren Service zu bieten. Diese Methode der Strukturierung von Abläufen und Organisationen um ein Produkt oder eine Produktfamilie herum kann bei allen zur Wertschöpfungskette zählenden Unternehmen deutlich schnellere Reaktionen bewirken. Je nach Sektor konnte die übliche Reaktionszeit von einem Monat auf eine Woche oder von einer Woche auf einen Tag reduziert werden.

Die besten Unternehmen sind dazu übergegangen, ihre Fertigungsstraßen über die Grenzen des eigenen Unternehmens hinaus zu koordinieren. Ein Extrembeispiel aus der Autoindustrie ist die Entstehung „synchroner" Abläufe, die es den Herstellern von Autositzen oder Stoßstangen ermöglichen, die Fabriken ihrer Kunden in unter drei Stunden zu beliefern.

In den meisten Sektoren entstehen allerdings an der Schnittstelle zwischen den einzelnen an der Wertschöpfungskette Beteiligten Reibungsverluste, die sich in Werteinbußen für den Endnutzer niederschlagen. Außerdem hat die Strategie zur Konzentration auf das Kerngeschäft die Lieferketten atomisiert. Heutzutage greifen Hunderte oder gar Tausende Zulieferer ineinander und dem eigentlichen Produkthersteller können immerhin vier oder fünf Arbeitsebenen vorgeschaltet sein. Auf diese Weise haben sich Konzerne zu riesenhaften Dinosauriern entwickelt, die von den Schwierigkeiten des Managements hochkomplexer Input- und Output-Ströme überfordert werden.

Gleichermaßen gilt, wie man es organisationsbezogen formulieren könnte: Die meisten größeren Unternehmensgruppen finden es heutzutage schwierig, eine Rationalisierungsstrategie umzusetzen, die bis in die Produktentwicklungsphase zurückreicht. Vor- und nachgeschaltete Produktionsfunktionen arbeiten tendenziell im Silomodus, was die Abläufe verlangsamt und die gemeinschaftliche Wertschöpfung behindert.

Schließlich versuchen alle, die fähigsten Mitarbeiter anzuwerben, doch wird dabei oft egoistisch gedacht. Die Akteure gehen davon aus, dass sie sich in ihrem Sektor an die Spitze setzen können, wenn sie sich nur die besten Ressourcen sichern. Unternehmen, die sich ihren Partnern oder ihrem Ökosystem gegenüber öffnen, stellen bisher eher die Ausnahme als die Regel dar. Die meisten großen Konzerne sind heute in aller Regel autark, mit ganzen Heerscharen von Experten und Support-Funktionen.

Eine Ära der Vierfachintegration

Als die Welt Anfang 2000 anfing, sich zu digitalisieren, wirkte das zunächst wie eine Verlängerung der dritten industriellen Revolution. Das Risikokapital fokussierte sich stark auf rein digitale Akteure, in der Hoffnung, rasch hohe Renditen zu erzielen. Viel physisches Kapital wurde dabei nicht unbedingt investiert. Anderen Industriesektoren ging es schlecht. Sie wurden in ferne Schwellenländer ausgelagert. Ein Beispiel dafür war das iPhone von Apple – entwickelt in den Vereinigten Staaten, doch zu 80 Prozent in China zusammengebaut, und zwar aus Teilen, die mehrfach um die Welt gereist waren.

Doch nach der Finanzkrise von 2008 änderte sich manches. Die Verbraucher und Bürger des 21. Jahrhunderts haben plötzlich nie da gewesene Bedürfnisse entdeckt. Die Nachfrage nach billigen Massenkonsumprodukten ist einer Nachfrage nach Erzeugnissen mit hohem Nutzungswert gewichen, die ethisch einwandfrei entwickelt, produziert und vertrieben werden und sowohl den an der Produktion beteiligten Menschen Beachtung schenken als auch der Welt im Allgemeinen. Außerdem sind neben dem Verkaufspreis auch Konzepte wie „Reaktionsschnelligkeit" und „Kundenservice" immer wichtiger geworden, verkörpert von Amazons berühmter „One-Click Delivery". „Personalisierung" ist inzwischen selbstverständlich, was einen bereits Ende der 1980er-Jahre feststellbaren Trend akzentuiert, als die Just-in-time-Prinzipien bei den meisten großen Konzernen flächendeckend eingeführt wurden. Das gipfelte in einem massiven Rückgang der Chargengrößen in der Produktion in den meisten Sektoren. Das neue Paradigma hebt allem Anschein nach letztlich auf Einzelchargen ab, wodurch die zur Religion erhobene Serienfertigung zu verblassen scheint. Damit stellt sich heute die Frage, wie am besten auf die vier Ansprüche an Produkte zu reagieren ist, die ethisch einwandfrei und einzigartig sein, sich durch einen hohen Nutzungswert auszeichnen und auf einen Klick lieferbar sein sollen.

Die Kreuzintegration ist eine Antwort auf diese vier Integrations- und Vernetzungstrends. Elon Musk war einer der Ersten, die das verstanden und in ein Strategie- und Betriebsmodell übernommen haben. Die Kreuzintegration zeichnet sich durch vier Ebenen aus: Strategie, Organisation, Technologie und Peripherie (Abbildung 3.6).

Abbildung 3.6 **Die vier Ebenen der Kreuzintegration**

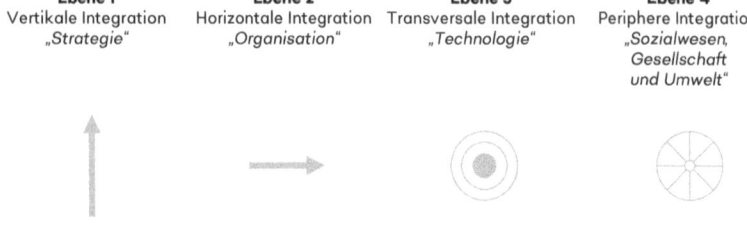

Ebene 1	**Ebene 2**	**Ebene 3**	**Ebene 4**
Vertikale Integration	Horizontale Integration	Transversale Integration	Periphere Integration
„Strategie"	„Organisation"	„Technologie"	„Sozialwesen, Gesellschaft und Umwelt"

Quelle: OPEO

Strategie Auf der ersten Ebene findet eine vertikale Integration statt, die sich auf die gesamte Wertschöpfungskette bezieht und die auf die aus allen Industrieketten hervorgehende Forderung nach besserer Reaktionsfähigkeit eingeht. Dank neuer Technologien und Plattformen wird der Zugang zu Endnutzern erleichtert und somit auch die Disruption bisheriger Wertschöpfungsketten, nämlich durch mehr Integration im Unternehmen – intern oder mit seinen Partnern. Diese Rückkehr zu einem Phänomen, das Anfang des 20. Jahrhunderts als vertikale Integration bezeichnet wurde, vollzog sich in drei Phasen. Die erste betraf die „digitale" Integration von Kunden und Zulieferern in einem bestimmten Zweig mithilfe von Tools wie elektronischem Datenaustausch (EDI), die eine fluide Verbindung zwischen nachgelagerten Anforderungen und den IT-Systemen der vorgelagerten Pendants schufen, unter anderem durch die gemeinsame Entwicklung komplexer Systeme. Die zweite Phase beinhaltete die Disruption des nachgeschalteten Segments der Wertschöpfungskette, um Zugang zum Endnutzer zu erhalten. Ein Beispiel dafür sind Lieferanten von Investitionsgütern, die ihren Endnutzern zunehmend umfassende Lösungen anbieten, einschließlich Leistungen wie die Wartung von Produktionsanlagen oder die Optimierung von Einstellungen. Die Grenzen zwischen verschiedenen Sektoren werden immer durchlässiger, insbesondere die Grenzen zwischen Industrielogistik und reiner Fertigung. Die dritte Phase betraf die Einkaufspraktiken in der Industrie: Unternehmen, die in vorgelagerten Segmenten tätig sind, werden dank innovativer Technologien wie 3D-Druck oder schlicht durch finanzielle Akquisition direkter in die Gesamtkette integriert. Auf diese Weise wurden bestimmte Geschäftsfelder, die aus der westlichen Welt bereits verschwunden waren, wieder in lokalen Produktionsketten verortet und in diese integriert. Das erhöht die Reaktionsfähigkeit des gesamten Fertigungsapparats. Exemplarisch für diesen Trend sind Feinarbeiten im Luxusgütersegment, in dem in den kommenden Jahren maßgebliche Veränderungen anstehen, weil derzeit in größerem Umfang automatisiert wird, um lokal wieder für Rentabilität zu sorgen.

Organisation Integration der zweiten Ebene findet horizontal statt und bezieht sich auf betriebswirtschaftliche Funktionen von Industrieunternehmen. Chancen durch Digitalisierung können nur genutzt werden, wenn ein Unternehmen Trennwände abbaut. Das beschleunigt Entscheidungsprozesse, vor allem aber ermöglicht es einen ungehinderten Datenfluss, und Daten sind das Eldorado des 21. Jahrhunderts. Auf diese Weise erfolgt zusätzliche Wertschöpfung. Das hat zwei Folgen: Einerseits kann ein Unternehmen neuerdings benachbarte Unternehmen bitten, alle Daten, die ihm zur Verfügung stehen, zu sammeln und zum eigenen Vorteil zu verwenden. Ein Beispiel dafür ist die wachsende Zahl von Konsumgüterherstellern, die über ein eigenes Distributionsnetz verfügen und ihrer Lieferkettenabteilung gestatten, Daten aus dem Handelsnetz – auch aus den einzelnen Geschäften – abzufischen, weil sie Echtzeit-Informationen darüber haben möchten, welche Produkte gefragt sind, sich bewähren und verkauft werden. Dahinter steht die Absicht, solche Daten zu nutzen, um Lagerhaltungs- und Planungsprozesse zu optimieren.

Am anderen Ende des Spektrums fordern dieselben für Lieferketten zuständigen Managementteams Zugriff zu lokalen Fertigungs- oder Kundendienstdaten an, um zu eruieren, wo sich bestellte Produkte befinden. Diese Informationen werden dann herangezogen, um den Endnutzer verlässlich über Lieferzeiten und auch über technische Informationen über Reparaturen zu informieren. Noch stärker als auf die Produktionssphäre wirkt sich der neue Ansatz auf die Aktivitäten in der Produktentwicklungsphase aus. Die agilen Methoden, die es der digitalen Welt ermöglicht haben, neue Produkte oder Anwendungen durch „Testen und Lernen" so schnell zu vermarkten, lassen sich ohne Weiteres auf die industrielle Welt übertragen, was vor allem deren hohem Maß an digitaler Integration zuzuschreiben ist. Das heißt, eine Idee kann mit einem 3D-Plan ihren Anfang nehmen, bevor dann durch 3D-Druck rasch ein Prototyp entsteht, gefolgt von einem engmaschigen Austausch mit den Kunden und letztlich einer nahezu unmittelbaren Einführung eines Maschinenprogramms einschließlich Planung, Betriebsverfahren und vollständiger Produktpalette. Ganz am Ende der Kette haben Software-Herausgeber wie Erméo (für Instandhaltungsanwendungen) oder Diota Soft (für Augmented Reality) schon erste Anlagen geschaffen, die 3D-Bauteilpläne und ihre Vorgaben einsetzen, um zügig Programme zur vorbeugenden Instandhaltung in der Produktion oder einen Augmented-Reality-Betrieb zu lancieren. Letztlich verwischen die Grenzen zwischen all diesen Geschäftsbereichen (Lieferkette, Vertrieb, Produktion, industrielle Methoden, Instandhaltung und Produktentwicklung) immer mehr. Dabei handelt es sich um eine Art der Integration, bei der die jeweiligen territorialen Grenzen auf den Prüfstand kommen, um durchgängige Optimierung zu erreichen.

Technologie Die dritte Integrationsebene ist ihrem Wesen nach funktionsübergreifend. Sie lässt klassische Industrieberufe sowohl mit der digitalen Welt als auch mit dem Changemanagement verschmelzen. Die mit dem technologischen Wandel verbundene Transformation ist so substanziell, dass sie unerreichbar bleibt, wenn weiterhin in Silos gearbeitet wird. Sie erfordert Architekten, die verschiedene Rollen spielen und Menschen aus ganz unterschiedlichen Kulturen dazu bringen können, im Alltag zusammenzuarbeiten, obwohl ihnen ein solches Arbeiten eigentlich fremd ist. Die Eröffnung eines neuen Standorts oder die Transformation eines Industriekonzerns sind Aufgaben, die zunehmend Menschen mit digitalem Hintergrund übertragen werden, unter anderem ehemaligen operativen oder IT-Managern, die über erhebliche industrielle IT-Ressourcen verfügen. Ein Beispiel dafür gab eine Topmanagerin der Schmidt Groupe, eines führenden Herstellers individuell planbarer Küchen, die unlängst erklärte, das Unternehmen habe seine Produktionszeiten von zehn Tagen auf einen Tag verkürzen können, nachdem es den Anteil an IT-Ingenieuren an der Belegschaft auf 20 Prozent erhöht hatte.

Peripherie Abschließend wirkt sich Integration auf der vierten Ebene auch auf die Peripherie aus. Mit ihren sozialen, gesellschaftlichen und ökologischen Aspekten ermöglicht sie die harmonische Koexistenz einer Fabrik mit ihrer Umgebung, fördert die Kreislaufwirtschaft, verbessert die CO_2-Bilanz und verringert Energieverbrauch und Umweltverschmutzung. Außerdem ermöglicht sie vor Ort die Zusammenarbeit zwischen Unternehmen und ihren Zweigstellen, aber auch mit Kommunalbehörden, Schulen, Nachbarn und ganz allgemein mit dem gesamten Ökosystem einer Fabrik. Letztlich und vor allem aber schafft sie Arbeitsmarktchancen an Orten, die der Geograf Christophe Guilluy als „peripher" bezeichnet (Guilluy, 2014). In diesen Bereichen hat sich seit dem Zweiten Weltkrieg viel verändert. Es gab eine Umstellung von einer Agrar- auf eine Industriewirtschaft, die im Anschluss generell über die vergangenen 30 Jahre einen drastischen Niedergang erlebte, der zum Teil durch eine beschleunigte Globalisierung des Handels ausgelöst wurde. Dieser führte in Ländern wie Frankreich zu einem kräftigen Rückgang des Industrie-BIP. Ein ähnliches Beispiel stammt aus der Energiewirtschaft, in der in Frankreich eine Reihe von Fabriken, die zu großen Agrarkonzernen gehören, spätestens 2030 autark werden wollen. Manche haben in Partnerschaft mit anderen lokalen Industrien bereits Verträge über Kraft-Wärme-Kopplungsanlagen unterzeichnet. Dann ist da noch das Beispiel eines großen Tier-1-Autoteilezulieferers, der ein „Technologielabor" gegründet hat, um Kompetenzen zu entwickeln, die auf dem Markt noch nicht zur Verfügung standen. Dahinter verbarg sich die Idee, das neue Zentrum auch lokalen KMU zugänglich zu machen, um die Gesamtinvestitionen zu begrenzen und dabei der gesamten Region zu helfen, von der kritischen Masse zu profitieren, die es als Hauptunternehmer erreicht hat. Ein letztes experimentelles Beispiel liefern aktuelle Initiativen, die versuchen, die verschiedenen Lernpfade zusammenzuführen, die die Arbeit für verschiedene Arbeitgeber mit sich bringt. Oder aber es werden Unternehmen dazu animiert, sich antizyklisch zu betätigen, sodass sie Ressourcen teilen und Mitarbeitern Arbeitsplätze garantieren können, die heute unter prekären Arbeitsverhältnissen leiden.

Was wir von Tesla lernen können

Elon Musk hat die Kreuzintegration bis zum Äußersten getrieben. So stellt beispielsweise SpaceX seine Raketen zu 80 Prozent in den Vereinigten Staaten her, wo sein größter Konkurrent – ULA, eine Allianz zwischen Boeing und Lockheed Martin – bekanntlich stolz auf sein Netz aus 1.200 globalen Subunternehmern verweist, mit all der Management-Trägheit und operativen Langsamkeit, die das durchblicken lässt. Schon erstaunlich, dass Tesla seine Armaturenbretter (und sogar seine Sitze) im eigenen Unternehmen produziert – was im Autosektor einzigartig ist. Musk hat von Anfang an glasklare strategische Entscheidungen getroffen, aus denen seine Priorisierung der Reaktionsschnelligkeit ebenso hervorging wie der Umstand, dass sich sein hochinnovatives Unternehmen nie 100-prozentig auf die rückhaltlose Unterstützung durch klassische Autozulieferer verlassen konnte. Diese betrachteten Musks Modell mit Skepsis und wollten nicht in ein Unternehmen mit einem so niedrigen Ausstoß investieren. Doch Musks Ansatz hat seinem Unternehmen nicht nur Vorteile bei den Produktionszeiten gebracht, sondern auch das Ausfallrisiko in einem Teil der Wertschöpfungskette verringert, der sich auf die übrige

Kette auswirkt. Gleichzeitig wurde der Anschein allgemeiner Governance gewahrt. Dazu Tom Mueller, leitender Ingenieur bei SpaceX: „Wir haben die vollständige Kontrolle. Wir haben unser eigenes Testgelände ... Unser Arbeitsaufwand halbiert sich." (Vance, 2015, S. 236). Tesla übernahm den Industrieautomationsspezialisten Grohmann, um die einschlägige Fahrzeugproduktionstechnologie selbst zu steuern. Der Integrationsdrang geht sogar über Teslas ureigenen Sektor hinaus. Musk hat sowohl in den Stromversorger Solar City investiert als auch in den Bau mehrerer Batteriefabriken (die er letztlich an andere Parteien weiterverkaufen möchte). Dieser Orientierung liegt die übergreifende strategische Vision zugrunde, dass Tesla alles tut, um den Gebrauchswert für die Endnutzer zu steigern. Das langfristige Ziel: Tesla-Kunden sollen das Produkt (in diesem Fall das Auto) nutzen, um sich in ein breiteres Energienetz einzubinden, an das über intelligente Netze die Wohnungen der Menschen und andere Autos angeschlossen sind. Ferner denkt Musk auch über die Gründung eines Vermietungsdienstes nach, über den die Kunden ihre autonomen Fahrzeuge einander überlassen können. Daher die zahlreichen (und zunehmenden) Serviceangebote neben den hauptsächlichen Produktionsanlagen für die Autos. Letztlich läuft das alles darauf hinaus, dass erst die Kernkompetenz vollständig beherrscht werden muss, damit solche „Nebenideen" gefördert werden können.

In Bezug auf die zweite Ebene (die Integration der Organisation) ist die Überraschung bemerkenswert, die Ashlee Vance an den Tag legte, als er feststellte, wie die Teams von SpaceX und Tesla am selben Standort ohne jede Trennung zusammenarbeiten. Und als er das alltägliche Nebeneinander von Intellektuellen und Blaumännern in den Fabrikhallen sah, ohne Einteilung in Funktionsebenen (Vance, 2015). Hier gilt es als Tugend, wenn komplexe Probleme gelöst werden, indem alle zusammenhelfen – wie es bei den meisten Start-ups in aller Welt der Fall ist. Ein Besuch bei Tesla hinterlässt den starken Eindruck, dass sich alle Beschäftigten und alle Funktionen auf ein- und derselben Ebene befinden. Es gibt nur

Großraumbüros, sogar in der Fertigungshalle, und die sogenannten Support-Funktionen sind komplett mit den Kernfunktionen verflochten – so eng, dass sie auf den ersten Blick gar nicht zu unterscheiden sind. Noch wesentlicher: Musk hat sogar auf Lieferkettenebene eine vollständig internalisierte, standorteigene Logistik ausgetestet. Manche Analysten sehen das Hauptziel des unlängst enthüllten Projekts der „elektrischen Zugmaschinen" darin, dies als neue Strategie zu implementieren. Grundidee ist, eine Lkw-Flotte zu entwickeln, bei der ein Fahrzeug dem anderen folgt. Im ersten Fahrzeug sitzt nur ein Fahrer, die anderen Fahrzeuge fahren selbst. Das könnte beispielsweise für die Logistik zwischen verschiedenen Standorten ausgesprochen nützlich sein, wenn etwa Batterien aus der Gigafactory abtransportiert werden müssen. Zu weiteren Verbesserungen zählen Energieeinsparungen und niedrigere Arbeitskosten. Außerdem wäre das Projekt die ideale Antwort auf den wachsenden Autonomiebedarf, um die Reaktionen zwischen verschiedenen Standorten zu beschleunigen. Ferner gilt: Wenn Tesla über eigene Laster verfügt, können diese außerhalb der Spitzenlastzeiten und so zu günstigeren Stromtarifen geladen werden.

Musk selbst hat auf die Bedeutung der dritten Integrationsebene (Technologie) gepocht und behauptet, dass jeder Programmierer auch Ahnung von Hardware haben musste (Fabernovel, 2018). Er weiß besser als jeder andere, dass die Verbindung zwischen Atomen und Bits ein wesentlicher Erfolgsfaktor in einer neuen Welt sein wird, in der Konnektivität und hohe Reaktionsgeschwindigkeit als selbstverständlich vorausgesetzt werden und in der digitale Kompetenz an sich nicht ausreicht, um die globale Systemtransformation herbeizuführen, auf die die ursprüngliche Vision theoretisch abhob. Das erklärt, warum sich Musks Teams aus den besten Datenwissenschaftlern von Palo Alto zusammensetzen – fähige Köpfe, die zuvor bei Apple oder Google tätig waren und mehr des Projekts als des Geldes wegen zu Tesla wechselten. Die Fabrik ist umfassend digitalisiert, und es ist durchaus bemerkenswert, dass die meisten Beschäftigten in der Produktion ein Tablet bei sich haben und die Freiräume voller IT-Geräte stehen. Teslas Industrialisierungsteams haben erklärt, dass die Bündelung unterschiedlicher Geschäfts- und Berufsfelder insofern ziemlich einzigartig ist, als dass dadurch die Entwicklung beschleunigt wird, obwohl das Handicap einer Organisation vorliegt, die häufig nicht so robust und stringent ist.

Schlussendlich ist Musk hinsichtlich der vierten Integrationsebene (Peripherie) unter seinen Silicon-Valley-Kollegen Vorreiter, denn diese entwickeln größtenteils nach wie vor innovative Lösungen in den Vereinigten Staaten und lassen sie dann anderswo produzieren. Musk hat öffentlich gesagt, die Vereinigten Staaten hätten, als sie keine Fernsehbildschirme und grundlegende Unterhaltungselektronik mehr fertigten, auch die Fähigkeit eingebüßt, die für Handys und im Grunde für die gesamte Wirtschaft des 21. Jahrhunderts benötigten Flachbildschirme und Batterien zu bauen (Fabernovel, 2018). In seinen Reden geht er stets auch auf Aspekte wie Stolz und Gemeinschaftssinn ein. Das ist eine Erklärung für seine Übernahme der ausgesprochen symbolhaften NUMMI-Anlage, die Toyota Anfang der 1980er-Jahre von GM gekauft hatte und die die Prinzipen des Lean Manufacturing in den Vereinigten Staaten einführte. Dadurch ermöglichte es Musk Tausenden von Mitarbeitern, wieder einen sehr hohen Anteil des Gesamtwerts eines Fahrzeugs im eigenen Land herzustellen – auch grundlegende Elektronikbauteile, die schon seit Langem en masse aus dem Ausland bezogen worden waren.

FRAGEN, DIE SICH JEDER SPITZENMANAGER STELLEN SOLLTE

- Kann ich meine Produkte vernetzen und so Daten von Endnutzern erfassen, dass es mir möglich ist, sowohl innovative Dienstleistungen anzubieten als auch meinen eigenen Markt „aufzumischen"?

- Gibt es in der Wertschöpfungskette strategisch vorgeschaltete Tätigkeiten, die mein eigenes Unternehmen schneller selbst ausführen könnte?
- Habe ich schon versucht, einen Teil meiner Wertschöpfungskette durch Testläufe mit neuen Technologien zu integrieren, insbesondere im Zusammenhang mit der Logistikkette, um so Reaktionsgeschwindigkeit und Anpassungsfähigkeit zu steigern?
- Nutze ich die Digitalisierung in ausreichendem Umfang, um für Datenaustausch und durchgängige Zusammenarbeit zwischen Unternehmensfunktionen (wie Marketing, Forschung und Entwicklung, Vertrieb, Lieferkette, Produktion, Kundendienst) zu sorgen?
- Fördere ich als Führungskraft eine auf Transparenz, Aufgeschlossenheit und wechselseitiger Unterstützung fußende Mentalität, um sicherzustellen, dass die gemeinsame Nutzung von Daten gemeinschaftlichen Wert entstehen lässt?
- Habe ich schon probiert, mit einem Start-up aus meinem Ökosystem zusammenzuarbeiten, um gemeinsam ein neues Produkt zu entwickeln oder in meinem betrieblichen System Digitalisierung oder Testläufe mit „neuen Technologien" voranzutreiben?
- Sind meine IT- und operativen Teams hinlänglich in die von mir betriebenen Transformationsprogramme einbezogen?
- Arbeite ich proaktiv mit HR zusammen, um Mitarbeiter mit hybriden Profilen anzuwerben oder im operativen IT-Bereich hybride Kompetenzen zu entwickeln, insbesondere, um „Architekt 4.0"-Positionen zu schaffen?

- Engagiere ich mich in lokalen Clustern und in den verschiedenen Initiativen, die in meiner Branche oder meinem Kompetenzzentrum stattfinden?
- Stoße ich Initiativen mit anderen Industrieunternehmen oder Kommunalbehörden an, um meine lokale Ökobilanz zu verbessern und die Kreislaufwirtschaft zu fördern?

INTERVIEW MIT SEW-USOCOME

„Als Erste auf den Kreuzintegrationszug aufspringen"

Die SEW-Gruppe ist eine der ganz großen unternehmerischen Erfolgsgeschichten der darin so geübten deutschen Industrie. Das vor allem für die Entwicklung und Fertigung von Antriebstechnik bekannte Unternehmen hat sich progressiv zum Lieferanten spezialisierter Maschinenautomations- und Industrielogistiklösungen entwickelt. Chief Executive Jean-Claude Reverdell wechselte 2008 zu SEW. Seit 2015 leitet er deren französische Tochtergesellschaft. 2010 wurde dem Führungsteam klar, dass der Standort der Gruppe in Haguenau (die Hauptproduktionsstätte) zu klein wurde, um das Umsatzwachstum zu sichern. Also fiel die Entscheidung für einen neuen Standort in Brumath. Aus üblichen Investitionsüberlegungen heraus wurde beschlossen, das einzigartige Projekt zu einem Vorzeigemodell mit Leuchtturmcharakter für die Industrie 4.0 zu machen. Das erschien aus drei Gründen sinnvoll: Das Unternehmen würde wettbewerbsfähiger werden, es konnte künftig bestimmte fortschrittliche Lösungen testen und seine Reputation bei Kunden und im eigenen Ökosystem würde profitieren. Auf dem langen

Weg zur Errichtung eines der fortschrittlichsten automatisierten Logistikstandorte der Welt entstanden auch verschiedene neue Unternehmen mit Spezialaufgaben und -berufen. Yannick Blum gehörte zu den Technikern, die sich durch die Mitwirkung an diesem Projekt ein neues Berufsbild aufbauen konnten. Er leitete am Ende den AGV-Pilotprozess des Unternehmens. Nachstehend geben die beiden Einblick in die gewonnenen Erfahrungen.

Vertikale Integration – der historische Agilitätshebel von SEW-USOCOME

Vertikale Integration war bei SEW-USOCOME ein langfristiges strategisches Ziel. In Frankreich stellt das Unternehmen die meisten seiner Teile selbst her und verfügt über die meisten Spezialkenntnisse, die für die Motoren und Getriebe erforderlich sind, die in der Endmontage vom Band laufen – einschließlich von Bearbeitungsschritten wie Schmelzen, Gießen und Aufwickeln. „Unsere Unternehmensphilosophie ist ganz auf Integration ausgerichtet. Wir vergeben nur wenige Standardbauteile oder Abläufe im Zusammenhang mit ganz spezifischen Geschäftsprozessen an Zulieferer", so J. C. Reverdell, der in dieser Unternehmensstruktur einen einzigartigen Vorteil sieht, weil sie eine viel bessere und schnellere Industrialisierung künftiger Produkte ermöglicht, da das Unternehmen selbst über sämtliche Kompetenzen verfügt, die es intern benötigt. Das ist für ihn entscheidend, wie er sagt: „In unserer Beziehung zur Holding-Zentrale denken wir ständig darüber nach, welche Produkte unsere Kunden künftig erwarten. Heute verlangt der Kunde nicht mehr nur Produkte, sondern Lösungen und Dienstleistungen. Ohne hoch entwickelte Integration wären wir nicht in der Lage, Markttrends so schnell zu prognostizieren, wie wir das jetzt können."

Horizontale Integration steigert die Wettbewerbsfähigkeit und verkürzt die Produktionszeiten

Der Bau des neuen Montagestandorts in Brumath hat auch die horizontale Integration verstärkt. In Sachen interne Logistik ist hier viel passiert. Interne und externe Zulieferer spüren die Folgen, wie unter anderem physische Abläufe, die sich durch „maximale Schlankheit" auszeichnen, kleinere Container, die den Durchsatz erhöhen, kleinere Chargengrößen und Maßnahmen zur Optimierung der Reihenfolge. Wie es Reverdell formuliert: „Dank ausgeprägter interner Integration und größerer Nähe zu Zulieferern ist es uns gelungen, die Betriebseffizienz zu steigern." Die Auftragsprüfung löst jetzt einen perfekt orchestrierten Produktionsprozess aus, der mit der Vorbereitung der zur Produktmontage erforderlichen Teile beginnt. Diese werden in einem Lager zusammengestellt, das durch Einsatz von SEW-USOCOME-eigenen Kommissionierlösungen vollständig automatisiert ist. Regalbediengeräte holen die verschiedenen Artikel aus dem Regallager. Anschließend werden sie von Kommissionierern auf dem Sortiertisch auf ein Tablar für das jeweils herzustellende Produkt gelegt. Dieses wird dann unter Einsatz eines führerlosen Fahrzeugs (Automotive Guided Vehicle, AGV) automatisch zum Montageband befördert. 37 solche AGVs legen jeden Tag 400 Kilometer zurück; sie haben einen Induktionsantrieb und wurden komplett von SEW-USOCOME für den 24-Stunden-Einsatz entwickelt.

Funktionsübergreifende Integration von Industrie-IT und Operations – der Grundpfeiler des Projekterfolgs

Stellt sich die Frage, wie die Umstellung von traditioneller Logistik auf eine „4.0"-Welt mit hochautomatisierter Abwicklung aussehen kann. Eine wesentliche

Voraussetzung dafür sieht J. C. Reverdell im Grad der Integration zwischen „der IT" und den „operativen" Unternehmensfunktionen. „Im aktuellen Industrieumfeld ist Produktion ohne IT nicht möglich. Das gilt hier noch mehr als anderswo." Am Standort Brumath werden täglich 4.500 Produkte erzeugt – allesamt nach Kundenvorgaben spezifisch konfiguriert. Die Getriebe bestehen aus 20 bis 25 Hauptelementen von insgesamt 50.000 Möglichkeiten. Das bedeutet, dass es Millionen Varianten gibt, die alle auf Wunsch der jeweiligen Kunden zusammengestellt werden können. Um den Grad an Flexibilität und Reaktionsfähigkeit zu erreichen, der für die Montage von Produkten erforderlich ist, deren Spezifikationen sie quasi einmalig machen, werden die Fertigungseinheiten mit den IT-Systemen des Unternehmens vernetzt, die für die Auftragsbearbeitung und die logistischen Abläufe zuständig sind. Die Automaten, die die verschiedenen Elemente der Produktionstechnik steuern, haben eine direkte Schnittstelle zum ERP. Digitale Informationsflüsse und physische Abläufe sind perfekt synchronisiert – von der Erfassung eines Auftrags über sämtliche Produktionsstadien hinweg bis zur Auslieferung des fertigen Produkts.

Vertrauen und Lebensqualität am Arbeitsplatz – unsichtbare, doch entscheidende Werttreiber

Industrie 4.0 bedeutet aber nicht, dass der Mensch nicht mehr zählt. Wie Reverdell es formuliert: „Digitalisierung ist nicht dasselbe wie die Herstellung eines Produkts. Durch Digitalisierung wird kein Produkt gefertigt." Der Schwerpunkt liegt jetzt hauptsächlich auf besseren Arbeitsbedingungen und weniger anstrengenden Aufgaben. Das heißt, trotz des hohen Automatisierungsgrads an diesem Standort ist Reverdell nach wie vor überzeugt, dass Erfolg nur möglich ist, wenn sich die Beschäftigten engagieren. Schließlich sind sie die künftigen Nutzer und deshalb die Menschen mit den genauesten Vorstellungen darüber, wie die neuen Prozesse aussehen sollen. „Vor allem anderen muss man offen mit seinen Leuten reden … und sie in der Folge gründlich schulen. In unserem Unternehmen wird jede/r Beschäftigte an den neuen Produktionsstraßen acht bis zehn Tage lang geschult – auch deutlich länger, wenn mehr automatisierte Prozesse beteiligt sind." Ebenso wichtig ist, den Teams Verantwortungsgefühl zu vermitteln und Vertrauen zu beweisen. „Wir beziehen sie ganz konkret in die Gestaltung künftiger Fertigungsstraßen ein. Dazu verwenden wir digitale Modelle in Originalgröße." Besucher des Standorts Brumath stellen oft erstaunt fest, dass es in dem Werk Fertigungsstraßen aus Pappe gibt. Der Grund: Das Management überlässt es den Nutzern, ihre Arbeitsstationen nach eigenen Vorstellungen zu modulieren. Arbeitnehmer werden wie Nutzer behandelt, und deshalb ist es ihre Aufgabe, die Produktionsstraßen zu entwickeln, an denen sie künftig arbeiten werden – zusammen mit einem Experten für Lean Manufacturing und einem technischen Berater. Die eingesetzten Hebel sorgen jedoch für eine viel weitergehende Mitwirkung der Belegschaft – und zwar nicht immer dort, wo man es erwarten würde. So beginnt jeder Besuch am Standort mit Reverdell stets in der Kantine und anderen Bereichen, die nicht zur Produktion gehören, wie dem Fitnesscenter und den Ruhezonen, auf die er besonders stolz ist. „Und wir tun noch mehr. Wir organisieren sogar Freizeitaktivitäten, Wellness-Workshops und Weihnachtsbaum-Wettbewerbe, nur mit recycelten Materialien. Das alles schafft zusätzlichen Wert, ist ein wichtiger Motivationsfaktor für unsere Beschäftigten und sorgt dafür, dass es ihnen bei der Arbeit gut geht." Der Fokus auf dem Wohl der Beschäftigten und auf der Verzahnung der Arbeit mit dem Ökosystem gilt generell als Markenzeichen des Unternehmens.

Die Entstehung neuer spezialisierter Berufe – der Anfang eines spannenden Abenteuers

Ein Punkt, der für Reverdell im Zusammenhang mit dem neu errichteten Standort besonders befriedigend ist: Es entstehen ganz neue Berufsbilder, die es vielen Beschäftigten ermöglichen, sich zu entfalten und sich Know-how anzueignen, das für ihre Zukunft entscheidend ist. Ein solcher Fall ist Yannick Blum, der 2005 am Standort Haguenau anfing und diesen nie verlassen hat. Er war dort die ganze Zeit über als Techniker in der Abteilung Methoden tätig. Auf die Frage nach seinen Erfahrungen bei SEW bezeichnet sich Blum prompt als „ein Kind von SEW-USOCOME. Sie werden von mir kein schlechtes Wort über das Unternehmen hören. Die beste Zeit war für mich in den letzten Jahren von 2014 bis 2017, als ich an einem Projekt teilnahm, in dessen Rahmen mehr als 100 Beschäftigte am Aufbau des neuen Standorts mitwirkten. So etwas passiert nicht jeden Tag. Haguenau war eine tolle Erfahrung, und Brumath wird ein fantastisches neues Kapitel sein." Neben dem Projekt spricht Blum auch über die Unsicherheiten und Freuden, die mit seiner neuen Aufgabe als Pilotprozesskoordinator für AGV verbunden sind. „Wir dachten zunächst, wir würden mit zwei Kräften auskommen, merkten aber bald, dass das nicht reichte. Inzwischen arbeiten wir zu fünft in der Gruppe, ich als Koordinator, und zwei in jedem Team, das für die Wartung und den Betrieb der Maschinen zuständig ist." Zwei seiner beiden Kollegen sind ehemalige Methodenfachleute, zwei weitere haben zuvor in der

Fertigung gearbeitet, einer ist ein externer Neuzugang. Das belegt echten Wandel im Berufsbild. Packstücke, die früher mit dem Gabelstapler befördert wurden, werden heute mit anspruchsvolleren technischen Ressourcen verwaltet. Blum sagt dazu: „Das Problem bestand darin, dass wir versuchten, Spitzentechnologie zu integrieren, mit der wir noch nicht vertraut waren." Diesbezüglich spielte die Zusammenarbeit mit der Zentralverwaltung der Holding eine entscheidende Rolle. „Wir wurden von unseren deutschen Kollegen geschult und lernten alles Schritt für Schritt, von Grund auf." Blum hält Integration für eine wesentliche Voraussetzung für jedes Industrie-4.0-Projekt – so sehr, dass er es heute bedauert, nie alle für die Systemsteuerung erforderlichen Kompetenzen erworben zu haben. „Wenn ich die Programme verändern möchte, muss ich immer einen Steuerungstechniker anfordern, der dann schnell da sein muss, damit unsere Abläufe nicht gestört werden."

Was die Zukunft der Industrie anbelangt, sind sich beide Männer einig. Blum meint: „Das wichtigste Werkzeug eines Arbeiters ist heute nicht mehr der Werkzeugkasten oder ein Notizbuch, sondern ein PC." Reverdell ergänzt: „Zukunft heißt, dass wir immer enger mit unseren Kunden zusammenarbeiten, um auf sie zugeschnittene Produkte herzustellen, innovative Dienstleistungen zu verkaufen und hochwertige Beratung zu bieten. Das können wir aber nur mit hoch qualifizierten Fachkräften. Yannick und sein gesteigertes Kompetenzniveau weisen uns den Weg in die Zukunft der Industrie."

Drittes Prinzip: Software-Hybridisierung

Durch Digitalisierung disruptive Innovationen, gesteigerte System-effizienz und durchgängigen Zusatznutzen herbeiführen

ZUSAMMENFASSUNG

- Mit Software-Hybridisierung ist eine Weiterentwicklung in der industriellen IT gemeint, die mit der Einführung von Software auf allen Ebenen einhergeht, um so die Welt physischer Transformationen mit der digitalen Welt zu kreuzen.
- Software-Hybridisierung kann sowohl Design, Produktion als auch Kundenbeziehungen einbeziehen und die Schleife „Entwicklung-Industrialisierung-Produktion-Produkteinführung-Kundendienst" beschleunigen.
- Tesla macht vor, wie Autos als Rechner auf Rädern konzipiert werden können.

Einführung in die Software-Hybridisierung

Neben der Beschleunigung des Organisationsprozesses durch Hyperproduktion und Kreuzintegration ist eines der Hauptziele des Betriebsmodells des vierten Industriezeitalters, von der Hyperkonnektivität von Menschen, Maschinen und Produkten zu profitieren. Unser Alltag wird von Apps und sozialen Netzwerken durchdrungen. Sie vereinfachen den Geschäftsverkehr, erweitern die Vernetzung und tragen eine Menge zur Generierung von „Gebrauchswert" bei: Sie bieten Zugriff auf Dienste, die es früher nicht gab. Sie steigern die Servicequalität, indem sie Hilfsmittel des täglichen Lebens mit digitalen Tools kreuzen. Die Zahl der Internetnutzer ist von 2008 bis 2016 weltweit von 1,6 Milliarden auf 4,1 Milliarden gestiegen – davon nutzen nach Angaben der

International Communications Union 2,5 Milliarden mobile Internetlösungen.

Die Zahl der Nutzer sozialer Netzwerke ist um mehr als 100 Millionen auf rund 3,3 Milliarden angewachsen. Skandale um personenbezogene Daten zeigen vorerst wenig Effekt auf solche Plattformen. Dazu ist beispielsweise zu beachten, dass sich die Gesamtzahl der Facebook-Nutzer ungeachtet der Cambridge-Analytica-Affäre 2018 um weitere 3,2 Prozent erhöht hat (Abbildung 3.7).

Abbildung 3.7 **Weltweite Digitalisierung im zweiten Quartal 2018**

Gesamt-bevölkerung	Internet-nutzer	Aktive Nutzer sozialer Medien	Ausschließlich mobile Nutzer	Aktive mobile Nutzer sozialer Medien

7,615 MILLIARDEN	4,087 MILLIARDEN	3,297 MILLIARDEN	5,061 MILLIARDEN	3,087 MILLIARDEN
Anteil/Gesamtzahl	54 %	43 %	66 %	41 %

Quelle: OPEO, adaptiert aus Hootsuite (2018): We are social – Bericht zur Digitalisierung

Die Welt der Software hat nicht nur Auswirkungen auf unseren Alltag, sondern dringt nach und nach in sämtliche Wirtschaftssektoren vor. So hat sie dazu beigetragen, Produktions- und Distributionsketten von innen heraus zu revolutionieren, um (in der einen oder anderen Form) schnellere Reaktionsfähigkeit und mehr Effizienz in der Ausführung und Wertschöpfung zu bieten – alles zum Nutzen des Endverbrauchers. Eine Deloitte-Umfrage aus dem Jahr 2016 unter 500 führenden Industrievertretern ergab, dass die zunehmende Verbreitung des industriellen Internets in der Welt der Fabriken, die Produktkonnektivität und die Digitalisierung von Prozessen nach Ansicht der Befragten in Europa und den Vereinigten Staaten die größten technischen Herausforderungen der nächsten Jahre darstellen. Eines der bedeutenderen Phänomene, die sich etwa in den letzten zehn Jahren herausgebildet haben, ist die sogenannte Software-Hybridisierung. Diese neueste Offenbarung der Industrie-IT ist in

Form von Programm- und digitaler Software aufgetaucht und dringt bis in die letzten Winkel des modernen Wirtschaftslebens vor. Die gigantischen Rechner, die die 1970er-Jahre prägten – Maschinen, bei denen die Dateneingabe über Lochkarten erfolgte – wurden rasch durch Monitore mit grafischer Bedienoberfläche verdrängt. Als Nächstes kamen die Laptops und dann die Smartphones mit immer höher entwickelten eingebetteten Funktionalitäten, in denen sich drei maßgebliche Neuerungen niederschlugen: Cloud-Computing, mehr Schnittstellen und schnellere Anschlussgeschwindigkeiten, die Datenfernspeicherung ermöglichten, sowie sehr viel höhere Rechenleistung, was Komplexität „zentralisierte" und zu intuitiveren Schnittstellen führte. Die Smartphones der Gegenwart verkörpern jahrelange Forschung und Entwicklung und Milliardeninvestitionen der US-Internet-Giganten, die sich hinter dem Kürzel GAFA verbergen.

Konkret hat die Digitalisierung (im weitesten Sinne des Wortes) im Industriesektor Folgendes bewirkt: Automation, Robotisierung, Beschleunigung und Optimierung der Lernkapazitäten industrieller Prozesse, und zwar durch den Einsatz exponentiell verbesserter Hardware (Internet der Dinge, Cobots, 3D-Druck) und Software, deren größere Agilität und selbstverständliche Anwenderfreundlichkeit für endlose Konnektivität sorgen, indem sie die Welt der physischen Transformation mit der digitalen Sphäre verschmelzen. Doch bevor wir näher auf die gesamtwirtschaftlichen Auswirkungen und Chancen der Software-Hybridisierung eingehen, ist ein Rückblick auf die Entstehung der industriellen Software angezeigt – eine der Säulen des dritten Industriezeitalters.

Die Geburt der Industriesoftware

Die heutigen Spitzentechnologien zeichneten sich erstmals zu Beginn des dritten Industriezeitalters am Horizont ab – zur gleichen Zeit, als die Globalisierung überall um sich griff. Die ersten Industrieroboter entstanden in Fertigungsindustrien, um Menschen zu ersetzen, die monotone Arbeiten ausführten – oder solche, die sehr viel Fingerspitzengefühl erforderten. Die Autoindustrie gehörte zu den ersten Sektoren, die diesen Kurs einschlugen, wobei Unternehmen aus der Blechverarbeitung, Lackierereien und sogar bestimmte Montagebetriebe im Modernisierungstrend vorpreschten. Weniger gut kamen die Roboter des dritten Industriezeitalters in anderen Sektoren oder auch in kleineren Unternehmen an. Der Grund dafür: Um diese Maschinen zu programmieren und instand zu halten, waren Spitzenkompetenzen erforderlich. Dadurch waren sie praktisch unbezahlbar und auch recht unpraktisch, da sie sowohl durch physische Barrieren absolut isoliert werden mussten als auch extensive Sensortechnik erforderten – zur Unfallverhütung. Aus Digitalisierungsperspektive war das die Frühzeit der Industrie-IT, wobei die verarbeitende Industrie als Erste vom Potenzial der Automatisierung profitierte. Fortschritt war allerdings in aller Regel in kleinen Schritten in den einzelnen Phasen des Produktionsablaufs festzustellen – also mehr oder minder losgelöst von den übrigen Abteilungen der Fabrik. Die Schnittstellen zwischen Mensch und Maschine waren rudimentär und auf fachkundige Nutzer abgestellt. Eine maßgebliche Einstiegsbarriere bestand daher in den Kompetenzen der Mitarbeiter, die für den Einbau, den Betrieb und die Wartung der Anlagen erforderlich waren.

Neben den lokalen Verbesserungen, die diese neuen Technologien bewirkten, kamen auch die ersten ERP-Systeme (Enterprise Resource Planning) auf, die sich bei Weitem nicht mehr nur auf die betriebliche Ausführung erstreckten, sondern auch strukturierte Unternehmensdaten und bessere Kommunikation mit der Außenwelt ermöglichten (mit Kunden oder zu Aufträgen). Auch der Einbau dieser Systeme war komplex und erforderte Input von vielen verschiedenen Fachleuten aus dem eigenen Unternehmen und führenden Spezialisten. Die meisten Konzerne richteten Abteilungen ein, die ganz auf die Einstellung und Instandhaltung von Systemen spezialisiert waren. In kleineren Strukturen scheiterte die Installation häufig daran, dass sie sich den Einkauf der erforderlichen Kompetenzen nicht leisten konnten, sodass die vielseitigen, aber wenig flexiblen Funktionalitäten dieser leistungsfähigen Maschinen häufig ungenutzt blieben. Deshalb verbreitete sich auch die Lean-Management-Philosophie, die für eine Rückkehr zur „Realität" eintrat, indem die IT-Systeme in lokalen Fabrikhallen teilweise abgeschaltet und die Teams dazu aufgefordert wurden, sich neuerlich auf echte physische Abläufe zu konzentrieren. Methoden wie Kanban-gesteuerte Abläufe (einfache Papieretiketten, die eine ausgesprochen praktische Methode zur Überwachung von Produktionsaufträgen darstellten) oder auch visuelles Management trugen dazu bei, Unternehmen von diesen großen Anlagen unabhängiger zu machen, die die Menschen zunehmend ablehnten, weil sie sie als Blackbox betrachteten, und die oft falsch eingestellt waren und Eigeninitiative in der Praxis generell abwürgten.

Letztlich litt funktionsübergreifendes Projektmanagement unter einem sich laufend verschärfenden Siloeffekt, ausgelöst durch die Maßnahmen verschiedener Unternehmensabteilungen, die sich spezifisch zu dem Zweck selbst umstrukturierten, mit dem technischen Fortschritt und beschleunigten Marktveränderungen zurande zu kommen. Die Produktentwicklung wurde zum entscheidenden Marker, der gute Verbindungen zu den Industrialisierungs- und Produktionsfunktionen sicherstellte, und im Grunde zu sämtlichen funktionsübergreifenden Unternehmensprozessen. Die Funktion als Sicherheitsnetz bedeutete, dass das Unternehmen vor einer natürlichen Neigung zur Ausweitung von Silos geschützt wurde. Ein hervorragendes Beispiel für dieses Phänomen war die Professionalisierung der industriellen Planung durch Prozesse wie Sales and Operations Planning.

Software, die neue System-DNA

Die zunehmende Digitalisierung des Alltagslebens erschütterte die „Mastodon"-Vision der Wirtschaft in ihren Grundfesten. Danach wurde von den Schwergewichten stets erwartet, kleinere Mitbewerber zu dominieren, weil es einem Big Player leichter fiel, Betriebsstätten ins Ausland zu verlagern und den Output hochzufahren, um die Fixkosten zu decken. Einerseits würde die Digitalisierung die Herausbildung einer nutzungsgestützten Wirtschaft befördern, in der Industrieprodukte neuerdings mit einer stärkeren Nachfrage nach Dienstleistungen assoziiert wurden. Andererseits würde die zunehmende Verbreitung immaterieller Abläufe den Verbraucher daran gewöhnen, dass ein Kaufakt immer auch eine Bereitstellung von Dienstleistungen ist. Nach und nach würde dieser neue Imperativ auf physische Güter übertragen werden, die inzwischen jeder noch am selben Tag (oder in derselben Stunde) geliefert haben möchte. Die gute Nachricht: Die Digitalisierung hat im Industriesektor zwar diesen tiefgreifenden Umbruch ausgelöst, aber gleichzeitig auch Abhilfe geschaffen. In einer Welt, in der jeder Kunde 200 Mal täglich sein Smartphone benutzt, hat sich die Industrie daran angepasst, sicherzustellen, dass dessen Prozesse sämtliche Daten erfassen, die sich aus diesem Suchtverhalten gewinnen lassen – während sie gleichzeitig ihre Produktentwicklungsschleifen weiter beschleunigt, die Effizienz ihrer Produktions- und Vertriebsniederlassungen noch steigert und ihre durchgängigen Datenströme öffnet, um den Kunden den bestmöglichen Service zu bieten und dabei die eigenen Kompetenzen zu nutzen.

Software-Hybridisierung in der Designfunktion

Bereits seit mehreren Jahrzehnten ist in den Entwicklungsabteilungen eine softwarebedingte Beschleunigung der Teilekonstruktion zu verzeichnen. Sie beruht auf 3D-Werkzeugen, die eine immer exaktere Darstellung physischer Objekte ermöglichen. Modellierungskapazitäten werden heute durch Simulationstools unterstützt, die die dynamischen Spezifikationen von Produkten testen und dadurch Testzeit sparen. Parallel zu dieser Entwicklung gibt es heute auch Virtual-Reality-Tools, die es möglich machen, ein Objekt in seiner Umgebung zu visualisieren und direkt damit zu interagieren. So kann sich der Kunde nicht nur veranschaulichen, wie er ein Produkt nutzen könnte, sondern er kann auch zur Vorbereitung der vorgeschalteten Produktionsphasen desselben Produkts und insbesondere bei der Vorbereitung der Arbeitsbereiche innerhalb eines eingeschränkten Umfelds beitragen.

Ferner gehen diese lokalen Zuwächse dank der Konnektivität zwischen Arbeitsstationen, zwischen Unternehmensteilen und zwischen Unternehmen und ihren Kunden oder Zulieferern mit weiteren Zuwächsen einher, die einen stärker strukturierenden Effekt haben und sich auf die Fähigkeit beziehen, an komplexen Projekten zusammenzuarbeiten. In einer Welt, in der technische Spitzenkompetenzen immer wertvoller werden, ist die Fähigkeit, ohne Versionierungsprobleme aus der Ferne zu arbeiten, von ebenso grundlegender Bedeutung wie die Ermöglichung großer Agilität beim Produktdesign durch die Integration der vom Kunden verlangten Spezifikationsänderungen, selbst wenn diese erst sehr spät im Entwicklungsprozess eingehen.

Mit Blick auf die physische Technik ist die Entwicklung des 3D-Drucks ein interessanter Brückenschlag zwischen der klassischen Fertigung und der digitalen Welt. Ausgangspunkt sind hier 3D-Dateien, die physische Objekte hervorbringen, welche durch Einsatz vernetzter Geräte weltweit ohne Zeitverlust hergestellt werden können. Der 3D-Druck ermöglicht eine enorme Beschleunigung der Prototyping-Phasen, indem er die Marketingteams mit schnellen physischen Darstellungen versorgt. Das begünstigt Diskussionen und Anpassungen, die weitaus präziser ausfallen, als es bei einem einfachen 3D-Plan der Fall wäre.

Software-Hybridisierung in der Produktionsfunktion

In der Produktion wirkt sich die Digitalisierung auf verschiedenen Ebenen aus. Auf der Ebene der Arbeitsstation ermöglicht es die Dematerialisierung, Administrationsaufwand zu verringern, der nicht zur Wertschöpfung beiträgt und mitunter bis zu zehn Prozent der Zeit von Arbeitskräften in Anspruch nimmt, die zu Kontroll- oder Managementzwecken Formulare auszufüllen und Compliance, Abläufe und Rückverfolgbarkeit überwachen. Auch für bestimmte sonstige Support-Funktionen können Geld und Zeit eingespart werden, beispielsweise durch Planer, die manchmal 20 bis 30 Prozent ihrer Zeit damit zubringen, Fertigungsaufträge zu drucken. Dasselbe gilt für die Kommissionierer, die viel Zeit für das Ausdrucken von Plänen oder Aufgabenkalender aufwenden. Gepaart mit solchen Effizienzsteigerungen leistet die Dematerialisierung auch dem Kampf gegen Qualitätsmängel Vorschub, indem Versionsprobleme bei verschiedenen, an einer Arbeitsstation benötigten Tools vermieden werden. So können einzelne Einheiten leichter verfolgt werden. Außerdem lässt sich jede wichtige Information ausschlachten, die verwendet werden könnte, um Probleme im Zusammenhang mit einem bestimmten Produkt oder einer Produktionsart zu lösen.

Die Digitalisierung beschleunigt durch den Einsatz von Simulationen und virtueller Realität auch die Aus- und Weiterbildung. Darüber hinaus trägt ihr Augmented-Reality-Aspekt dazu bei, dass Menschen künftig fehlerfreier arbeiten können.

Ganz allgemein beschleunigt und verbessert die Digitalisierung Prozessbetriebsmodi, indem sie tieferen Einblick in bestimmte Phänomene und ihre Ursachen liefert. Künstliche Intelligenz erleichtert zum Beispiel die laufende Weiterbildung (und erhöht deren Qualität und Effizienz), indem sie bestimmte Konstellationen mit bestimmten Ergebnissen verknüpft. Ebenso lassen sich Fehler durch Algorithmen zum maschinellen Lernen so nutzen, dass durch eine frühere Erkennung von Signalen für Schwachstellen Ausfälle vermieden werden.

Nicht zuletzt ist es der Digitalisierung zu verdanken, dass Führungskräfte im Betrieb ihre Routineaufgaben reibungsloser erledigen können – durch digitalisierte Besuche vor Ort, IT-vernetzte Anzeigetafeln zur Leistungsüberwachung und allgemein deutlich schnellere Informationsflüsse, die es ihnen ermöglichen, auf unvorhergesehene Probleme über strukturierte Arbeitsabläufe zeitiger zu reagieren. Darüber hinaus gilt: Sofern Managementsysteme existieren, um robuste Interaktionen zwischen sämtlichen Funktionen sicherzustellen, erleichtert der daraus resultierende stärkere Austausch auch die Überwachung.

Software-Hybridisierung in der Kundenbeziehungsfunktion

Die Vernetzung von Produkten bringt drei Vorteile:

- Sie ermöglicht es dem Endnutzer, mehr darüber zu erfahren, wie ein Produkt eingesetzt wird, wodurch das Design künftiger Produkte verbessert werden kann.
- Es können darüber hinaus produktnahe Dienstleistungen (wie Wartung oder gezieltes Know-how) vertrieben werden. Das alles hilft dem Anwender, hergestellte Produkte oder Anlagen besser zu nutzen.
- Abschließend – und das ist eine regelrechte Revolution in der Welt physischer Objekte – sind Upgrades zum normalen Bestandteil des Produktlebenszyklus geworden: Heute profitieren alle Kunden von in Serie produzierten Verbesserungen.

„Nicht vernetzte" Produkte verlieren mit der Zeit stets an technischem Wert, „vernetzte" Produkte dagegen werden durch natürliche technische Veränderungen aufgewertet, die sie im Zuge laufender Software-Upgrades integrieren.

Durchgängige Software-Hybridisierung

Zum Besten, was die Digitalisierung ermöglicht, gehört die durchgängige Öffnung sämtlicher Funktionen und Unternehmen in der Wertschöpfungskette, vom vorgelagerten Zulieferer bis zum nachgeschalteten Endnutzer. Eine virtuelle Datenkette, die eine bündige Übertragung bietet, umgeht die vielen Zwischenhändler, die wenig Zusatznutzen bringen. Sie steigert die Übertragungsgenauigkeit zwischen den einzelnen Gliedern der Kette. Und sie fördert die Transparenz der Lieferkette zur Verbesserung der Planung und der Ausgewogenheit physischer Abläufe. Ferner beschleunigt sie die „Entwicklungs-Industrialisierungs-Produktions-After-Sale-Service"-Schleife, indem sie nahezu unverzüglich Produktionsprogramme und Arbeitspläne auswirft, die auf 3D-Produktplänen und auf mobilen Dateien zur Ersatzteilversorgung beruhen, die bei den After-Sales-Teams eingehen. Die Öffnung sorgt ferner für eine bessere Nutzung von Kompetenzen entlang der gesamten Wertschöpfungskette, indem sie das kollektive Gedächtnis sämtlicher beteiligter Unternehmensteile einbezieht. Dadurch wird die Übertragung von Know-how ebenso gefördert wir die Problemlösung. (Abbildung 3.8)

Abbildung 3.8 **Effekte der Software-Hybridisierung**

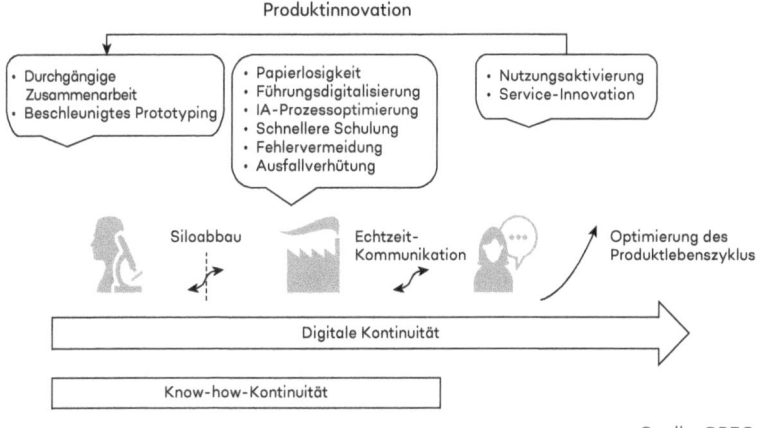

Quelle: OPEO

Was wir von Tesla lernen können

Ein Ansatz, der darin besteht, nach Möglichkeit stets zu verdichten, zu vernetzen und Komplexität an die höchste Ebene der Architektur eines Informationssystems zu verweisen, ist eine wesentliche Voraussetzung, um zu verstehen, wie der einer Programmierkultur entstammende Elon Musk denkt. So konzeptioniert Musk selbst seine Produkte, aber auch seine Werke und seine Organisation. Die Software-Hybridisierung nimmt bei Tesla verschiedene Formen an – insbesondere, wenn Produkte betroffen sind. Das Fahrzeugdesign ist als robuste Informationssystemarchitektur konzipiert. Der Vorteil für Tesla als Neuling im Automarkt liegt darin, dass es seine Plattform von Grund auf neu entwickeln kann. Tesla-Modelle werden zunächst als Computer mit Mobilitätsfunktion entworfen. Diese

Architektur, die die Vernetzung sämtlicher Komponenten ermöglicht, vom Antriebsstrang bis zu hin zu Funktionen im Fahrzeuginnenraum, bietet den enormen Vorteil, dass sich das Fahrzeug, wenn Upgrades vorliegen, im Zeitverlauf perfektionieren lässt – wie eine Software. Teslas Model S gehört zu den wenigen Fahrzeugen auf dem Markt, die sich im Zuge ihrer Lebensdauer verbessern (Bremssysteme, Energieverbrauch, fahrerloses System und so weiter). Erst vor Kurzem gelang es den Tesla-Teams innerhalb weniger Wochen, Bremsprobleme zu lösen, die die gesamte Model-3-Baureihe betrafen. Dadurch hat der Hersteller unglaubliche Möglichkeiten, denn er kann quasi unverzüglich auf Kundenanfragen reagieren. Etliche Kunden haben sich beispielsweise unlängst mit der Bitte an Musk gewandt, eine Funktion zu entwickeln, die das Lenkrad anhebt und den Sitz absenkt, wenn das Fahrzeug abgeschaltet wird. Die erforderliche Programmänderung wurde mit dem folgenden Upgrade mitgeliefert – und zwar schon eine Woche später. Dank der 4G-Vernetzung des Fahrzeugs ist sie für alle derzeit im Einsatz befindlichen Tesla-Fahrzeuge nutzbar – quasi wie bei einem iPhone auf Rädern.

Doch nicht nur die direkten Kundenbeziehungen, sondern auch die Entwicklungsprozesse haben voll und ganz von der Digitalisierung des Produkts und der Betriebsverfahren im Zusammenspiel mit einer Mentalität des „Testens und Lernens" profitiert. Es werden so viele Simulationen durchgeführt, dass Tesla zur abschließenden Bestätigung nur eine minimale Anzahl physischer Tests benötigt, beispielsweise im Hinblick auf die Crash-Messtechnik. Ein Konstrukteur namens M. Javidan berichtet beispielsweise, wie überrascht die Teams von Toyota waren, als sie bei einer Cross-Benchmarking-Initiative feststellten, dass Tesla lediglich 15 Beta-Fahrzeuge zu Testzwecken einsetzte, während es bei Toyota über 250 sind (Fabernovel, 2018).

Ein weiterer Aspekt der Software-Hybridisierung bei Tesla ist die ständige Bewertung von Teams gemäß ihrer Fähigkeit, Produkte oder Lösungen zu entwickeln, die dem Nutzer ein herausragendes

Erlebnis bieten (was für führende Akteure in der digitalen Welt ein Schlüsselprinzip ist). Als beispielsweise das Model S entwickelt wurde, fiel die Entscheidung, es solle eine Mittelkonsole mit einem Tablet in einer Größe enthalten wie kein anderes Fahrzeug auf dem Markt. Musk wandte sich Hilfe suchend an Computertechnik-Anbieter, um mit bestimmten unumgänglichen Vorgaben des Automarkts zurande zu kommen – eines Marktes, der sich durch traditionsbewusste Zulieferer auszeichnete, für die Innovation eher ein sich wiederholender Prozess war.

Abschließend und zusätzlich zu rein technologischen Aspekten liegt dieser Begeisterung für Software vor allem die persönliche Einstellung des Unternehmenschefs zugrunde. Wie gesagt: Elon Musk programmiert schon seit sehr jungen Jahren. Seine verschiedenen Erfahrungen als Unternehmer bei Paypal und später bei SpaceX, Solar City und Tesla lehrten ihn, Bits und Atome zu kombinieren, um das Beste aus beiden Welten herauszuholen. In einem von der vierten industriellen Revolution definierten Umfeld ist diese Fähigkeit, als Architekt gleichzeitig Mechaniker und IT-Spezialist zu sein, ein gewaltiger Vorteil.

FRAGEN, DIE SICH JEDER SPITZENMANAGER STELLEN SOLLTE

- Bin ich persönlich sensibilisiert für die verschiedenen digitalen Lösungen, die es für die Kerngeschäftsfelder meines Unternehmens gibt?
- Verstehe ich die verborgene Logik des IT-Programmierprinzips, aber auch die Verbindung zwischen Systemarchitektur, Software-Ebenen und Programmier- und Anwendungssprache?
- Nutzen meine Entwicklungsteams computergestützte 3D-Entwicklungstools beziehungsweise erweiterte oder virtuelle Realität?

- Nutzen meine Betriebsleiter im Werk digitale Lösungen, um ihre Besuche vor Ort zu managen, zu Leistung zu motivieren, Warnsignale zu überwachen und Probleme zu lösen?

- Integriert mein Betriebssystem digitale Lösungen, um Qualitätsprobleme zu vermeiden, Aus- und Weiterbildung zu beschleunigen und Ausfälle zu prognostizieren?

- Werden gemeinschaftliche digitale Tools von meinen Teams hinreichend genutzt, um funktionsübergreifende Entwicklung, Industrialisierung und Lieferkettenprozesse zu steuern? Denke ich an eine durchgehende digitale Kette?

- Verfüge ich intern über ausreichende Kompetenzen, um innovative Softwarelösungen zu integrieren?

- Habe ich wenigstens eine Machbarkeitsstudie unter Berücksichtigung einer KI-Dimension durchgeführt?

- Beinhaltet meine Strategie eine digitale Komponente zur Erfassung von Daten von meinen Endnutzern, zu Überlegungen zu innovativen Dienstleistungen oder um mehr darüber zu erfahren, wie die Produkte, die ich verkaufe, genutzt werden?

INTERVIEW MIT SOCOMEC

„Besserer Kundenservice durch eine globale Vision von Software-Hybridisierung"

Socomec ist eines der großen unbekannten Abenteuer in der Unternehmenswelt. Der Spezialist für die Bereitstellung und Überwachung sicherer Niederspannungsnetze ist in vieler Hinsicht bemerkenswert. 1922 von einer Familie gegründet, die bis heute eine Beteiligung hält, hatte Socomec 2017 mehr als 3.000 Beschäftigte und exportierte seine Produkte über rund 30 Tochtergesellschaften in alle Welt.

Socomec ist in einer Nische tätig, die sich durch einen extremen Bedarf an Fachkenntnis auszeichnet, und gleich auf mehreren Gebieten weltweit führend, zum Beispiel beim Energiecontrolling der vertriebenen Anlagen. Der derzeitige Leiter des Bereichs Konzernstrategie, Roland Schaeffer, ist eine Schlüsselfigur bei Socomec, wo er bereits seit über 20 Jahren arbeitet. Vincent Brunetta, vormals IT-Chef bei einem anderen Unternehmen, ist Chief Digital Officer (CDO) von Socomec – eine Position, die er seit ihrer Einrichtung im Jahr 2014 mehr oder weniger nach eigenem Gutdünken ausgestaltet hat. Die beiden können mit einer Vision davon aufwarten, was Software-Hybridisierung in einem dynamisch wachsenden Konzern bedeutet, der proaktiv beschlossen hat, durch Überarbeitung seiner Strategie, seines Produktangebots und seiner Organisationsmodi aus der digitalen Revolution Kapital zu schlagen.

Ein klar zukunftsorientiertes Digitalisierungsprogramm, das sich auf das ganze Unternehmen auswirkt

Schaeffer hat bei Socomec gleich mehrere große Veränderungen miterlebt, darunter den Bau einer neuen Fabrik in Frankreich, die Internationalisierung und den Ausbau des Produktionssystems. Doch die Umstellung, die in den letzten zwei Jahren unter seiner Ägide eingeleitet wurde, ist für das Unternehmen eindeutig eine der bedeutsamsten Weichenstellungen überhaupt. Socomec ist in einem Sektor tätig, der sich gewohnheitsmäßig häufig selbst auf den Prüfstand stellt. 2014 beschloss das Management, ein Digitalisierungsprogramm zu lancieren, um seine Führungsposition auf seinen Spezialgebieten zu konsolidieren und dabei auch neue Wachstumstreiber zu erschließen. Dazu Schaeffer: „Erst wollten wir innerhalb des Unternehmens für mehr digitale Kontinuität sorgen und sicherstellen, dass es keine Daten-Dubletten gibt. Dadurch sollte durchgängige Kohärenz, Zuverlässigkeit und Effizienz erreicht werden, um so den Kundenservice zu verbessern." Das erklärt, warum die ersten Arbeitsabläufe so kundenorientiert waren und sich auf digitale Konnektivität, innovativen Service und einen optimierten Umgang mit (und mehr Wertschöpfung aus) allen Markt- und Produktdaten ausgerichtet war, die sich auftreiben ließen. Der Plan wurde bald ergänzt durch zwei weitere Ströme, die die Systemschleife komplettierten und in einer tiefgreifenden Transformation des Unternehmens mündeten. Einer dieser Ströme war eine funktionsübergreifende Initiative, die auf die verschiedenen Kompetenzen und Berufe bei Socomec abzielte. Der zweite war stärker aufs operative Geschäft abgestellt und stieß „Industrie 4.0"-Maßnahmen an. Nach Schaeffers Dafürhalten hat das Ökosystem von Socomec maßgeblich dazu beigetragen, wie sich das Unternehmen heute generell begreift und dass es inzwischen strukturierter denkt. Das zeigt sich beispielsweise in dem Wert, den es seinen Besuchen bei lokalen Vergleichsunternehmen oder Kompetenzzentren abgewinnt, die sich den Technologien der Zukunft verschrieben haben. „Am Anfang hatten wir noch kein klares Konzept. Wir schlossen uns der Gemeinschaft führender Unternehmen in der Region an, ich besuchte verschiedene Firmen wie Bosch, SEW-USOCOME und PSA. Wir suchten auch das Commissariat à l'Énergie Atomique auf und setzten uns mit Cobots und virtueller Realität auseinander. Das war alles sehr hilfreich."

Software-Hybridisierung, getragen von der Gründung agiler unabhängiger Tochtergesellschaften

Brunetta sieht einen Hauptgrund für den Erfolg des Ansatzes in der strategischen Entscheidung, „einen vollkommen unabhängigen Energiebereich einzurichten. Der Entschluss, eine eigenständige Struktur zu schaffen, hat für unsere Agilität Wunder gewirkt." Schaeffer ist der gleichen Meinung. „Der Energiebereich hat den Umbau des gesamten Unternehmens eindeutig beschleunigt, indem er uns vorgeführt hat, dass man auch ganz anders arbeiten kann. Man kann schneller reagieren und viel flexibler werden, und diese Erkenntnis war psychologisch ausgesprochen wichtig." Was die erst drei Jahre alte Energiesparte leistet, motiviert und zählt zu den ganz großen Erfolgen des Gesamtprogramms. Der Bereich erwirtschaftet mittlerweile 36 Millionen Euro Umsatz und beschäftigt über 200 Mitarbeiter. Brunetta hebt aber auch den Einfluss der Fahrzeugtochter auf den Markt von Socomec hervor. „Wir hatten eine perfekte Antwort auf die aktuellen Bedürfnisse des Marktes. Energiespeicherung ist eine Sache, doch zu wissen, wie man zur richtigen Zeit Energie optimal nutzt, eine ganz andere. Unsere Lösungen, die eine Mischung aus produktbezogenem technischem Knowhow und der optimalen Nutzung von Daten darstellen, die aus verschiedenen Systemen importiert wurden, stoßen auf breite Anerkennung. Wir erobern sogar die ersten neuen Märkte, etwa Rechenzentren in den Vereinigten Staaten, weil wir in dem Ruf stehen, auf dem Gebiet der Energieeffizienz Herausragendes zu leisten. Die Tochtergesellschaft trug maßgeblich zu dieser

Reputation bei." Doch abgesehen von den wirtschaftlichen Aspekten sind die Synergieeffekte zwischen den
neuen und den traditionellen Aktivitäten des Unternehmens für die Zukunft am vielversprechendsten. Dazu
wieder Brunetta: „Wir haben neue Möglichkeiten zum
Onlineverkauf geschaffen, sodass die digitale Komponente in der eigentlichen Produktentwicklung in den
nächsten Jahren eine immer größere Rolle spielen wird."
Seiner Ansicht nach sollte der digitale Support für das
Kundenbeziehungsmanagement auf drei komplemen-
täre Ziele heruntergebrochen werden: den Kunden neue
Funktionalitäten zu bieten, das Wissen über die Produktnutzung zu erweitern, um passgenauere Daten-
dienste zu liefern, und die Product Life Management
(PLM)-Schleife zu schließen, um sicherzugehen, dass
sich die verschiedenen Unternehmensbereiche stets
am Bedarf ausrichten. Zum letztgenannten Aspekt
verweist Brunetta spontan auf zwei Beispiele für die
konkrete Umsetzung in interne Arbeitsabläufe. „Die
Qualitätssicherung profitiert von Informationen darüber,
wie die Produkte arbeiten, und kann mittlerweile Pro-
zessanpassungen und sogar Ferneingriffe bieten. Die
Technik sammelt Daten über Produktveralterung und
integriert diese in die Spezifikationen, damit sie künftig
verlässlichere Produkte entwickeln kann."

**Eine bereits vor der Software-Entwicklung vorhan-
dene solide Industrieorganisation und IT-Plattform**

Unter dem Strich geht die Software-Hybridisierung weit
über ein einfaches Produktentwicklungssystem hinaus.
Wie Brunetta es formuliert: „Auf der ersten Ebene ging
es um die verstärkte Einbettung von Software in Produkte. Werkstoffe wurden cyber-physikalisch, und
Kommunikationsfunktionen trugen dazu bei, Rechen-

funktionen aus Siliziumchips in die eigentliche Kodierung zu übertragen. Auf der zweiten Ebene wurde der Kundenservice eingebunden, etwa durch den massiven Einsatz von Cloud-Computing sowie auf Energieeffizienz basierender Wertangebote. Durch all das wurde unser Angebot besser konfigurierbar und flexibler. Auf der dritten Ebene schließlich kamen mehr Agilität und Effizienz an vorderster Front ins Spiel, beispielsweise auf der Grundlage konfigurierbarer Fertigungsstraßen und papierloser Prozese." Schaeffer hebt hervor, dass operative Verbesserungen eine Voraussetzung dafür waren. „Es war für uns der richtige Zeitpunkt, da wir unser Produktionssystem durch die Umsetzung von Lean-Management-Prinzipien bereits grundlegend reformiert hatten und unser ERP-System erneuern wollten. Uns war das anfangs nicht klar, doch beide Elemente waren wesentliche Voraussetzungen für eine erfolgreiche Umstellung auf einen durch Software-Hybridisierung charakterisierten Betrieb." Gleichzeitig äußert Schaeffer aber Bedenken, weil das Unternehmen noch keine robuste Standardisierung von Komponenten und Baugruppen erreicht habe. Das verlangsamt die Produktdifferenzierung, führt zu Ineffizienzen im Betrieb und verzögert die Entwicklung einer Kundenschnittstelle, die einen Konfigurator verwendet, der in der Lage ist, zu möglichst geringen Kosten kundenspezifische Produkte hervorzubringen.

Weiterbildung als Treiber der beruflichen Entwicklung

Hinter dem Digitalisierungsprogramm stand die Idee, diese Transformationen nach und nach in die unterschiedlichen Berufsbilder im Unternehmen einfließen zu lassen. In Brunettas Worten: „Ist eine Technologie erst überholt, und haben die Teams, die in einem bestimmten Bereich arbeiten, ein gewisses Reifestadium erreicht, gehen wir zum nächsten Berufsbild über. Angefangen haben wir in der Abteilung für betriebliche Anwendungen, die unser Produktangebot erstellt. Sie arbeitet inzwischen autonom, sodass wir uns auf Operations und Sales konzentrieren können." Neben diesem taktischen Aspekt hat Socomec enorme Energie für die Weiterbildung aufgewendet. „Wir haben Schulungsprogramme mit zahlreichen gezielten digitalen Tools und Lernplattformen entwickelt ... doch das reicht nicht, denn wir müssen auch innerhalb der einzelnen Berufe ansetzen, um die künftig erforderlichen Kompetenzen zu ermitteln. Unserer Strategie entsprechend setzen wir zu diesem Zweck auf Technologie. So lag unser Fokus bei der beruflichen Bildung in der Forschung und Entwicklung in der Vergangenheit auf Mechanik und Elektronik. Nun wollen wir diese Kompetenzen durch Datenwissenschaft und Digitalisierung ergänzen, um unser klassisches Know-how zu vervollständigen." Diese technologieorientierte Analyse geht aber wohlgemerkt weit über die normale Kompetenzentwicklung hinaus. Sie stellt auch eine Methode dar, um Markttrends zu erkennen und Chancen zur Markt-„Disruption" zu nutzen beziehungsweise, um eine „Verdrängung" zu vermeiden. Um die Konzernphilosophie zu verdeutlichen, bemüht Brunetta ein Blockchain-Beispiel. „Zu allererst versuchen wir, zu verstehen, wie der Endnutzer unsere Produkte verwendet, und diesen an die neue Technologie heranzuführen. So könnte die Blockchain beispielsweise die Landschaft für Akteure im Energiesektor ganz neu gestalten. Eine solche Technik müssen wir verstehen, um herauszufinden, ob sie sich zum Erwerb von Kompetenzen eignet, die uns helfen, künftige Märkte zu erobern." Schaeffer dagegen fokussiert sich mehr auf die physische Seite. „Wir haben ein eigenes Lern- und Kundenzentrum eingerichtet, um radikale Veränderungen herbeizuführen." Im Grunde geht Socomec nach derselben Strategie vor wie bei der Gründung seiner Energietochter: Die disruptive Aktivität wird abgespalten, damit sie eine Dynamik entwickeln kann, die dann auf die traditionelleren Tätigkeitsbereiche übertragen wird. Brunetta analysiert das im Hinblick auf die Gesamtinvestitionen des Unternehmens in den vergangenen drei Jahren. „Unsere Trainings- und Produktinnovationstools sind bereits mehrfach ausgezeichnet worden. Sie amortisieren sich, auch wenn das manchmal eine Weile dauert."

Schaeffers Vision von dem Sektor in zehn Jahren klingt ausgesprochen optimistisch: „Es werden strukturierte, kohärente und in Echtzeit aktualisierte Daten vorliegen, die auf automatisierten Prozessen beruhen. Und das Management wird sich darauf konzentrieren, den Arbeitsteams Gelassenheit zu vermitteln ... ohne darüber die Aktualisierung von Kompetenzen, die maximale Individualisierung von Produkten und eine Software-Ebene zu vernachlässigen, die in den Kundenbeziehungen und bei betrieblichen Tätigkeiten allgegenwärtig ist." Kurz, bei Socomec ist viel in Bewegung. Das Unternehmen möchte sämtliche Chancen zur Selbsterneuerung nutzen, die die vierte industrielle Revolution zu bieten hat.

Viertes Prinzip: Zugkraft durch Tentakelstruktur

Marktansatz mit einer sektorübergreifenden Vision von einer Tentakelstruktur und einem Betrieb im Netzwerkmodus, um geschäftliche Zugkraft zu gewinnen

ZUSAMMENFASSUNG

- Zugkraft durch Tentakelstruktur ist eine klassische Form eines gewerblichen Kraftschlusses, der durch einen Netzwerkeffekt verstärkt wird. Digitale Plattformen fungieren als „Tentakel", um Märkte zusammenzufassen und eine direkte Beziehung zwischen Produzenten und Verbrauchern zu ermöglichen, wodurch der Markt schneller wachsen kann als traditionelle Märkte.

- Durch Digitalisierung werden herkömmliche, in einer Richtung verlaufende Abläufe durch sternförmige ersetzt, bei denen die Parteien, die an den anfänglichen vorgeschalteten Phasen der Wertschöpfungskette beteiligt sind, in direktem Kontakt mit den nachgeschalteten stehen.

- Zum neuartigen Ablaufmanagement gehört ein „Pulsprinzip", durch das die Produktion nicht länger ausschließlich on demand erfolgt, sondern so, dass eine maximale Kundenmitwirkung möglich wird, wodurch sich der Netzwerkeffekt verstärkt.

- Dieser Effekt prägt die Logik einer Plattform. Ohne diesen Ansatz einzuschränken, ist aber auch entscheidend, dass die Industrie lernt, Netzwerkeffekte zu implementieren (und zu nutzen).

- Tesla macht vor, wie sich Plattformen in der Welt der Industrie am besten einrichten lassen, indem man sich durch ein Produkt ein eigenes Netzwerk schafft.

Einführung in die Tentakeltraktion

Im Vorkapitel wurde deutlich, dass Software-Hybridisierung eine Grundlage für Konnektivität innerhalb eines Unternehmens und mit dessen Kunden darstellt. Doch der interessanteste Ansatz, um die Digitalisierung möglichst effektiv als Treiber zu nutzen, der Märkte und Geschäftsmodelle revolutionieren soll, besteht in Unternehmen, die ihre eigenen Sektoren aufmischen, indem sie digitale Plattformen einsetzen, um eine eher sektorübergreifende Produktvision zu entwickeln. Die sich daraus ergebende Zugkraft durch Tentakelstruktur gleicht herkömmlicher geschäftlicher Zugkraft, die durch einen Netzwerkeffekt verstärkt wird.

Digitale Plattformen, die als „Tentakel" fungieren, Märkte zusammenführen und direkte Beziehungen zwischen Produzenten und Verbrauchern ermöglichen, wachsen deutlich schneller als herkömmliche Märkte. Ein Beispiel für dieses Tentakelphänomen ist der Marktanteil von Google, der 2017 bei 92 Prozent aller Suchanfragen von Internetnutzern lag, die die Plattform täglich nutzen, um 20 Milliarden Websites und 30 Billionen indizierte Seiten zu durchforsten. Das alles erklärt, warum es so wichtig ist, die Charakteristika dieser neuen Tools zu kennen, die einen so starken Effekt auf Abläufe und Wachstumsmodelle haben.

Sternförmige anstelle linearer Abläufe

Wie im Kapitel über Kreuzintegration angesprochen, zeichnete sich das dritte Industriezeitalter bei extrem großen Organisationen in struktureller Hinsicht durch eine Konzentration auf ihr Kerngeschäft aus, während große Teilbereiche ihrer Wertschöpfungsketten an Subunternehmer ausgelagert wurden, die häufig in Billigländern angesiedelt waren. Die einzelnen Glieder dieser Ketten wurden gegen Ende des 20. Jahrhunderts immer stärker voneinander abhängig, worin sich die wachsende Nachfrage der Endverbraucher nach Reaktionsfähigkeit niederschlug.

Dann kam die Digitalisierung, die zwei Effekte kombinierte, welche dieses Produktionsmodell aus der Spur brachten: Plötzlich konnten sich die verschiedenen Akteure in der Kette direkt miteinander vernetzen, und die Datengeschwindigkeiten und -volumina in der IT nahmen gemäß dem Moore'schen Gesetz exponentiell zu. Vernetzbarkeit und sofortiger Austausch wurden zur Norm. Nach und nach entstanden die ersten Netzwerke und brachten ein mathematisches Phänomen hervor: den sogenannten „Netzwerkeffekt", der besagt, dass der Nutzen eines Netzwerks proportional zum Quadrat der Teilnehmerzahl wächst. Unlängst haben Wissenschaftler nachgewiesen, dass der Haupteinfluss eines Netzwerks stets in der Anzahl der Verbindungen besteht.

Es sollte ein neuer, sogenannter sternförmiger Ablauf in Form einer Plattform entstehen (Abbildung 3.9). Eine Stärke derartiger zweiseitiger Plattformen ist, dass Produzenten auch Verbraucher sein können und umgekehrt, was den Skaleneffekt auf die Nachfrage verstärkt. Wurde eine solche Plattform verwendet, war die Wahrscheinlichkeit, dass eine Transaktion ausgeführt werden konnte, viel höher als in einer Welt der linearen Abläufe, die sich durch begrenzte Verbindungen und weit langsamere Reaktionszeiten auszeichnete.

Dieser neuartige Ablauf würde die herkömmlichen, in eine Richtung verlaufenden Abläufe vom Produzenten zum Endverbraucher ergänzen (oder auch grundlegend verändern). Diese neue Vision von der Lieferkette mit ihrem klassischen Modus Operandi zwischen Kunden und Anbietern sollte bald als disruptiv gelten. Ein verbreiteter Effekt der Veränderung war die direkte Zusammenschaltung verschiedener Akteure in der Kette: Auch die am weitesten vorgeschalteten konnten sich nunmehr direkt mit denjenigen vernetzen, die auf den nachgelagerten Ebenen angesiedelt waren, und sogar mit den Endnutzern. Das unterschied sich stark von einer Welt, in der Kunden traditionell keinerlei Kontakt zur Industrie hatten.

Abbildung 3.9 **Sternförmige anstelle linearer Abläufe**

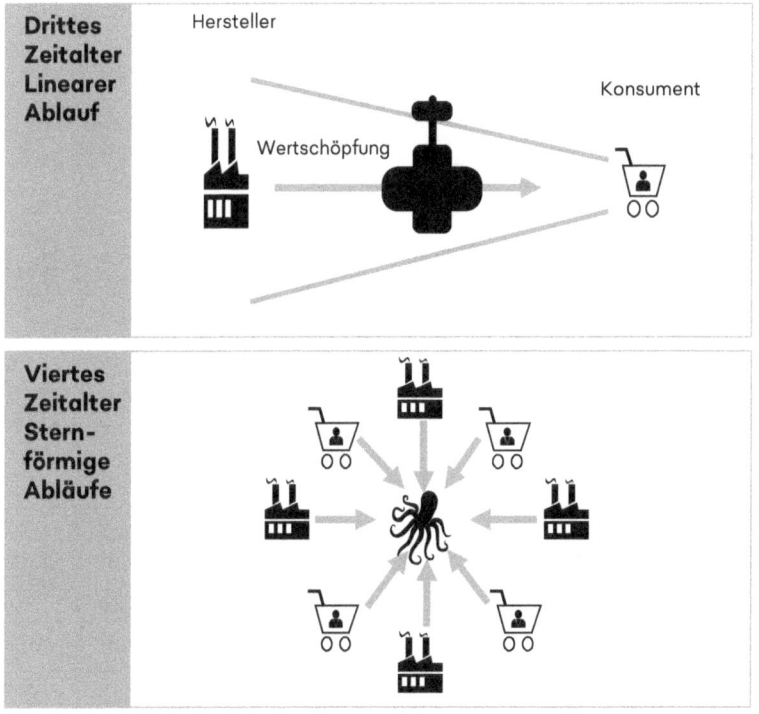

Drittes Zeitalter Linearer Ablauf

Hersteller

Konsument

Wertschöpfung

Viertes Zeitalter Sternförmige Abläufe

Quelle: OPEO, übernommen von Parker, Van Alstyne und Choudary (2016)

Gepulste Abläufe anstelle von „Lean Flows"

Zusätzlich zu dem Quantensprung der Interaktionsmodi in der Wertschöpfungskette wurde auch eine neue Ablaufmanagementlogik zugrunde gelegt, die sich auf schlanke Abläufe stützte. Das war eine wesentliche Komponente des Just-in-time-Systems, das es in den vergangenen 40 Jahren Tausenden von Unternehmen ermöglicht hatte, eine Menge Geld zu sparen, indem es das benötigte Betriebskapital drastisch verringerte. Das Grundprinzip war ganz einfach – um Überkonsum zu vermeiden, wurde stets erst produziert, wenn ein Auftrag eingegangen war.

In dem neuen Paradigma haben die Produkterneuerungsgeschwindigkeit, das von den Märkten verlangte Individualisierungsniveau (und der für den Erfolg erforderliche Innovationsgrad) zur Herausbildung eines neuartigen Ablaufmanagements geführt, dem sogenannten „gepulsten" Ablauf.

Abbildung 3.10 **Vom Lean Flow zum gepulsten Ablauf**

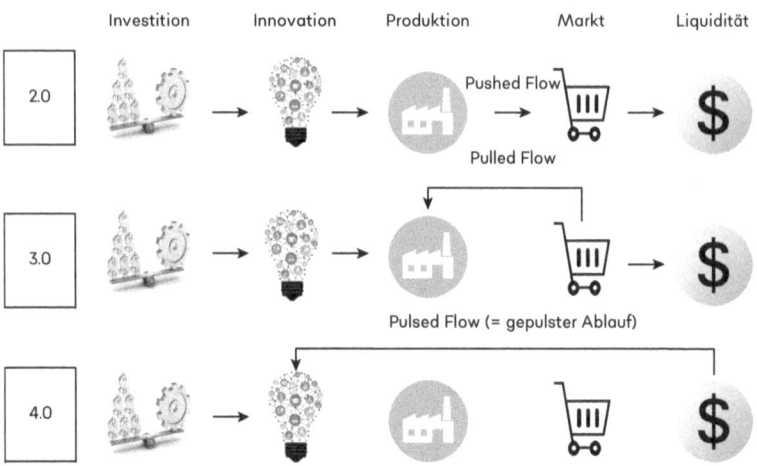

Quelle: OPEO, übernommen von Fabernovel (2018)

Der Grundsatz lautet nicht mehr länger, nur „on demand" zu produzieren, sondern potenzielle Kunden dazu zu bringen, künftige Produktinnovationen mitzufinanzieren, indem sie zu Vorbestellungen aufgefordert werden. Das hat den Vorteil, dass aus Kunden kurzfristige Investoren werden, denn sie fördern nunmehr die Entwicklung des Unternehmens und profitieren im Gegenzug von der Exklusivität, zu den Ersten zu gehören, die das neue, innovative Produkt besitzen (Abbildung 3.10). Ähnlich wie der von vielen ganz auf die Digitalisierung spezialisierten Akteuren eingesetzte „Beta"-Ansatz, der Nutzer dazu heranzieht, ihre neuen Produkte zu testen und zu optimieren, gelten allerdings auch für diesen neuen Ansatz verschiedene Voraussetzungen. In der Welt der Industrie kann ein Produkt grundsätzlich erst getestet werden, wenn es zumindest teilweise fertiggestellt ist – anders als in der Welt der Software, in der sich Kunden Betaversionen sofort (mit einem Klick) herunterladen können.

Eine der Grundbedingungen auf dieser Ebene ist eine hinreichend einflussreiche eingeschworene Gemeinschaft, während gleichzeitig fortlaufend mit dem neuen Netz potenzieller Kunden kommuniziert wird. Das kann mittels einer inspirierenden Geschichte erfolgen, die Kunden dazu animiert, eine größere Rolle im Projekt zu übernehmen – nicht nur ein Produkt zu kaufen, weil es „in" ist. Die zweite wesentliche Voraussetzung ist, dass Bedarf an vernetzten Produkten besteht, die mit der Zeit verbessert werden können. Dem liegt die Vorstellung zugrunde, dass sich die ersten Kunden gegenüber späteren nicht benachteiligt fühlen dürfen, denn das wäre besonders frustrierend, weil sie die Innovation ja durch ihre Investition gefördert und dann monatelang geduldig abgewartet hatten, bis das fertige Produkt vorlag.

Die Tentakelstruktur als neues, sektorübergreifendes Wachstumsmodell

Der neue (sternförmige, gepulste und tentakelförmige) Ablauf bietet dem Nutzer und den Parteien, die die so geschaffenen Netzwerke betreiben, vier maßgebliche Vorzüge:

- Preisoptimierung. Durch massenhafte Verbindungen in Echtzeit können Preisunterschiede auf dem Markt ohne Zeitverzögerung genutzt werden.
- Magnetismus. Durch Ausgleich der Auslastung und der Kapazitäten der verschiedenen am Netzwerk Beteiligten werden Kapazitäten optimiert.
- Exponentielles Wachstum. Die Grenzkosten der Gewinnung neuer Nutzer liegen nahe null.
- Intimität. Die Vertrautheit mit den Daten der Nutzer trägt zu individualisierten Erfahrungen bei und führt dazu, dass ihnen eine integrierte Vision der Leistungen geboten wird, die sie in Anspruch nehmen können.

In der Vergangenheit gehörten die IT-Dienstleistungssektoren zu den ersten, die diesen neuen Ablaufmodus testeten, basierend auf der Tätigkeit von Pionieren wie IBM und Microsoft. Auf erste Tests folgte eine kreative Welle, die sich in der Entstehung sozialer Netzwerke wie Facebook, Twitter und YouTube niederschlug, um nur ein paar zu nennen. Dann sprang das Konzept auf Business-to-Consumer (B2C)-Sektoren über wie Uber oder Airbnb, wodurch der Tourismus- beziehungsweise der Hotelleriemarkt aufgemischt wurde. Heute dominiert diese Art des Ablaufs ganze Wirtschaftssektoren, darunter B2B- und Produktionsbranchen. Dem liegen Transaktionen zugrunde, die nicht mehr nur immateriell oder servicebezogen sind, sondern auch physische Güter beinhalten.

Das mit diesen neuartigen Abläufen verbundene Betriebssystem unterscheidet sich stark von seinen Vorläufern (Abbildung 3.11). Wie bereits angesprochen, zeichneten sich die mit den ersten Industriezeitaltern verbundenen Wachstumsmodelle durch folgende Faktoren aus: Vermögensbildung, Großkonzerne, bessere Deckung der Gemeinkosten und mehr Einfluss auf die Rentabilität. Natürlich stellten die in diesen Phasen eingesetzten Betriebssysteme gewaltige Strukturen dar, die enorm viel Arbeit und Kapital verschlangen. Die heutigen neueren Plattformen dagegen haben keine Eigentumsrechte an den Aktiva, die sie zur Wertschöpfung verwenden. Stattdessen stützen sie sich stark auf die Nutzer, die Aufgaben übernehmen, welche traditionell von den Fachleuten eines Unternehmens ausgeführt wurden. Ein Beispiel dafür ist die „Conservation", die einer Kontrolle der Ablaufqualität einer Plattform gleichkommt. Ein weiteres stammt aus dem Marketing, das heutzutage oft Nutzer einbezieht, die kontinuierlich ihre Meinungen äußern und auf diese Weise Daten zur Verfügung stellen, mit deren Hilfe sich künftige Trends besser vorhersagen lassen (woraus Unternehmen ersehen können, welche Produkte sie vielleicht entwickeln möchten). Anders formuliert: Digitale Plattformen sind wie Informationsfabriken, denen ihre eigene Einrichtung nicht gehört. Anders als ihre klassischen Mitbewerber sind die Beschäftigten solcher Unternehmen oft von ihren Produktionskapazitäten „abgekoppelt" und finden sich daher in einer vergleichsweise schwächeren Position wieder.

Abbildung 3.11 **Von der Pipeline zur Plattform – ein neues Paradigma**

Markt und Wert

- Wertzuwachs zu möglichst niedrigen Kosten → Gemeinschaftlicher Wert
- Know-how, Agilität → Konnektivität, Nutzererlebnis
- Technische Einstiegsbarrieren → Daten
- Ablauf vom Produzenten zum Konsumenten in eine Richtung → Sternförmige Abläufe, Konsument und Produzent alternierend in verschiedenen Rollen

Unternehmensstrategie

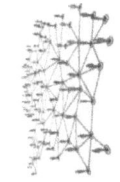

- Organisches Wachstum → Wachstum durch Netzwerkeffekte
- Kostenbedingte Skaleneffekte → Nachfragebedingte Skaleneffekte
- Eigentum an Aktiva → Entkoppelung von Wert und Eigentum
- Aggregation von Aktiva → Aggregation von Märkten

Ausführungsmodell

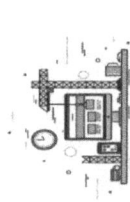

- Komplexe, erweiterte Lieferkette → Disintermediation
- Interne Ressourcen → Ökosystem
- Qualitätssicherungskompetenz → Nutzergetriebene „Conservation"
- Eigenes Marketing → Marketing über Nutzer

Quelle: OPEO

Ein markantes Beispiel dafür ist Airbnb, das Ende 2017 3.100 Menschen beschäftigte, während für AccorHotels 240.000 Personen tätig waren – und das bei einer zweieinhalbmal so hohen Marktkapitalisierung von Airbnb (von 31 Milliarden Euro im Vergleich zu 13 Milliarden Euro).

In finanzieller Hinsicht ist ein Effekt des Einsatzes von „Tentakelstrukturen" zur Ausnutzung von Netzwerkmodi, dass auch zur Bewertung eines Unternehmens verschiedene Methoden herangezogen werden können. Der Marktmultiplikator einer Plattform (also das Verhältnis zwischen der Marktbewertung eines Unternehmens und dessen Kurs-Gewinn-Verhältnis) liegt bei rund 8,2 gegenüber 4,8 bei Anbietern des vierten Industriezeitalters, 2,6 bei traditionellen Dienstleistern und 2,0 bei Parteien, die klassische Wirtschaftsgüter produzieren (Parker, Van Alstyne und Choudary, 2016).

Industrieplattformen – nach wie vor ein vages Konzept

Trotz der Begeisterung der Märkte für Plattformen im digitalen Sektor hat sich das Konzept noch nicht in allen industriellen Tätigkeitsbereichen auf breiter Front durchgesetzt, obwohl die meisten großen Industriekonzerne bereits über Tools verfügen, die an ihren Unternehmensschnittstellen Netzwerkeffekte herbeiführen können – etwa durch die Entwicklung von Kaufplattformen, die nach einer umgekehrten Auktionslogik betrieben werden, um aus einem Netz von Zulieferern den günstigsten Preis oder das interessanteste Angebot ausfindig zu machen. Zu prominenten Beispielen dafür zählen die Autoindustrie und die Luftfahrtbranche, und zwar sowohl bei der Beschaffung von Teilen und Verbrauchsgütern als auch bei der Allokation neuer Produkte auf verschiedene Märkte. Am anderen Ende dieses Ablaufs haben dieselben Konzerne auch E-Commerce-Seiten gekauft, die es ihnen ermöglichen, ihre Vertriebskanäle zu ergänzen, und dadurch dem Nutzererlebnis entgegenkommen (oder im B2B-Bereich der Qualität des Austauschs). Das bedeutet, der Kunde hat immer häufiger Gelegenheit, sich seine Produkte aus einem Katalog passgenau zusammenzustellen. Wie eine Küche, die der Käufer über ein Onlineportal vor der Bestellung selbst planen kann, bieten die Websites vieler Ausrüster Online-konfiguratoren, über die sie Produkte verkaufen, die schnell und virtuell an ihre Kunden angepasst werden.

Diese Tools sind alles in allem nach wie vor ganz auf einseitig gerichtete Abläufe abgestellt. Digitalisierung dient lediglich dazu, den Austausch zu beschleunigen und Datenverkehr zu erzeugen. Das bedeutet, das Potenzial zweiseitiger Plattformen wird weiterhin nicht voll ausgeschöpft. Einer der ersten Bereiche, in denen diese Art der disruptiven Plattform auftauchte, ist die Maschinenzulieferin-dustrie. Derzeit findet ein scharfer Wettbewerb um die Führungs-position bei Plattformen zur Vernetzung von Maschinen statt. Es steht viel auf dem Spiel, denn das Unternehmen, dessen Plattform Maßstäbe setzt, kann in der Folge seine Kommunikations- und Kon-nektivitätsstandards, seine Apps und seine Lösungen für vorbeugen-

Abbildung 3.12 **Vier Geschäftsmodelle für das vierte Industriezeitalter und ihre Markt-multiplikatoren**

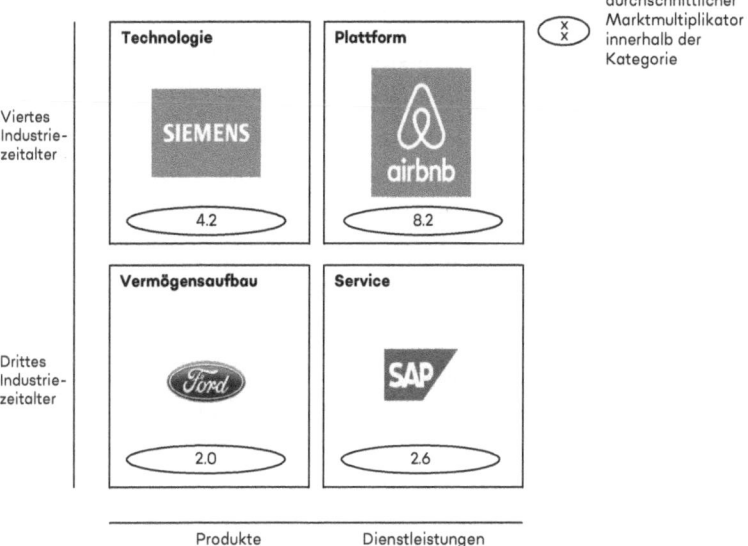

Quelle: OPEO, aus Parker, Van Alstyne und Choudary (2016)

de Instandhaltung und Steuerung von Maschinen durchsetzen. Für die Käufer und Anbieter von Maschinen werden solche Plattformen unverzichtbar und machen aus dem von Erfolg gekrönten Unternehmen eine Art Google unter den Herstellern von Industrieanlagen. In Bezug auf eine eigene Plattform stellt sich Akteuren aus diesem Sektor daher nicht nur die Frage nach der neuen Dienstleistungsbandbreite, die ein Unternehmen abdecken sollte, sondern sie ist ein wesentlicher Faktor für die Übernahme einer Führungsposition in seinem klassischen Geschäft. Eine Gefahr stellen in diesem Zusammenhang überdies nicht nur die üblichen Rivalen dar, denn der Akteur, der die Karten für den Markt neu mischt, arbeitet stets an der Schnittstelle zwischen dessen traditionellen Geschäftsfeldern und der digitalen Welt. Im Maschinenbausektor tummelt sich eine Vielzahl von Anbietern wie GE (Maschinen), Siemens (Assistenzsysteme und Komponenten), Bosch (Anlagen und industrielle Ressourcen) und sogar Dassault Systèmes (Software und Anwendungen).

Interoperabilität als Eckpfeiler der Plattformbildung in der Industrie

Ein Faktor, der dem Aufbau von Plattformen Vorschub leistet, ist die Festsetzung anwendbarer Interoperabilitätsstandards. Das ist ein Bereich, in dem die digitale Welt der Produktion um Jahrzehnte voraus ist. Etliche gemeinnützige Stiftungen, die mit den Internetschwergewichten in Zusammenhang stehen, aber ohne Erwerbszweck arbeiten, vereinbaren regelmäßig Standards, die eine vollumfängliche Interkonnektivität ermöglichen, um Wertschöpfung durch sämtliche Akteure in einer Kette freizusetzen. Eines der bekanntesten Protokolle dieser Art ist tcp/ip, das zum Teil für den Aufstieg des Internets verantwortlich war. Das Prinzip ist aber auf jede Ebene der IT-Welt anwendbar, etwa auf grafische Website-Oberflächen, die in HTML oder mit API-Programmierung erstellt wurden. Solche Schnittstellen unterliegen Normen, die ganz klar festlegen, welche Informationen ausgetauscht werden, und auch, wie der Austausch erfolgt. Dabei hat jeder Akteur absolute Freiheit, zwischen den verschiedenen Schnittstellen zu manövrieren – eine Grundvoraussetzung für das Funktionieren der Plattformen. Aufgrund der Standards, die diese Schnittstellen regeln, können sich beide Seiten (Angebot und Nachfrage) nahezu ohne Verzögerung vernetzen. Sie können sich aber jeweils auch selbst nach Gutdünken im Rahmen dieser Schnittstellen organisieren und fortlaufend innovativ tätig sein, ohne dadurch die gesamte Ordnung zu gefährden. Die Software-Welt hat sogar automatische Testmöglichkeiten eingerichtet, die sämtliche neuen Codevorschläge fortlaufend automatisch prüfen, um sicherzustellen, dass die Schnittstellenstandards eingehalten werden.

Das Pendant dazu in der Fabrikwelt wäre, wenn die Art und Weise, wie Teile industrialisiert, bestellt, geplant, auf den Markt gebracht, hergestellt und ausgeliefert werden, Standards unterläge, die so eindeutig sind, dass jedes Glied der Lieferkette eine dieser Funktionen weitervergeben könnte, ohne dazu mit dem Subunternehmer über den Transaktionspreis hinaus noch weitere bestimmte Informationen austauschen zu müssen. Ein paar Funktionen haben solche Standards sowohl in der Welt der Informationsflüsse als auch in der Welt der physischen Abläufe bereits eingeführt. Ein Beispiel dafür ist der Lieferkettenerfolg des Materials Resource Planning (MRP), das es ermöglicht, über elektronischen Datenaustausch (Electronic Data Interchange, EDI) einen Bedarf mit einer Ressource zu vernetzen. In der physischen Welt ist die Industrielogistik der Geschäftsbereich, der in dieser Hinsicht die größten Fortschritte gemacht hat. In der Vergangenheit hat die Entwicklung von Containern in Standardgrößen zu einer Explosion der Volumina im Seehandel geführt. Heute wird bei Paketen zu bestimmten Standardvorgaben (Gewicht, Größe et cetera) übergegangen, die den Versand erleichtern – ob nun nach Kilogramm oder Kubikmetern bemessen. Pakete werden standardisiert, was sich in einer Mengenexplosion im Paketversand niederschlug.

Abgesehen von wenigen Unternehmen und Sektoren, bei denen Veränderungen einsetzen, finden solche Umwälzungen aber im Stillen statt. Die explosionsartige Zunahme der Produktionswerte und Verwendungsmöglichkeiten setzt daher eine Revolutionierung der Betrachtungsweise von Schnittstellen zwischen verschiedenen Parteien voraus.

Die Plattform-Logik – eine Denkweise, die das herkömmliche Geschäftsmodell sprengt

Selbst wenn noch keine digitalen Plattformen eingerichtet werden sollen, die ihrem Wesen nach disruptiv und entsprechend kompliziert umzusetzen sind, müssen in einem industriellen Umfeld zunächst mehrere Voraussetzungen erfüllt sein, bevor Netzwerkeffekte erzielt werden können. Die derzeit in der Industrie 4.0 hervorgehobenen Paradebeispiele haben allesamt Produktfamilienplattformen geschaffen, die es ihnen ermöglichen, bei der Entwicklung neuer Produkte schneller und agiler zu reagieren. Das tun sie, indem sie möglichst viele gemeinsame Bauteile und Baugruppen verwenden. Zu diesem Zweck ist ein hohes Maß an Integration in die Zuliefer- und Subunternehmernetze notwendig, und ebenso die Einführung einer gemeinsamen Nomenklatur für Teile, Design und Überwachungssysteme.

Die Gründung von Kunden- oder Fan-Communitys ist ein weiteres Beispiel für Netzwerkmentalität. Sie stellen einen ausgesprochen einflussreichen Hebel zur Herbeiführung natürlicher Zugkraft auf dem Markt dar, aber auch eine Voraussetzung für ein Design, das den Endnutzer durch Methoden wie Design Thinking einbindet. Außerdem kann dadurch erreicht werden, dass Endnutzer durch gezieltes Crowdfunding Projektphasen vorfinanzieren.

Abgesehen von den wirtschaftlichen Effekten dieser neuen Geschäftsmodelle hat Tentakeltraktion dazu geführt, dass sich nicht nur grundlegend verändert hat, wie über Unternehmen und ihre Vision von der Gesellschaft gedacht wird, sondern auch über ihren Auftrag gegenüber ihren Beschäftigten, ihren Kunden und Zulieferern, über ihre Beziehungen zu den Akteuren in ihrem Ökosystem und ihr Betriebsmodell. Dadurch besteht der Anreiz, integrierte Lösungen zu verkaufen, die sich auf die Verwendung durch die Verbraucher fokussieren, und größtmögliche Nähe zum Endverbraucher herzustellen, um diesem Dienstleistungen zu verkaufen, die so passgenau wie möglich auf ihn zugeschnitten sind. Im Zuge dieses Prozesses werden Ressourcen selbstverständlich gemeinschaftlich genutzt.

Kurz, die Produktion von Waren und Dienstleistungen lässt sich auch „netzwerkartig" konzeptualisieren, womit die Beanspruchung zusätzlicher Geistes- und Muskelkraft auf Abruf verbunden ist. Arbeit wird dadurch liquide, gekennzeichnet durch Produktionskapazitäten, die mit maximaler Flexibilität auf Marktbedürfnisse reagieren. Unternehmensleiter verfolgen dabei nicht nur das Ziel, sich neue Vertriebskanäle zu erschließen, sondern streben auch eine vollständige Kulturrevolution an, die sich auf die gesamte Wirtschaft auswirkt, wenngleich sich die Geschwindigkeit, mit der sich die Tentakeltraktion (und die Formen, die sie annimmt) entwickelt, von Sektor zu Sektor stark unterscheidet.

Was wir von Tesla lernen können

In der heutigen Zeit lassen sich in der Industrie Plattformen am besten aufbauen, indem man ein eigenes produktgestütztes Netzwerk einrichtet. Elon Musk hat das schon sehr früh begriffen, was den Bestand an vernetzten Autos und Häusern erklärt, den er aufgebaut hat. Sie alle sind zu Plattformen geworden, die in der Lage sind, Energie und Dienste gemeinschaftlich zu nutzen. Übergeordnetes Ziel der Strategie ist es, die Voraussetzungen für ein Ökosystem zu schaffen, das Wertschöpfung fördert, indem es die einzelnen Parteien in die Lage versetzt, aus Aktiva, die sich nicht in ihrem Eigentum befinden, wirtschaftlichen Nutzen zu ziehen.

Ein Beispiel dafür ist Apple mit den Apple-Stores, die sich auf ein Netz aus Apple-Produkten stützen, welche weltweit und auch über iOS vernetzt sind. Langfristiges Ziel ist es, die Übertragung von Energie zwischen Tesla-Fahrzeugen und den von Musk ausgestatteten Eigenheimen zu ermöglichen, die dank seiner Tochtergesellschaft Solar City, die Solardachziegel produziert, in Anlagen zur Erzeugung von Solarenergie umgewandelt werden. Die Konnektivität zwischen Autos und Häusern erzeugt ein gewaltiges, sich selbst regulierendes

Netz, das Verbrauchsspitzen und -täler ausgleicht, indem fossile Brennstoffe und Atomstrom durch Sonnenenergie ersetzt werden. Musk rechtfertigt seine Vision mit der Erklärung, dass das Sonnenlicht, was in einer Stunde auf die Erde trifft, unseren gesamten jährlichen Energiebedarf decken kann – und mehr. So will er sich einen Platz in einer Kette sichern, die weit über die bloße Autoproduktion hinausgeht. Ihm schwebt auch eine Car-Sharing-Plattform vor, über die jeder Tesla-Besitzer sein Fahrzeug auf Wunsch vermieten kann. Das hat gleich drei Vorteile: Die Anschaffungskosten des Autos amortisieren sich rasch (ebenso wie bei vielen Eigenheimbesitzern durch Airbnb), es müssen insgesamt nicht mehr so viele Fahrzeuge betrieben werden (wodurch sich radikale städtebauliche Veränderungen ergeben, weil weniger autobedingte Infrastruktur wie Straßen und Parkflächen benötigt wird) und die urbanen Echtzeit-Mobilitätsbedürfnisse werden berücksichtigt – woran derzeit auch Plattformen wie Uber arbeiten.

Der nächste Schritt beinhaltet die rasche Entwicklung fahrerloser Autos, die Nutzer nach Vereinbarung abholen und an ihr Ziel bringen können, um im Anschluss selbsttätig zu ihrem Eigentümer zurückzukehren, ohne dass dieser einen Finger krümmen muss. Das setzt natürlich die Entwicklung hochleistungsfähiger digitaler Plattformen, effizienter Navigationsgeräte, belastbarer Transaktionssysteme und möglicherweise auch Finanzierungslösungen voraus, die darauf zugeschnitten sind, dass sich die Fahrzeuge schnell amortisieren. Abschließend ist noch festzustellen, dass Musk weit über die Nutzung von Fahrzeugen hinausgedacht hat – nämlich an den gesamten Lebenszyklus eines Autos. So hat er für Fahrzeuge der Marke Tesla eine Versicherungsgesellschaft gegründet und entwickelt Pläne für eine Wiederkaufsplattform, die diesen Markt liquider machen würde. All das hat einen extrem strukturierenden Effekt, weil Unternehmen dazu ermuntert werden, sich nicht hinter der traditionellen Vision vom Automobil zu verstecken, sondern ihren möglichen Interventionsradius entsprechend Musks globaler Vision zu erweitern. Aus dem Autosektor würde so ein Mobilitäts-, Energie-, Kollaborationswirtschafts- und Finanzierungssektor und mehr (Abbildung 3.13).

Abbildung 3.13 **Tentakeltraktion bei Tesla: Von der Autoproduktion zur Fahrzeugnutzung und Mobilität**

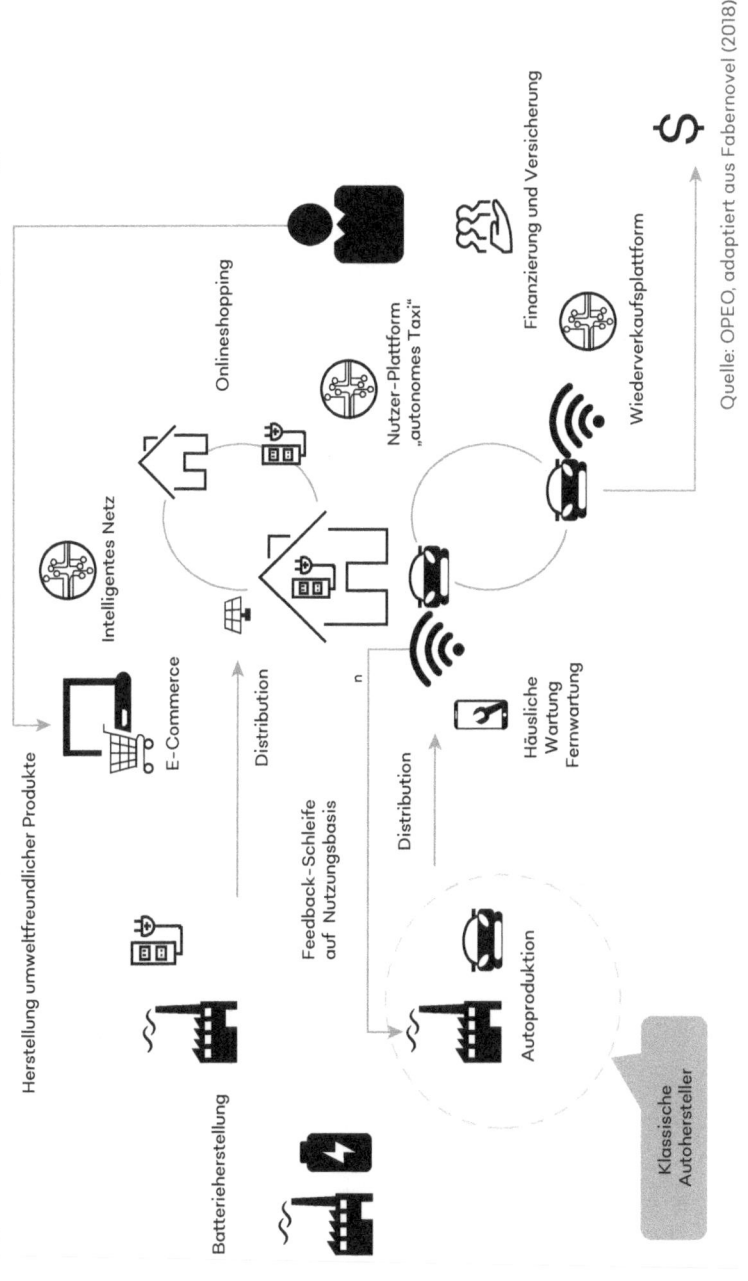

Herstellung umweltfreundlicher Produkte

Batterieherstellung

E-Commerce

Intelligentes Netz

Onlineshopping

Distribution

Feedback-Schleife auf Nutzungsbasis

Distribution

Autoproduktion

Häusliche Wartung Fernwartung

Nutzer-Plattform „autonomes Taxi"

Wiederverkaufsplattform

Finanzierung und Versicherung

Klassische Autohersteller

Quelle: OPEO, adaptiert aus Fabernovel (2018)

Auch Musks Kundenbeziehungen laufen im Netzwerkmodus, um kontinuierliche Produktverbesserungen durch Upgrades und die Rückgewinnung von Daten zur Fahrzeugnutzung zu gewährleisten. Dadurch wird die traditionelle Vermittlerrolle zwischen Autokäufer und Autohersteller ausgeschaltet. Normalerweise ist ein Vertriebsnetz erforderlich, das mehr minder einem Hersteller treu bleibt und zu dem auch ein Werkstattnetz gehört, dessen Akteure aber vollständig unabhängig sein können. Tesla arbeitet anders: Vom Kaufakt an bietet Tesla einen Online-Direktvertrieb, der auch ohne Händler auskommt. Dasselbe gilt für die Fahrzeugwartung. Musk hat einen Pannendienst eingerichtet, der auch Hausbesuche macht, wenn keine Fernwartung möglich ist. Abschließend steht das Kundenerlebnis im Mittelpunkt der Strategie, was Tesla Anreize gibt, sich selbst größer aufzustellen als ein bloßes Autoproduktions- und -verkaufsunternehmen. Entsprechend bietet das Unternehmen auch ein Netz von Ladestationen für seine Fahrzeuge und propagiert Schnittstellen zwischen Autos und Eigenheimen sowie eine ganze Reihe von Onlinediensten, die den Nutzern das Leben leichter machen sollen. Im Grunde ist das, als hätte Ford zu Beginn des 20. Jahrhunderts ein eigenes Werkstattnetz aufgebaut – mit dem Angebot, Autos zu Hause beim Kunden zu warten, um diesen zu binden.

FRAGEN, DIE SICH JEDER SPITZENMANAGER STELLEN SOLLTE

- Kann ich mich stärker in mein Netz aus vertrauenswürdigen Zulieferern integrieren, um meine Reaktionsfähigkeit zu steigern?

- Habe ich strategisch überlegt, wie ich meine Systeme oder Grundkomponenten vereinheitlichen könnte, um Produktplattformen zu schaffen?

- Ist es in meiner Wertschöpfungskette möglich, Vermittler aus der Beziehung zum Endnutzer auszuschalten?

- Kann ich mich mit aktuellen Mitbewerbern vernetzen, um neue Dienste zu entwickeln, die Kunden Mehrwert bieten?

- Welche Nutzungsdaten tragen dazu bei, das Design künftiger Produkte zu verbessern, die wir entwickeln?

- Ist es möglich, durch Konnektivität oder soziale Netzwerke Produktdaten zu generieren?

- Lässt sich die ursprüngliche Reichweite meines Sektors durch Nutzung digitaler Plattformen erweitern?

- Versuche ich, ein Netz aus loyalen Kunden aufzubauen?

- Wie kann ich meine Kunden am besten einsetzen, um unsere Produkte kontinuierlich zu verbessern?

- Sind meine Teams für das Plattformkonzept sensibilisiert und dafür geschult? Existieren diese Plattformen, um Käufe zu ermöglichen oder um Informationen zu verbreiten?

INTERVIEW MIT GE DIGITAL FOUNDRY

„Einsatz einer offenen Plattformstrategie, um Tenta-keltraktion herbeizuführen"

GE hat die allmähliche Digitalisierung der Industrie verfolgt und weltweit eine Reihe von „Digital Foundry"-Einheiten eingerichtet, die die digitale Transformation des großen Industriekonzerns vorantreiben sollen. Im Fokus stehen dabei erfolgskritische Anlagen und Systeme wie Gasturbinen oder Flugzeuge beziehungsweise Stromnetze oder Fertigungsstraßen. Heute bietet GE Digital eine ganze Palette von Lösungen, die sich auf Technologien wie Cloud-Computing, Datenwissenschaft oder künstliche Intelligenz stützen und zumeist über GEs eigene Plattform Predix breit eingeführt werden. Managing Director für Digital Foundry in Europa ist Vincent Champain. Er erläutert nachstehend GEs strategische Entscheidungen in diesem Bereich sowie die Zutaten für sein Erfolgsrezept in der neuen Welt des vierten Industriezeitalters. Insbesondere geht er dabei auf Netzwerkmodi und Tentakeltraktion ein.

Bei GE Digital sind Plattformen nur eine Komponente der Tentakeltraktion

GE Digital nur als einfache Plattform zu definieren würde der Sache kaum gerecht. Die Strategie umfasst eindeutig Vorschläge für durchgängige Lösungen. Dazu kann nutzungsbasierter Vertrieb zählen (der auf dem Zugang zu einer analogen Plattform beruht), aber auch die Entwicklung neuer maßgeschneiderter Anwendungen, das Angebot von Zusatzleistungen (wie Wartungsaufgaben) und/oder die Monetisierung von Leistungssteigerungen. Im letztgenannten Fall sagt GE Digital seinen Kunden zu, die Leistung einer ihrer kritischen

Ressourcen zu erhöhen, und lässt sich für erzielte Zuwächse vergüten – eine Win-win-Situation.

Offene Innovation, eine der wichtigsten Stärken des GE-Digital-Systems

Die Implementierung ist jedoch nicht ganz einfach. So können vom Kunden wahrgenommene Risiken zum maßgeblichen Stolperstein werden: Computer- und Netzsicherheit, Datenschutz, Informationen, die für kommerzielle Zwecke eingesetzt werden, und dergleichen mehr. Um diese Hürden zu nehmen und mit den GAFA (Google, Amazon, Facebook, Apple) oder anderen Rivalen mithalten zu können, hat GE eine stark strukturierende strategische Entscheidung für eine Plattform im offenen Modus getroffen. Dieser Ansatz hat verschiedene Vorteile: Erstens können die Kunden eigene, auf sie zugeschnittene Lösungen entwickeln und im Anschluss über die Plattform verkaufen. Zweitens ermöglicht dieser Ansatz agile Innovation mit einem breiteren Spektrum von Partnern. Drittens finden es Kunden in aller Regel beruhigend, wenn ihre Daten vollständig in ihrem Eigentum bleiben und (gegebenenfalls) deren Nutzung oder Löschung nicht zahlungspflichtig ist. Ferner garantiert GE Digital, dass Daten absolut vertraulich behandelt und vor Zugriffen von außen geschützt werden. Um diese offene Einstellung deutlich zu machen, hat das Unternehmen sogar damit begonnen, sein System für Maschinen zu verkaufen, die mit den eigenen konkurrieren.

Ein Kultur- und Organisationswandel

Weil damit zu rechnen war, dass solche so gar nicht selbstverständlichen Entscheidungen intern als kontraproduktiv gewertet würden, wurde beschlossen, sie durch verschiedene maßgebliche Veränderungen in der

Organisation zu unterfüttern. Jeder Geschäftsbereich von GE stellte einen Chief Digital Officer (CDO) ein, der direkt an den Geschäftsführer berichtete. Ansonsten legten Teams, die zur Verfolgung bestimmter Ziele aufgebaut wurden (wie zum Beispiel erfolgskritischen Verbesserungen von Anlagen), besonders viel Wert darauf, Spitzenkräfte anzuwerben – ob extern, aus den eigenen Reihen oder von anderen Geschäftsbereichen von GE Digital. Champain kommentierte das folgendermaßen: „Ressourcen wie Datenwissenschaftler sind so gefragt, dass wir der Einstellung auf die neue Denkweise oberste Priorität einräumen mussten." Am Ende sollten neue Organisationsansätze zu recht unterschiedlichen Arbeitsmethoden führen. „Das Projekt läuft noch und ist längst nicht abgeschlossen", doch dank der zunehmenden Konnektivität inner- und außerhalb des Unternehmens geht es mit der Kulturanpassung voran.

Hybridisierung – ein Schlüsselprinzip in der neuen Welt

Die Dualität zwischen Offenheit und internem Knowhow ist bei Weitem nicht der einzige Bereich, indem „hybrides" Denken die starren Strukturen der alten Welt ablösen muss – angefangen bei den Produkten, die per definitionem eine Kreuzung aus Standardbausteinen und von Kunden oder Partnern entwickelten maßgeschneiderten Komponenten sind. Es hängt jedoch alles davon ab, wo der Cursor hinzeigt. So würde beispielsweise ein eher „zentralisierter" Schwerpunkt auf Organisationsebene tendenziell der Synchronisierung und der Einsparung von Entwicklungskosten Vorschub leisten. Wird den Teams dagegen lokale Innovation ohne zentrale Steuerung gestattet, könnte das zwar einen Innovationsschub auslösen, birgt aber gleichzeitig das Risiko, dass Lösungen doppelt entwickelt werden. Aus breiterer Perspektive wird sich in der Wertschöpfung vermehrt die Kreuzung physischer mit digitalen Abläufen niederschlagen. Entgegen der landläufigen Meinung geht Champain davon aus, dass physische Abläufe auch weiterhin der Haupttreiber des Unternehmens sein werden, auf den mindestens 90 Prozent seiner Wertschöpfung entfallen – dass aber solche Akteure den Erfolg davontragen werden, die in der Lage sind, sich in Bezug auf einen dieser beiden Bereiche zu differenzieren. Das Gleiche gilt für künstliche Intelligenz, die nur einer von vielen Erfolgsfaktoren sein wird – neben professionellem Know-how oder einfacher natürlicher Intelligenz als weiterhin unverzichtbare Grundlagen.

Eine Vision aufbauen und durch geplante Hochskalierung der Trägheitsfalle entgehen

Champain ist der Überzeugung, dass eine Führungskraft, die von der neuen Welt profitieren möchte, in der Hybridisierung zur Norm wird, die potenziellen Auswirkungen neuer Technologien auf die Wirtschaft im Idealfall aus Helikopterperspektive betrachtet. Spitzenmanager sollten sich bei ihren diesbezüglichen Überlegungen vier Fragen stellen, nämlich, ob sie für den Vorstoß in die einschlägige Datenwissenschaft gut gerüstet sind, ob ihre Teams so agil sind, dass sie Produkte und Lösungen entwickeln können, ob die Infrastruktur (vor allem beim Cloud-Computing) eine rasche Hochskalierung verkraftet und ob Verflechtungen mit bestehenden Systemen hinlänglich durchdacht wurden. Ist das gegeben, müssen unbedingt künftige Hochskalierungsmaßnahmen geplant werden, selbst wenn feststeht, dass die Veränderungen längst nicht abgeschlossen sind. Untätigkeit ist nie eine Lösung, oder wie Champain in Anlehnung an ein amüsantes Lino-Ventura-Zitat scherzhaft kommentiert: „Mein größter Konkurrent ist der Status quo. In der neuen Welt sind zwei kluge Köpfe, die den Hintern nicht hochkriegen, weniger nützlich als ein Dummkopf, der zumindest versucht, etwas zu bewegen."

Argumentation auf einer durchgängigen, offenen Grundlage, die Anpassung der Organisation und der Kultur an die unvermeidliche Hybridisierung des Systems, visionär sein, aber rasch handeln durch die Entwicklung der Ressourcen, die die Hochskalierung ermöglichen – die Tentakeltraktion ist eindeutig zum zentralen Bestandteil der DNA von GE Digital geworden und findet in einer glasklaren Vision von der richtigen Strategie zur Maximierung ihres Nutzens Ausdruck.

INTERVIEW MIT LUXOR LIGHTING

„Tentakeltraktion ist in erster Linie ein Katalysator für künftiges Wachstum"

Luxor Lighting gestaltet, entwickelt und industrialisiert Produkte und Funktionen (wie LED-Technologien für die Automobilindustrie), die das Unternehmen entweder direkt an Autohersteller verkauft oder an maßgebliche Tier-1-Zulieferer aus diesem Sektor. Nachdem das Unternehmen von 2012 bis 2015 eine Krise mit Umsatzeinbußen von 30 Prozent erlebt hatte, kam der vollständige Turnaround mit einem Ausnahmewachstum um 100 Prozent von 2015 bis 2018. Ein Grund für diese Erholung: Das Unternehmen konnte sich in aussichtsreichen Marktsegmenten positionieren und bezog Kunden und Partner in seine Überlegungen ein (und richtete sich damit nach der Logik der Tentakeltraktion). Amtierender CEO bei Luxor ist Patrick Scholz. Er übernahm diesen Posten vor mehr als neun Jahren und führte das Unternehmen durch die Umstellungsphase. Nachstehend erläutert er die Grundlagen für diesen Erfolg.

Die Eroberung neuer Märkte durch einen „Tentakelansatz" im Umgang mit Kunden und Zulieferern

Scholz, der nach seinem Ausscheiden aus einem großen deutschen Industrieunternehmen erstmals in Luxor investierte, setzt mit der Erläuterung seines neuen unternehmerischen Abenteuers bei folgender Feststellung an: „Die Kunden hatten das Vertrauen verloren." Um wieder auf Wachstumskurs zu kommen, wurden daher mehrere Teilprojekte angestoßen. Das erste war strategischer Natur und beinhaltete mehr Konnektivität mit Kunden durch eine bessere Integration des Produktdesigns. Scholz investierte kräftig in ein digitales Simulationssystem, das zielgenauer auf die Wünsche der Endnutzer (also der Autohersteller) einging. „Erstrangige Zulieferer fokussierten sich bereits auf große Scheinwerfer und Rücklichter, also positionierten wir uns auf dem Markt für die Innenraumbeleuchtung von Fahrzeugen und diverse kleinere Außenleuchten. Damit Licht vollständig zum Markenzeichen eines Autoherstellers werden konnte, war allerdings digitale Integration erforderlich." Umgesetzt wurde diese mittels eines täglichen EDI-Systems. Am anderen Ende der Wertschöpfungskette gab es ähnliche Überlegungen dazu, wie Zulieferer und Lösungsanbieter besser integriert werden könnten. Das Unternehmen begründete eine Zusammenarbeit mit einem lokalen Partner, der Erfahrung mit Robotik hatte und Luxor half, Spezialmaschinen zu entwickeln. In Scholz Augen war das „wichtig, weil wir dadurch schneller vorankamen und uns mehr zutrauten".

Positive Effekte auf das Ökosystem und lokale Tentakel

Scholz verweist aber auch auf die entscheidende Rolle, die das Ökosystem jenseits der Sparte seines Unternehmens für dessen Erholung spielte. „Die Tentakel reichen bis ins lokale Gefüge." Einerseits unterstützten Kommunalbehörden Luxor beim Erwerb eines neuen Standorts. Andererseits veränderte die auf die soziale Verantwortung des Unternehmens ausgerichtete Strategie seine Sicht der Dinge. Außerdem erkannte er, wie effektiv das „made in"-Etikett als Verkaufsargument war. „Autohersteller haben ihre diesbezügliche Einstellung geändert. Jahrelang wurde nur auf Betriebsverlagerungen gesetzt. Heute besinnen wir uns wieder auf eine progressivere Betrachtungsweise zurück. Den Unternehmen geht es inzwischen um eine bessere Reaktionsfähigkeit. Der Preis per se spielt im Entscheidungsprozess im Vergleich keine so wichtige Rolle mehr. Räumliche Nähe ist für uns ein Vorteil."

Mehr Agilität und Autonomie durch strategische Unternehmensintegration

Abgesehen von solchen eher strategischen Projekten fand aber auch eine grundlegende Veränderung der Praktiken statt, um für mehr Agilität zu sorgen. Das begann bei der Umsetzung der Grundsätze der schlanken Fertigung. „Wir krempelten die Ärmel hoch und stellten alles, was wir machten, auf den Prüfstand." In der Folge definierte das Unternehmen seine Abläufe neu, lancierte eine reaktionsschnelle Qualitätskontrolle (Quick-Response Quality Control, kurz QRQC) und vermittelte dem Management einen besseren Blick auf alles, was sich in der Praxis abspielte. Im nächsten Schritt sollten Abläufe digitalisiert werden, um die Fertigung letztlich komplett papierlos zu gestalten und die Wettbewerbs-fähigkeit zu verbessern. Doch wenn das Unternehmen agiler werden wollte, musste es seine Kerngeschäftsfel-der in der Planung von Beleuchtungssystemen unter Kontrolle haben. Nach und nach erwarb Luxor Lighting das erforderliche optische und mechanische Know-how. „Das war eine Grundvoraussetzung, denn dadurch kamen wir schneller durch die ersten Entwicklungsphasen und konnten Aufträge an Land ziehen … Andererseits galt: Mit Kompetenzen in der Elektronik hätte wir auch alle anderen Produktaspekte steuern und unsere Verbindun-gen zu unseren Kunden weiter stärken können."

Mehr Teamverantwortung durch Transparenz

Tentakel werden aber nicht dort gekappt, wo das eigene Unternehmen zu Ende ist. Besonderes Augenmerk rich-tet Scholz auf die Kommunikation mit seinen Teams. In seinen monatlichen Briefings liefert er sogar detaillierte Finanzinformationen über die Unternehmenskunden. „Das war nicht so einfach, denn am Anfang fanden das viele Teammitglieder ziemlich trocken. Doch mit der Zeit bauten wir dadurch echtes Vertrauen auf – und die Teams waren im Anschluss bereit, mehr Verantwortung zu über-nehmen." Scholz hält das Unternehmen heute für deut-lich besser gerüstet, um eventuelle Krisen zu verkraften. Die Beziehungen zu Kunden und Zulieferern, das Öko-system, die Teams – das alles ist jetzt robuster. „Ein Netzwerkmodus funktioniert. Wichtig ist, dass man jeden Tag dazulernt. Ich bin jetzt 54 und immer wieder erstaunt, wie stark sich die Welt der Fabriken modernisiert. Es stimmt schon: In den Fabriken der Zukunft werden we-niger Menschen arbeiten, doch der Mensch wird immer seinen Platz haben, denn Fortschritt gibt es nur dann, wenn er von kollektiver Intelligenz vorangetrieben wird."

Fünftes Prinzip: Das Narrativ

Die Welt inspirieren, ohne die Bodenhaftung zu verlieren

ZUSAMMENFASSUNG

- Wer eine Geschichte erzählen kann, ist in der Lage, Menschen durch ein inspirierendes Ziel zu motivieren – im Unternehmen ebenso wie in der Gesellschaft oder im Umgang mit Kunden und Investoren.
- Um eine solche Vision aufzubauen, ist weit mehr erforderlich als nur der Wunsch, einen Markt zu erobern. Es bedeutet, dass eine Tätigkeit auf der Grundlage ihrer Daseinsberechtigung umgestaltet wird.
- Diese Kommunikationsmethode ist häufig paradox, verlangt absolute Überwachung und Kontrolle der Kommunikationszeiten und -kanäle und bleibt dabei die ganze Zeit über extrem transparent. Eine weitere Voraussetzung ist rückhaltloses Engagement an der Spitze.
- Auf diese Weise zu kommunizieren hat viele Vorteile, denn so werden die besten Fachkräfte angelockt und Fanklubs aufgebaut.
- Tesla liegt Elon Musks Vision von der Förderung einer 180-Grad-Energiewende zugrunde, die es der Menschheit ermöglicht, auf der Erde und im All zu überleben.

Einführung in die Narrativentwicklung

Zwei Voraussetzungen für einen erfolgreichen Start der Teslismus-Rakete auf ihrem Weg ins All waren die Stärkung und Vernetzung des Industriesystems. Die vier technischen und organisationsbezogenen Säulen, die in den Vorkapiteln näher beschrieben wurden, waren vielleicht notwendig, hätten aber keine bleibenden Veränderungen herbeiführen können, wenn sich das Modell nicht auf eine Vision gestützt hätte, die das Unternehmen und seine Mission in ein wahrlich inspirierendes Projekt einbindet, dem mehr zugrunde liegt als bloße wirtschaftliche Überlegungen. Wer eine Geschichte erzählen will, muss in der Lage sein, ein motivierendes Anliegen mit Leben zu erfüllen und es im Unternehmen und gegenüber dem Rest der Gesellschaft zu verkörpern – auch bei Kunden und Investoren. Das Konzept, Ideen durch Geschichten zu vermitteln, ist nicht neu, setzt sich aber in der Welt der Wirtschaft und der Politik erst seit Kurzem so richtig durch – ein Trend, der auch mit der Kommunikation zusammenhängt, die immer häufiger als Schlüsselfaktor für den Erfolg dargestellt wird. 2017 wurden auf YouTube täglich eine Milliarde Stunden lang Videos angeschaut (insgesamt 114.000 Jahre), es wurden 500 Millionen Twitter-Nachrichten gepostet und Facebook vernetzte 1,4 Milliarden Nutzer, 1,2 Milliarden davon über seine mobile Version.

Das Konzept zur Entwicklung eines Narrativs entstammt dem Geschichtenerzählen. Das Neue daran: Es wird nicht mehr nur über gute Geschichten gesprochen, sondern das neue Konstrukt beinhaltet einen Handlungsaspekt – das heißt, es weist den Weg, indem es in Wirklichkeit Teil der Handlung ist. Dabei bietet es eine Authentizität, die sich nicht nur durch das gesprochene Wort zieht, sondern auch durch die Werte des Unternehmens und durch sein Tagesgeschäft (insbesondere im Management) (Abbildung 3.14).

Abbildung 3.14 Die vier Facetten des Narrativs

 Das Narrativ

 Wie es entsteht

Eine inspirierende Geschichte für Kunden, Belegschaft und Bürger

Ein CEO, der selbst medienversiert ist und direkt nach außen kommuniziert, aber auch im Umgang mit den internen Kommunikationskanälen ausgesprochen stark und richtungsweisend auftritt

Eine sektorübergreifende, langfristige Vision, die sich nicht nur auf die „Rendite" fokussiert

RETURN ON INVESTMENT

Ein technikbewanderter CEO, der im Umgang mit neuen Technologien geschult und in der Lage ist, die meisten Projekte und Arbeiten des Unternehmens selbst zu leiten und auszuführen

Quelle: OPEO

Von der Produktwerbung zur mitreißenden Geschichte

Das dritte Industriezeitalter begann mit der Individualisierung von Produkten, gefolgt von einem stärkeren Schwerpunkt auf den Kunden und seine Bedürfnisse. Letztlich sollten Produkte zu Statussymbolen werden. In der Autobranche hoben Marken beispielsweise Leistung und Qualität hervor, um bei männlichen Kunden zu punkten, Eleganz und Nutzen, um Frauen zu imponieren, und Spaß, um bei den jüngeren Generationen zu landen. Trotz dieses generellen Trends bleibt es jedoch eine Tatsache, dass von den vielem, was sich außerhalb eines Unternehmens abspielt, nur ein paar wenige seiner Funktionen berührt wurden, gewöhnlich Vertrieb, Marketing oder Kundendienst. Was im Unternehmen passiert (wie schlanke Fertigung), wurde künstlich mit der Außenwelt verknüpft durch die ständigen Initiativen des Managements, der Kundenorientierung absolute Priorität zu verschaffen.

Mit der Fabrik selbst hatten die meisten eigentlichen Kunden wenig bis gar keinen Kontakt. Die hypervernetzten Teams vor Ort, Maschinen und Produkte von heute dagegen sorgen dafür, dass Innen- und Außenwelt eines Unternehmens nicht mehr hermetisch voneinander abgeschirmt sind. Der Kommunikationsmodus, der darin bestand, für die Kunden eine Marketingstrategie festzulegen und für das Image als Arbeitgeber eine andere, hat sich überholt. Erklären lässt sich diese Veränderung unter anderem dadurch, dass jüngere Generationen häufiger die Sinnfrage stellen, aber auch durch den exponentiellen Wandel in der Technologie. Das alles hat einen Wettkampf um die fähigsten Köpfe ausgelöst – der seinerseits zu einem neuen Schlüsselfaktor für Erfolg geworden ist. Die erfolgreichsten Unternehmen verfügen über eine kohärente Weltanschauung. Sie visieren nicht mehr ein Marktsegment oder einen Kunden an, sondern wollen eine stimmige Geschichte erzählen, die eingängig und nachvollziehbar ist und jeden inspiriert, der im Ökosystem des Unternehmens tätig ist: Beschäftigte, Nachwuchs, Amtsträger, Medien, Partner, Zulieferer und so weiter.

Ein Unternehmen muss heute Teil von etwas Größerem sein.

Die Rendite ist tot, lang lebe die Vision!

Eine disruptive Mission erfordert gewöhnlich disruptive Ressourcen. Der Grund dafür: Ein Start-up ist gewöhnlich eine Organisation, die im Begriff ist, sich ein Geschäftsmodell zu suchen. Dass es zunächst nicht rentabel arbeitet, wird durchaus erwartet. Schließlich geht man davon aus, dass es später in der Lage sein wird, aufs Gas zu treten und anfängliche Verluste auszugleichen. Deshalb ist es in der Zwischenzeit so wichtig, die langfristige Vision am Leben zu erhalten, die die Teams motiviert. Das Problem dabei ist nur, dass die Welt der Industrie eine Investition als Konzept ganz kulturbedingt sehr ähnlich betrachtet wie ein Buchhalter – und sei es nur, weil die Industrie von Natur aus dazu neigt, kurzfristigen Ergebnissen oberste Priorität einzuräumen. Ein guter Werksleiter wird jedem Teammitglied, das einen Investitionsvorschlag vorlegt, genau auf den Zahn fühlen, um eine Amortisationszeit von maximal 18 Monaten sicherzustellen. Im Anschluss wird der Sachverhalt analysiert, um diese Demonstration zu untermauern. Wer sich der vierten industriellen Revolution anschließen will, braucht aber eine radikal disruptive Mentalität – vor allem als Spitzenmanager. Zukunftsorientiert investieren bedeutet, auf der Grundlage einer strukturierten, kohärenten Vision, die über den schlichten Wunsch, Märkte zu erobern, hinausgeht, Überzeugungen aufzubauen. Stattdessen ist das Ziel heute, Tätigkeiten aufgrund einer Bewertung ihrer Existenzberechtigung umzugestalten. Je überzeugter der Chef/die Chefin von einer Vision ist, desto mutiger und überzeugender wird er/sie das ganze Team auf Investitionsentscheidungen mit längerfristiger Perspektive einnorden – Entscheidungen, die oft auf ganzheitlicher Betrachtung beruhen, nicht auf den kurzfristigen Renditen des eigenen Standorts.

Die meisten Leuchtturmbeispiele für die Industrie der Zukunft fokussieren sich auf das Konzept des Vertrauens als wesentlicher Beitrag dazu, Entscheidungsträgern im Unternehmen zu den richtigen Entscheidungen zu verhelfen – wobei jeder Beteiligte von einer gemeinsamen, kohärenten Vision geleitet wird. Weder soll willkürlich investiert werden noch technologiebedingte Überheblichkeit aufkommen. Es soll vielmehr so gedacht werden, wie es ein Familiengesellschafter tut, der sich für die Zukunft rüstet.

Ein Chef, der mit den Medien kann: Nach außen cool, nach innen kompromisslos

Eine Vision richtig gut zu kommunizieren ist gar nicht so einfach. Das gilt umso mehr, als alle Akteure innerhalb des eigenen Ökosystems damit vertraut gemacht werden müssen, ohne so viele Informationen preiszugeben, dass die Konkurrenz die Alleinstellungsmerkmale eines Modells allzu leicht kopieren kann. Bei Tesla – wie bei so vielen modernen Wirtschaftslenkern und Politikern – leidet die Kommunikation unter einer gewissen Widersprüchlichkeit.

Da ist einerseits ein ausgesprochen direkter, lockerer und social-media-freundlicher externer Kommunikationsstil und andererseits eine ausgeprägte Geheimniskrämerei um interne Betriebsverfahren, die so beschaffen sind, dass sie die negativen Begleiterscheinungen des exponentiellen Wachstums verkraften – die Disruption eben, die das Modell letztlich sprengt. Das eigentliche Ziel besteht darin,

Informationen, Timing und Kanäle zu kontrollieren. Bei Tesla bietet Musk zum Beispiel höchstselbst eine Medienpräsenz, die in der Lage ist, unmittelbar auf Kunden einzugehen. Diese können ihm mehrmals am Tag twittern und ihn fragen, was er vorhat und wie es läuft. Dadurch wird der Anschein von Transparenz erzeugt – insbesondere im Hinblick auf Musks Versprechen, mit seinen Innovationen offen umzugehen und quelloffenen Zugriff auf viele Teile seiner Software zu gewähren, gar nicht zu reden von seinen offiziellen Äußerungen, er hoffe, von anderen Autoherstellern kopiert zu werden. Doch schließlich ist Musks übergeordnetes Ziel, zu einer globalen Energiewende beizutragen. Will man aber Einblick in die internen Betriebsmodi des Unternehmens gewinnen, entsteht unwillkürlich der Eindruck von Restriktivität. Für dieses Buch konnte der Autor beispielsweise mit vielen aktuellen und ehemaligen Tesla-Beschäftigten sprechen, doch wurde nie ein offizielles Unternehmensinterview angesetzt. Ebenso ist vor einem Besuch in einem Tesla-Werk eine knallharte Vertraulichkeitsvereinbarung zu unterzeichnen, die das Verhalten vor Ort streng reglementiert – obwohl an dem Besuch als solchem absolut nichts Geheimes ist.

Nach außen cool, nach innen kompromisslos – Teslas Kommunikationsform ist komplexer als auf den ersten Blick ersichtlich.

Spitzenmanager, die wieder etwas vom Fach verstehen

Im Zuge des Finanzialisierungs- und Globalisierungstrends, der die Wirtschaft seit den 1980er-Jahren im Griff hat, haben die Eigenschaften, die ein tonangebender Industrielenker heute mitbringen muss, mehr mit betriebswirtschaftlichen und politischen Kompetenzen zu tun als mit fachlichen oder sektorbezogenen. Viele Spitzenmanager wechseln erfolgreich zwischen Ländern und Sektoren hin und her und lassen dank ihrer analytischen Fähigkeiten und Führungsqualitäten immer wieder andere große Konzerne neu erstarken. Zwei Länder, die aus diesem Muster herausfallen, sind Deutschland und Japan. Dort hat sich aus kulturellen Gründen die (durchaus erfolgreiche) Gepflogenheit erhalten, Spitzenmanager zu berufen, die aus der Branche stammen – und aus dem eigenen Land. Unlängst geht der Trend allerdings auch anderswo dahin zurück, vor allem in der Autoindustrie. In Frankreich sind beispielsweise Carlos Ghosn bei Renault und Carlos Tavarès bei Peugeot zwei Unternehmenschefs, die dafür bekannt sind, sich mit jedem Thema ausgesprochen gut auszukennen – was sie nutzen, um Druck auf ihre Teams auszuüben. Ebenso ist Elon Musk bei Tesla geradezu berüchtigt dafür, sich regelmäßig tief in ganz verschiedene Fachgebiete einzuarbeiten, von der Produktentwicklung bis zur Fertigung. Mitarbeiter finden Interaktionen mit Musk oft anstrengend, weil er so anspruchsvolle Fragen stellt und darauf sachliche, fundierte und ambitionierte Antworten erwartet.

Was wir von Tesla lernen können

Um Elon Musks Fähigkeit zu verstehen, sich auf die technischen Seiten seines Unternehmens zu konzentrieren, muss man in seiner Kindheit ansetzen. So schreibt Vance, Musk gehöre zu den ersten „Geeks", die schon in ganz jungem Alter programmieren lernten, und habe sich seit jeher nicht nur leidenschaftlich für Computer interessiert, sondern ganz allgemein für Physik. Das erklärt seine Überzeugung vom „obersten Prinzip", das im vorliegenden Buch im Kapital über Hyperproduktion thematisiert wurde. Dem liegt die einfache Vorstellung zugrunde, dass es sich ungeachtet des jeweils zu lösenden Problems stets bezahlt macht, auf die jeweiligen physikalischen Grundgesetze zurückzugreifen, um sich von sämtlichen Einschränkungen oder Konventionen zu befreien, die in aller Regel in einem beliebigen Sektor oder System bestehen.

Viele der Menschen, die der Autor bei der Arbeit an diesem Buch kennenlernte, bezeichneten Tesla als unrentable Seifenblase. Natürlich zieht das die Frage nach sich, warum so viele Finanzinstitute in das Unternehmen investiert haben – ein Widerspruch, der von einem verbreiteten Missverständnis hinsichtlich des Status dieses Unternehmens zeugt. Was nämlich gern vergessen wird: Tesla ist nach wie vor ein Start-up. Investmentbanker sind keine

Narren – sie setzen auf Musks Gesamtbild, was auch erklärt, warum sich seine ganze Kommunikation um diese Vision dreht, also darum, dass Musks Unternehmen die Umstellung auf nachhaltige Energie vorantreiben wollen. Anders formuliert: Die Mission ist nicht ausschließlich kundenorientiert, denn dann wäre das Produkt lediglich Mittel zum Zweck. Sie ist vielmehr auf nichts Geringeres ausgerichtet als die Zukunft der Menschheit. Ein wesentliches Element in diesem Diskurs ist die Vision vom globalen Wandel, die er anzubieten hat. Tesla sieht sich selbst als Autohersteller, aber auch als maßgeblichen Akteur der Energiewende. Der Masterplan sieht die Revolutionierung des Personenbeförderungsgeschäfts durch das Angebot umweltfreundlicher Fahrzeuge vor, die später autonom werden und den Kunden dadurch einen Zeitgewinn verschaffen können. (Immerhin sitzt der Durchschnittsamerikaner jedes Jahr bis zu zwölf volle Tage im Auto.) Die von Tesla vertriebenen Fahrzeuge haben darüber hinaus einen unterdurchschnittlichen Wartungsbedarf (der um etwa 80 Prozent geringer ist als bei Autos mit Verbrennungsmotor), sind an ihr eigenes verbundenes Energienetz angeschlossen, um die Speicherung und Wiederverwertung von Energie zu erleichtern, und können nach Bedarf eingesetzt werden, sodass Tesla-Kunden Fahrzeuge, die sie gerade nicht selbst nutzen, weitervermieten können, wenn sie das möchten. Die wichtigste Konsequenz einer Verwirklichung dieser Vision wäre, dass Straßennetze und Infrastruktur obsolet würden. Das würde zu einer vorteilhaften vollständigen Umgestaltung von Städtebau und Lebensstil führen. Die Ausweitung der Sharing Economy auf eine Flotte sauberer Fahrzeuge wäre gleichbedeutend mit weniger Autos auf den Straßen, weniger Umweltverschmutzung und weniger Lärm. Eine Stadt würde sich dadurch komplett neu konfigurieren.

Musk hat aber nicht nur eine Vision, die so umfassend und stimmig ist, dass sie eine kritische Masse fähiger Köpfe überzeugen kann, sich ihm anzuschließen, sondern er spricht auch gern von radikalen Zielen, die Kooperationen ermöglichen, welche sich um eine gemeinsame Mission herum bündeln. Ein Paradebeispiel für dieses disruptive Denken ist die Kolonisierung des Planeten Mars. Studenten, die bei Tesla arbeiten wollen, haben nie das Gefühl, einfach nur eine neue Funktion zu übernehmen, sondern glauben an einen Plan zur Rettung der Menschheit. Deshalb hat man auch den Eindruck, man sei in einen Stamm von Geeks geraten oder vielleicht in ein Labor, aber nicht in eine Fabrik oder in ein Forschungs- und Entwicklungszentrum, wenn man bei Tesla durch die Türen tritt.

Diese Art der Kommunikation geht mit ganz bestimmten konkreten Verhaltensweisen einher, die das „Narrativ" und seine „Entstehung" in Einklang bringen. Man weiß von Musk, dass er sich persönlich in jedes neue Projekt einbringt, das eines seiner vielen Unternehmen initiiert – vordergründig, weil er die Latte gern deutlich höher hängt als in dem betreffenden Sektor sonst üblich. So war es Musk, der seine Teams aufforderte, die Bedürfnisse des Kunden an die erste Stelle zu rücken durch die Entwicklung eines Produkts wie dem versenkbaren Türgriff beim Tesla Model S. Es war Musk, der die Entwicklung eines speziell dimensionierten Digitalbildschirms in einer Größe anordnete, wie es sie auf dem Markt noch nicht gab, und eine Mittelkonsole, wie sie den besten Videospielen gerecht werden konnte. Alles, was Tesla entwickelt, muss die Markterwartungen übertreffen. Es geht vor allem um Perfektion – auch im scheinbar Nebensächlichen. Das war auch ein charakteristisches Merkmal von Steve Jobs. Musks Streben nach Vorbildfunktion bedeutet, dass er selbst bestimmte grundlegende Aufgaben übernimmt, wenn er das für nötig hält. Der Chefingenieur von SpaceX erzählte unlängst, wie Musk höchstpersönlich systematisch bestimmte Projekte an sich zog, nachdem er Projektleiter entlassen hatte, mit deren Leistung er nicht zufrieden war. Und schließlich übernimmt Musk auch selbst einen großen Teil der externen Unternehmenskommunikation. Er hat 12,1 Millionen Follower auf Twitter – mehr als die zehn führenden Autoschmieden der Welt zusammen. Seine YouTube-Videos sind bisher schon über 30 Millionen Mal aufgerufen worden.

Alles in allem ist das Narrativ, das Elon Musk verkörpert, ein Schlüsselelement des Teslismus – und eines, das eine Menge Vorteile bringt. Tesla lockt die brillantesten Kräfte des Silicon Valley an – in einer Arbeitsmarktregion, in der der Wettbewerb mit den ganz auf das digitale Geschäft ausgerichteten Mitbewerbern mörderisch ist. Tesla gehört zu den attraktivsten Arbeitgebern der Welt. Allein 2017 gingen bei dem Unternehmen 500.000 Initiativbewerbungen ein. Tesla hat dazu beigetragen, seinen eigenen Sektor wieder attraktiv zu machen. An dieser Stelle sei daran erinnert, dass der letzte große Autobauer ganz zu Anfang des 20. Jahrhunderts gegründet wurde.

Bei amerikanischen Studenten belegt Tesla unter den beliebtesten potenziellen Arbeitgebern den sechsten Platz – als einziger Autohersteller unter den Top 50. Teslas Marketingbudget ist 40 Prozent niedriger als bei seinen größten Konkurrenten. Sein Kundenstamm ist eine Glaubensgemeinschaft. Die meisten Modelle werden über Crowdfunding von Kunden finanziert, noch bevor die Produktentwicklungsphase abgeschlossen ist (nach dem Prinzip des gepulsten Ablaufs, das im Vorkapitel über die Tentakeltraktion beschrieben wird).

Die Kehrseite der Medaille bei dieser Kommunikationsmethode ist ein sehr anspruchsvoller Managementstil. Musk stellt hohe Anforderungen an die Arbeitsgeschwindigkeit und bewertet äußerst kritisch. Außerdem bedeutet Teslas Attraktivität, dass die Fluktuation bei leitenden Führungskräften hoch ist, weil sie von anderen Unternehmen abgeworben werden. Tesla zahlt im Vergleich zum lokalen Durchschnitt niedrigere Gehälter, die Beschäftigten stehen unter enormem Druck und verlieren schnell ihren Job, wenn es zu Unstimmigkeiten kommt. Das alles bedeutet, dass die Einarbeitungszeiten für neu eingestellte Mitarbeiter für das Unternehmen einen echten Engpass darstellen. Auch ein Managementansatz, der auf Energie und Vertrauen beruht, ist nicht unproblematisch. Manchmal werden „brave Soldaten" rasch befördert, stoßen dann aber an die Grenzen ihrer Kompetenzen – insbesondere, wenn es um industrielle Effizienz geht. Doch das Unternehmen braucht fachliche Kompetenzen dringender denn je – und deshalb muss es Mitarbeiter von außen anwerben.

FRAGEN, DIE SICH JEDER SPITZENMANAGER STELLEN SOLLTE

- Habe ich genügend Zeit für die Formulierung meiner Mission, meiner Vision und der Betriebsstrategie aufgewendet?
- Ist meine Vision so inspirierend und disruptiv, dass sie die fähigsten Köpfe anspricht und aus meinen Kunden eine eingeschworene Gemeinschaft macht?
- Verfüge ich über Kanäle (wie ein soziales Unternehmensnetzwerk), die so reaktionsfähig sind, dass sie meine Vision verbreiten, kurzschleifig Botschaften aussenden und ungefiltertes Feedback von jedem/jeder Beschäftigten aufnehmen können, der/die sich einbringen möchte?
- Kommuniziere ich meine Vision außerhalb des Unternehmens ausreichend klar, etwa bei Kommunen, Finanzpartnern oder Kunden?
- Bin ich selbst als Medienkanal für das Unternehmen aktiv genug?
- Habe ich einen Twitter-Account und ein stimmiges Profil auf allen sozialen Netzwerken? Findet eine regelmäßige Moderation meiner Online-Kommunikation statt?
- Verbringe ich genug Zeit mit meinen Kollegen vor Ort und habe ich ausreichend Anteil an Produktentwicklung und Fertigung?
- Kann ich, wenn nötig, jede Person ersetzen, die ein innovatives Projekt leitet, und es zum Erfolg führen?

- Bin ich hinlänglich geschult im Umgang mit neuen Technologien und versiert in den Kerngeschäftsfeldern des Unternehmens, sodass ich mit jeder/jedem Beschäftigten Fachgespräche führen und kurzschleifig die richtige Entscheidung treffen kann?
- Ist meine Kommunikation der Strategie und der Ziele des Unternehmens auch außerhalb der Chefetage unmissverständlich und ausreichend motivierend?

INTERVIEW MIT ALFI TECHNOLOGIES

„ALFI Technologies ist ein auf die Herstellung von Handlingsystemen und die Entwicklung automatisierter Produktionslösungen spezialisiertes Technologieunternehmen. Seit 2009 leitet Yann Jaubert den Konzern und trägt aktiv dazu bei, ihn zu gestalten und mit neuem Leben zu erfüllen. Das alles geht aus seiner Vision vom „Narrativ" hervor, die er im Folgenden beschreibt. In einer Business-Recovery-Situation und in einem Sektor, der raschem Wandel unterliegt, besinnt sich Jaubert auf die wichtigsten Voraussetzungen zurück, die ihm erste Erfolge bescherten und ihm einen Vorsprung vor der Konkurrenz verschafften. Es ist der Digitalisierung und seiner persönlichen Energie zu verdanken, dass sich das Image der Gruppe, das er aufgebaut hat, in den Augen von Kunden und Beschäftigten kontinuierlich verbessert. Von Anfang an hat sich Jaubert auf die systemischen Aspekte seines täglichen Transformationsprogramms konzentriert. „Das Wichtigste ist, dass wir diese großartigen Zeiten zusammen erleben. Man kann kaum über eine bestimmte Erinnerung sprechen, ohne gleich die ganze Geschichte zu erzählen."

Eine gemeinsame, selbstbestimmte Mission: Der Schlüssel zum Erfolg in der neuen Welt

Eine der ersten Voraussetzungen für diesen Wandel war die Festlegung einer kohärenten Vision, die über das bloße Herstellen und Vertreiben von Maschinen hinausging. „Wer sich vor junge Uni-Absolventen hinstellt und nur sagt, er produziere Maschinen und suche einen kompetenten Automationstechniker, der hat schon verloren", verrät Jaubert. Das von ihm entwickelte Narrativ des Wandels verfügt über drei Hauptelemente, die seinen Erfolg als attraktiver Arbeitgeber, bei der langfristigen Kundenbindung und bei der Anwerbung fähiger Nachwuchskräfte erklären. Das erste ist die Definition des Unternehmens als Schicksalsgemeinschaft, die sich aus verschiedenen Einheiten mit ähnlichen Operationsmodi und Missionen zusammensetzt, und als Team, das inspirieren soll, indem es in der Branche die Industrieprozesse der Zukunft prägt. Im Anschluss kommt es darauf an, den Teams begreiflich zu machen, dass sie auf dem Weg zu einer digitalen Revolution sind – auch wenn sie „davon im Alltag nicht viel bemerken, sondern es durch Mundpropaganda erfahren". Die dritte und letzte wichtige Voraussetzung ist eine Vorreiterrolle in der technischen Entwicklung. Diese ergibt sich bei ALFI Technologies durch ein virtuelles Fabrikkonzept, womit sich Fertigungsstraßen weitaus agiler gestalten und erstellen lassen. Die Grundlage dafür bildet die Integration verschiedener Unternehmen, in denen diese Abläufe stattfinden. Daraus ergibt sich im Zeitverlauf ein innovatives Dienstleistungsangebot, und damit kann sich das Unternehmen von Mitbewerbern mit Standorten in Billigländern abheben.

Das Narrativ geht vom Chef aus, der sich zunächst selbst in den Technologien der Zukunft fortbilden muss

Jaubert ist überzeugt, dass all diesen Bestrebungen die Einstellung des Chefs zugrunde liegt, der sich zunächst intensiv mit den neuen Technologien vertraut machen muss, damit er sie intelligent auswählen und die entsprechende Strategie festlegen kann. So hat sich Jaubert beispielsweise in künstlicher Intelligenz weitergebildet, die Start-ups ausgewählt, mit denen sein Unternehmen zusammenarbeiten sollte, und gemeinsam mit diesen Pläne zur Erprobung des Konzepts an den Produkten seines Unternehmens geschmiedet. Die Rolle des Chefs ist besonders bedeutsam, da die beste Methode zur Implementierung einer bestimmten Technologie – selbst für die Partner eines Unternehmens – nicht immer die offensichtlichste ist. „Start-ups bringen manchmal tolle Ideen ein, haben aber selten eine klare Vorstellung davon, wie sich diese am besten austesten lassen. Dabei wohnt nicht allen Daten ein Zauber inne. Es genügt nicht, Daten zum Selbstzweck zu speichern. Fachliche Kompetenzen sind und bleiben der Schlüssel zur Entwicklung innovativer zweckdienlicher Lösungen." Erst im Nachgang stoßen die Teams hinzu und werden entsprechend geschult. „Niemand sollte glauben, dass der Erfolg gesichert ist, sobald man zehn Datenwissenschaftler eingestellt hat. Dieser Ansatz wäre der falsche. Zunächst einmal muss man die einzelnen Konzepte verstehen. Erst dann kann man sie ausprobieren."

Der Führungsnachwuchs als Ressource, die zur Gestaltung des Ökosystems eines Unternehmens beitragen kann

Einblick in die Technologien der Zukunft und die Ermittlung der richtigen Strategie zu deren Erprobung sind unabdingbar. Doch zuvor muss eine Verbindung zum Ökosystem des Unternehmens hergestellt werden, um eine kontinuierliche Versorgung mit neuen Ideen und eine fortlaufende Weiterentwicklung der Unternehmensvision zu gewährleisten. Laut Jaubert gibt es so etwas wie ein „Unternehmensökosystem" gar nicht, weil ein solches Konzept dynamisch bleiben muss. Jeder Unternehmenschef erzeugt sein eigenes Ökosystem und widmet sich laufend der Trendforschung, wozu er häufig die sozialen Medien einsetzt. „Ja, ich betrachte mich als Medienfigur, weil ich meine Vision für das Unternehmen recht häufig kommuniziere. Abgesehen davon liefern mir soziale Medien jeden Tag ausgesprochen nützliche Feeds. Das ist ein wesentlicher Bestandteil meiner Funktion und daher auch meiner Agenda." Das Ökosystem von ALFI hat sich seit Gründung der Gruppe enorm weiterentwickelt. „Vor zehn Jahren war ich überwiegend von Roboterherstellern umgeben. Heute bin ich ständig unterwegs und besuche innovative Start-ups. Durch diese laufenden Begegnungen und Gespräche mit Kunden entwickeln wir ununterbrochen neue Ideen. Auf diese Weise stellen wir auch sicher, dass jeder über Veränderungen im Ökosystem im Bilde ist."

Teams zu motivieren bedeutet, anfängliche Erfolge als Machbarkeitsnachweis in den Fokus zu rücken

Ideen allein sind aber nicht genug, denn oberstes Ziel der strategischen Planung von ALFI ist ganz klar, für Rentabilität zu sorgen. Dessen sind sich die Teams absolut bewusst. Ein wesentlicher Motivationsfaktor ist daher, konkrete Ergebnisse durch einen „Proof of Concept" (POC) öffentlich zu machen. Wie es Jaubert formuliert: „Man braucht zunächst erste Erfolge, bevor man nach den Sternen greift." So war ALFI in der Lage, dank eines virtuellen Fabrik-POC, den es auf einer Messe präsentiert hatte, einen neuen Interessenten zu finden (nämlich einen großen deutschen Distributions-konzern). „Das war ein unglaublicher Erfolg. Erst haben sie unseren Messestand besucht, dann unsere Anlagen – und dort fiel dann rasch die Entscheidung für eine Zusammenarbeit. Wir konnten mit einer äußerst detail-lierten Simulation für die Paketabfertigung überzeugen, die sogar Aspekte berücksichtigte wie das Zusammen-stoßen oder Fallenlassen von Paketen. Die Deutschen bestellten die Anlage schließlich. Deutschland gilt bei vielen als Land der Industrie 4.0. Deshalb hat es unse-re Teams sehr beeindruckt, dass wir nach wie vor solche Kunden gewinnen konnten." Letztlich gilt es, gezielt eine kritische Masse von Geschäftstreibern anzuvisieren und von dem Plan zu überzeugen. Diese ziehen dann alle anderen mit.

Modularität, Daten und digitale Plattformen – die größten Herausforderungen der nächsten Jahre

ALFIs heutiger Erfolg stützt sich vor allem auf digita-le Simulation. Durch diese Plattform gelangt das Un-ternehmen schneller von der Design- durch die Distribu-tionsphase, während es weiterhin innovative Dienst-leistungen verkauft. Jaubert erklärt, wie sein Team – das ursprünglich in aller Regel Monate brauchte, um Ar-beitsschritte zu konzipieren und zu gestalten, die spe-zifische Kundenbedürfnisse berücksichtigte – dahin kam, wo es heute steht, und der gesamte Prozess nur noch ein paar Wochen in Anspruch nimmt, und das bei deutlich niedrigeren Entwicklungskosten. Das ging natürlich mit einer durchdachten Modularisierungs-strategie einher, die Schritt für Schritt umgesetzt wird. Ob ein „großer Knall" nötig war, spielte in den Überlegungen keine Rolle. Wie es Jaubert sieht, wird jede Innovation als Plug-in betrachtet – als vom Unternehmen angebotenes Zusatzmodul. Dadurch kann man anders vorgehen, schneller reagieren und grundlegende Bereiche wie Standardkomponenten oder Teilsysteme stärken. „Früher hat es mindestens ein Jahr gedauert, ein groß angelegtes ERP- oder Customer-Relationship-Management (CRM)-System zu installieren. Das ist heute anders. Angesichts der Schnelllebigkeit sind Projekte, die erst nach einem Jahr abgeschlossen werden, dann schon nicht mehr relevant." Die größte Herausforderung liegt künftig ganz woanders. Um sie zu bewältigen, ist unbedingt eine starke Position in der Datenerhebung und -nutzung über die gesamte Wertschöpfungskette der Industriemaschinenproduktion erforderlich. „In diesem Sektor gibt es heute große Akteure, allen voran Bosch, GE, Siemens und Dassault Systèmes. Es ist ein harter Kampf, sich die bestmögliche Position zur Umverteilung von Werten zu sichern. Jeder will seine eigene Plattform aufbauen und sich unverzichtbar machen."

Die Industrie der Zukunft wird agiler und intelligenter. Menschen werden darin eine große Rolle spielen – vor allem in Europa

Trotz allem hat Jaubert seine Bodenhaftung nicht verloren. „Das ist kein B2C-Sektor, und wir sollten keinen Krieg ausfechten, der nicht unserer ist. Es wird immer geräuschvolle Prozesse geben und Menschen, die in Fabriken Maschinen bedienen.

Disruption muss nicht brutal sein. Vielmehr ist sie als eine Art Dauerwettlauf zu betrachten, um anderen Akteuren eine Nasenlänge voraus zu bleiben und nicht in Rückstand zu geraten, weil man eine wichtige Technologie übersehen hat." So betrachtet wird die Fabrik der Zukunft vor allem anderen agil und intelligent sein, was maßgebliche Folgen für die Funktionen der Menschen darin hat. „Man wird sich ständig weiterbilden und eine Vision kommunizieren müssen, die die Teams motiviert. Es geht alles so schnell, dass Veränderungen bei Kompetenzen und Unternehmenskultur häufig Mühe haben, mit technischen Veränderungen Schritt zu halten." Zu den Momenten größter Genugtuung, die ALFI in den letzten Jahren erlebt hat, zählt die erfolgreiche Rückgewinnung vordem unzufriedener Kunden, aber auch (und ganz besonders), dass das Team heute wieder stolz darauf sein kann, einer Gruppe anzugehören, die die digitale Revolution nutzt, um ihr Image als dynamisches, innovatives Unternehmen Stück um Stück wiederaufzubauen. Am Ende steht das Ergebnis, dass das alte Europa in der Schlacht um die globale Führungsposition offenbar ganz gute Aussichten hat. „Uns stehen zwar nicht dieselben Waffen zur Verfügung wie US-amerikanischen oder asiatischen Unternehmen, die leichter Zugang zu Kapital finden. Doch unsere große Stärke sind Traditionsunternehmen, und wir können die Innovationsfähigkeit unserer Teams mobilisieren – und darauf kommt es an. Meiner festen Überzeugung nach ist der Industriesektor der Schlüssel zu einem modernen Hochleistungseuropa."

Sechstes Prinzip: Start-up-Leadership

Im gesamten Unternehmen eine Start-up-Mentalität aufbauen, um Eigeninitiative und Teamentwicklung zu fördern

ZUSAMMENFASSUNG

- Start-up-Leadership ist gleichzeitig System und Managementmethode und ermöglicht es Teams, so Verantwortung zu übernehmen, dass dadurch Kreativität, Initiative und kollektive Intelligenz gesteigert werden.
- Teams dazu zu ermutigen, Verantwortung zu übernehmen, setzt eine Reihe von Transformationen im Managementsystem im Vorfeld voraus, aber auch ein neues Managementverhalten.
- Die Führungspersönlichkeit von morgen wird immer auch Coach sein und mehr Funktionen übernehmen (etwa als Kultivator, Kritiker, Impulsgeber, aber auch als Macher) als ihre Vorgänger.
- Elon Musk verkörpert diese neuen Managementkomponenten mustergültig.

Einführung in Start-up-Leadership

Im Vorkapitel wurden das Narrativ und seine Entstehung analysiert – und die Fähigkeit von Führungskräften, während dieses vierten Industriezeitalters unternehmensweit außergewöhnliche Energie zu verbreiten.

Kann das Industriesystem diesen Impuls jedoch nicht übertragen, wird dessen Energie verpuffen. Start-up-Leadership reagiert auf die Notwendigkeit, in der Betriebspraxis einen Spiegeleffekt zu erzeugen, der dem Ehrgeiz und der Energie entspricht, die der Spitzenmanager ins Spiel gebracht hat. Sie ist System und Managementmentalität zugleich und fördert Kreativität und Eigeninitiative, indem den Teams mehr Verantwortung übertragen wird. Dabei findet regelmäßiges Coaching statt, damit sich jeder Einzelne weiterentwickeln und mit der Unternehmensmission in Einklang stehen kann. So soll jedem Team (wie in den meisten erfolgreichen Startups) eine Einstellung vermittelt werden, die es allen ermöglicht, im Dunstkreis eines inspirierenden Projekts immer wieder positive Energie freizusetzen, begleitet von hochflexiblen Feedback-Mechanismen.

Doch in der Industrie genügt es nicht, eine Start-up-Mentalität mitzubringen. Es muss darüber hinaus unbedingt sichergestellt sein, dass das System insgesamt kohärent ist, damit jeder zur Generierung von kollektiver Intelligenz beiträgt. Eine Studie der *Industry Week* von 2016 belegt, dass Führungskräfte aus der Industrie Fortbildungen in Führungsstrategien, Leistungsüberwachung und Fachkompetenzen als die drei maßgeblichen Voraussetzungen für die Attraktivität eines Unternehmens erachten. Das deutet auf ein ganz neues Managementmodell (Organisation, Rollen und Zuständigkeiten, Leistungsindikatoren, Problemlösungsmethoden, Agenda und Zeitmanagement) hin, aber auch auf ein neues Managerverhalten auf der Grundlage einer ganz neuen Form von Führung.

Vom Pyramidensystem zur Herrschaft des Kaizens

Die moderne Industrie entwuchs Anfang des 20. Jahrhunderts weitgehend ihren Kinderschuhen – im Dunstkreis großer Persönlichkeiten wie Édouard Michelin oder Henry Ford. Sie prägten ihre Sektoren durch außergewöhnliche Visionen und die Fähigkeit, große Teams durch „Lenkungsmethoden" zu motivieren. Es war eine Ära der großen Visionäre, die es verstanden, Menschen zu führen. Ihr System war per definitionem seinem Wesen nach pyramidenförmig. Sämtliche Entscheidungen wurden auf den obersten Stufen getroffen, die Ingenieure entwickelten Betriebsstandards und die ausführenden Teams richteten sich danach. Ab den 1960er-Jahren revolutionierte das Toyota-System dieses Modell. Doch entgegen dem, was die direkten Konkurrenten des Unternehmens seinerzeit glaubten, hatten die Aktivitäten, die Toyota seinen entscheidenden Vorteil verschafften, nicht von Haus aus mit Just-in-time, Standardisierung oder einem kompletten Spektrum an konkretem Handwerkzeug zu tun. Der Erfolg beruhte vielmehr auf den Managementmethoden. Das Toyota-System stützt sich auf Optimierung nach dem Bottom-up-Konzept. Jeder Kopf im Unternehmen ist mit der Mission betraut, Probleme zu lösen. Das wurde später auch als Kaizen oder „kontinuierliche Verbesserung" bezeichnet. Die Rollen der Manager veränderten sich in diesem System erheblich. Neben den üblichen hierarchischen Aspekten und einer Vision waren ferner Teammanagement-Kompetenzen und Problemlösungsprozesse erforderlich, zu denen alle Beschäftigten opportunistisch beitragen konnten, indem sie über die Probleme sprachen, mit denen sie konfrontiert waren, und sich an der Lösung beteiligten. Das Toyota-System brachte es mit sich, dass die gewerblichen Mitarbeiter im Grunde in den Betrieb des gesamten Unternehmens einbezogen wurden. Dem lagen Charisma sowie die Führungsqualitäten weniger Einzelner zugrunde – eine Form der „Herrschaft des Kaizens", in der alle zur Verbesserung beitragen.

Die wichtigsten Gemeinsamkeiten zwischen dem in der zweiten industriellen Revolution vorherrschenden Fordismus und seinem Nachfolger, dem Toyotismus, bestanden darin, dass beide Systeme ausgesprochen robust waren und ein Managementverhalten voraussetzten, das den Grundprinzipien des Systems entsprach. Ganz konkret forderte der Toyotismus beispielsweise, dass besonderer Wert auf Leistungsmanagement und häufige Leistungsprüfungen auf allen Ebenen gelegt wurde, dass Manager einen Großteil ihrer Zeit in den Fabrikhallen verbrachten, um sich selbst ein Bild zu machen, und dass jeden Tag Sitzungen anberaumt werden mussten, um leitende Führungskräfte in die Problemlösung einzubinden. Dadurch war das System so beschaffen, dass es dem Management half, aus den Teams vor Ort das Bestmögliche herauszuholen. Doch das alles war bedeutungslos, wenn die Manager bei diesen Ritualen nicht die richtige Einstellung an den Tag legten und ihre Agenda nicht so anpassten, dass systematische Mitwirkung sichergestellt war. Darüber hinaus mussten sie präzise sein und sich auf das Hier und Jetzt fokussieren, indem sie bei solchen Interaktionen eine Haltung zeigten, die maximal angepasst und vorbildhaft war, um auf jeden Fall die partizipative Dimension zu fördern und dabei die Fähigkeit jedes einzelnen Teammitglieds weiterzuentwickeln, bestmögliche Lösungen herbeizuführen.

Ein deutlicher Unterschied zwischen den beiden Organisationsmodi: Der Fordismus blieb ausgesprochen auf sich bezogen, während sich der Toyotismus viel offener zeigte. Erklärbar war dies durch das Prinzip, für enge Zusammenarbeit mit Kunden und Zulieferern zu sorgen, um mehr Einheitlichkeit zwischen Modellen und Standorten zu erreichen und dadurch die Effektivität des Just-in-time-Systems zu maximieren. So oder so, technischer und beruflicher Wandel verlangten eine stärkere Spezialisierung der Support-Funktionen, die entsprechende Silostrukturen entwickelten. Damit entfernte sich das System von seiner ursprünglichen Mission, die darin bestand, der gesamten Produktionsfunktion zu dienen.

Führung im Start-up-Modus:
Ein neues Managementsystem

Revolution im Start-up-Modus
Gleich mehrere maßgebliche Veränderungen haben Fragen aufgeworfen, die ganz oder teilweise beide Systeme betreffen, die im 20. Jahrhundert aufkamen. Erstens fühlen sich jüngere Generationen in einem egozentrischen Überbau nicht mehr wohl, denn dieser lässt wenig Raum für Unternehmergeist. Auch der Digitalisierungsboom hat sich ausgewirkt: Heutzutage kommunizieren die meisten Beschäftigten laufend in Echtzeit mit der Außenwelt. Früher übten überdimensionale Support-Funktionen oder Leitungsgremium quasi das Machtmonopol aus, das inzwischen auf Frontline-Teams (Teams an vorderster Front) übergegangen ist. Informationen und Daten fließen heute stets von unten nach oben. Ansonsten hat es

der exponentielle technische Fortschritt fast unmöglich gemacht, alle die verschiedenen Arten von Know-how vollständig zu kontrollieren, die bei den verschiedenen an der Wertschöpfungskette Beteiligten vorliegen, ganz gleich, wie stark diese integriert sind. Managementsysteme und -verhaltensweisen mussten sich daher einmal mehr anpassen, um den Austausch von Informationen noch zu beschleunigen. Die einzige Lösung, um diesen neuen schnelleren Austausch möglichst umfassend auszunutzen: Viele der Entscheidungen, die früher allein das Management traf, müssen auf die Frontline-Teams übertragen werden. Die Teams stehen ständig in Echtzeit in Kontakt mit den Kunden, Zulieferern und Partnern des Unternehmens. Sie sind daher ideal positioniert, um die Ausführung im Tagesgeschäft zu übernehmen. Mehr Verantwortung an die operativen Teams zu delegieren ist daher im Zusammenhang mit Start-up-Leadership ein großes Thema. Ziel ist dabei, alle dazu zu bringen, das Narrativ des Chefs zu verinnerlichen. Damit das passiert, muss jedoch das Bewertungssystem zunächst verschiedene Veränderungen durchlaufen.

Durch die Digitalisierung beschleunigtes Leistungsmanagement

Die erste dieser Transformationen beinhaltet den Einsatz der Digitalisierung, um die Übertragung und Integration von Informationen über das Leistungsmanagement zu beschleunigen. Digitalisierung bedeutet, dass Alarmsignale der Teams ans Management oder an die Support-Funktion schneller übermittelt werden. Informationsschleifen, die früher einen Tag in Anspruch genommen hätten, bis ein Qualitätsproblem oder der Ausfall einer Fertigungsstrecke weitergemeldet worden wären, können dank des digitalen Andon-Systems heute in Echtzeit erfolgen. Außerdem können sie mithilfe flexibler Arbeitsabläufe an die richtige Person mit der richtigen Befugnis auf der richtigen Entscheidungsebene dirigiert werden. Besuche von Managern in der Fabrik (Rituale, welche die besten aus dem Toyotismus abgeleiteten Systeme strukturieren) werden ebenfalls digitalisiert, was den enormen Vorteil hat, dass in Echtzeit reagiert werden kann, wenn dabei etwas auffällt. Die entsprechenden Informationen können mehreren Ebenen und Funktionen gleichzeitig übermittelt werden und es können die notwendigen Maßnahmen oder Entscheidungen getroffen werden. Ferner wird sichergestellt, dass die täglichen Besuche vor Ort gezielter erfolgen. Erfolgskontrollen (einschließlich der nicht minder wichtigen Maßnahmen zur Teammotivierung) profitieren davon – sowohl durch das visuelle Management von Indikatoren, die direkt von vorderster Front kommen, aber und vor allem auch durch eine bessere Verfolgbarkeit von Maßnahmen anhand kollaborativer Tools für gemeinschaftliches Vorgehen.

Schlussendlich werden Probleme dadurch schneller gelöst (und die Problemlösung ist im Streben nach kontinuierlicher Verbesserung von grundlegender Bedeutung), weil Informationen, die Maschinen über das Internet der Dinge übermitteln, präziser sind. Hinzu kommt eine effizientere Datenanalyse, die wiederum bewirkt, dass sich bestimmte Maßnahmen besser in der Zusammensetzung der Teams widerspiegeln, die sie durchführen sollen. So können Teams mithilfe digitaler Kalender-Organisationstools konkret alarmiert und zur Handlung aufgefordert werden. Außerdem bedeutet Digitalisierung auch, dass der Informationsaustausch mit Kunden optimiert wird, die Zugriff auf Elemente erhalten können, die auf Änderungen von Bestellungen oder Anfragen Bezug nehmen, was die transaktionsbezogene Auslastung der Support-Funktionen ein Stück weit verringert. Auch der Informationsaustausch mit Partnern oder Subunternehmern wird verbessert. Diese profitieren verstärkt von einer klareren Vorstellung von den langfristigen Bedürfnissen, zu deren Befriedigung sie aufgefordert werden – eine Transparenz, die die gesamte Ablaufeffizienz steigert. Letztlich kann die Prozesssteuerung sehr einfach und visuell erfolgen, indem ein elektronisches Kamishibai-Prinzip zur Anwendung kommt – ein visuelles Tablet mit grünen Labels auf der einen und roten Labels auf der anderen Seite, das sicherstellt, dass jeder Manager auf einen Blick prüfen kann, ob seine Routineaufgaben erledigt wurden. Mehr Vertrauen in die eigene Kontrolle der täglichen Ausführung erleichtert es, alle Akteure in einer Betriebskette aufeinander abzustimmen, seien es Fabriken, Logistikzentren oder die gesamte Lieferkette.

Definition der Rolle eines 4.0-Architekten zur Sicherstellung übergreifender Kohärenz

Die zweite Transformation besteht in der Einrichtung einer Struktur zur Kohärenzüberwachung, in der das Management die komplette Verantwortung für die Ermittlung und Ermöglichung der Umsetzung erfolgreicher Integrationslösungen übernimmt. Der „Proof of Concept" (POC) macht es möglich, die Energie der Frontline-Teams lokal voll auszuschöpfen und auf dieser Grundlage innovative Tools im Rahmen einer Art Kaizen 4.0 einzuführen. Der Nachteil: Werden solche Initiativen nicht kanalisiert, ist es schwer, sie anderswo zu replizieren. In diesem Fall muss das Management Abweichungen im System beziehungsweise die Entstehung von Einheiten vermeiden, die nichts mehr gemein haben. Digitalisierung ist auch kein Allheilmittel. Digitalisierte Verschwendung schadet der Wertschöpfung ebenso wie manuelle Verschwendung. Trotz der gewaltigen Zahl von Lösungen zur Digitalisierung von Prozessen, die es heute gibt, ist es gar nicht so einfach, diejenige ausfindig zu machen, die sich für eine bestimmte Organisation oder einen Unternehmenskontext am besten eignet. Ganz im Gegenteil, ohne maßgebliche Trenderkennungsfunktion, die stets nach Parteien Ausschau hält, welche Lösungen liefern könnten – auch solche, die die Steuerung, das Management und die Zusammenarbeit verschiedener Teams beinhalten –, ist das fast unmöglich. All diese Befugnisse manchen eine neue Unternehmensfunktion erforderlich, nämlich den Architekten 4.0. Die Einrichtung dieser Funktion wird jedoch zur Herausforderung, da das damit verbundene Profil eine Kreuzung aus digitaler und operativer Sachkunde auf der einen und Changemanagement auf der anderen Seite ist.

Die neue Rolle der Support-Funktionen

Die dritte Transformation bezieht sich auf die Support-Funktionen und ihre Rolle. Mehr Verantwortung und Autonomie der einzelnen Teams erfordern weitreichende Veränderungen der Rolle, die manche dieser Funktionen übernehmen. Dürfen sich Frontline-Teams beispielsweise selbst managen und eigene Einstellungsprozesse einsetzen, ist schwer vorstellbar, wie sich das Endergebnis automatisch in die HRM-Maßnahmen des Unternehmens einfügen wird – und ebenso wenig, welche Folgen das für die derzeit für Einstellung und Personalentwicklung zuständigen Personen hat. Die Rolle des Personalwesens hat sich weiterentwickelt. Seine Funktion ist heute stärker auf Förderung ausgerichtet als auf Vorschriften, was organisationsweit so etwas wie operationelle Einheitlichkeit garantiert. Ein zweites Beispiel dafür könnten Maschinenführer sein, die über digitale Schnittstellen zunehmend mit sämtlichen Unternehmenssystemen vernetzt sind und dadurch direkten Zugriff auf Informationen haben, die früher aus der Technik-, Methoden-, Qualitäts- oder Logistikabteilung übermittelt wurden. Heute ist es möglich, dass die oder der Betreffende Arbeiten untervergeben kann oder aber Informationen direkt vom Endnutzer bezieht – alles Datenflüsse, die in der Vergangenheit von Mittelsleuten auf Support-Funktionsebene gesteuert wurden, unter anderem aus Teilbereichen wie dem Vertriebsinventar, der Lieferkette, der Planung oder der Lagerhaltung.

Durch diese Veränderung verlieren die Support-Berufe ihre transaktionale Bedeutung in Form der Übermittlung von Informationen und der Festlegung betrieblicher Standards. Sie sind neuerdings Teil des Kompetenzwandels und widmen sich der Erkennung technischer Trends und allen voran der kontinuierlichen Verbesserung des Systems, indem sie Kernfunktionen ergänzen, um Probleme an der Basis zu bewältigen. Die Problemerkennung mag ein Bereich sein, der relativ rasch digitalisiert wurde, doch um die Geschwindigkeit zu steigern, in der die erkannten Probleme gelöst werden, ist noch einige Anstrengung erforderlich. Damit sind sowohl entsprechende Tools gemeint als insbesondere auch Veränderungen von Kompetenzen und Einstellungen, vor allem in Support-Funktionen wie industrielle Instandhaltung oder IT, Qualitätssicherung, Methodik oder Technik – Funktionen, deren Rollen als „Experten" und „Support" für die Problemlösung für das gesamte industrielle System zum Engpass geworden sind. Erfolgen diese beiden Änderungen (bei Tools und Einstellungen) nicht parallel zueinander, besteht für die Funktionen eine ernsthafte Gefahr der Überlastung und der Demotivierung.

Zugriff auf gefragte Kompetenzen durch Öffnung nach außen

Viertens müssen sich Unternehmen mehr denn je für gezielte Partnerschaften öffnen. Wollen Führungskräfte beispielsweise ihren Ansatz, sich zum „Coach" für die Frontline zu entwickeln und „Support" zu leisten, wirklich verändern, müssen sie unbedingt dazu in der Lage sein, die Auswirkungen neuer Technologien wie kollaborativer Robotisierung oder 3D-Druck richtig einzuschätzen. Laufende Weiterbildung in „New Tech"-Sektoren ist heute unverzichtbar und beinhaltet entweder die bisherigen Lernwege oder, und das häufiger, Tech-Labore, die die Technologien, die in der Organisation getestet oder implementiert werden, in Echtzeit nutzen und Unterlagen, Lehrpläne und interne gemeinschaftlich genutzte Ressourcen bereitstellen, die die Teams zu Schulungszwecken nutzen können. Auf dieser Ebene wird es unabdingbar, sich mit hochwertigen lokalen Kompetenzzentren zu umgeben – zusammen mit anderen örtlichen Unternehmen, Niederlassungen oder Einrichtungen. Noch ein weiteres Beispiel in Bezug auf ganz gezielte Technologien ist, wie schwierig es manche Unternehmen finden, die benötigten Kompetenzen aufzutreiben – ob intern oder im umliegenden Ökosystem. Ein Beispiel dafür wären die Datenwissenschaftler, eine relativ knappe Ressource, die im digitalen Sektor weitgehend vom Markt gefegt wurde. Deshalb ist es so wichtig, Partner zu finden, die im Rahmen

Abbildung 3.15 **Das Start-up-Leadership-System**

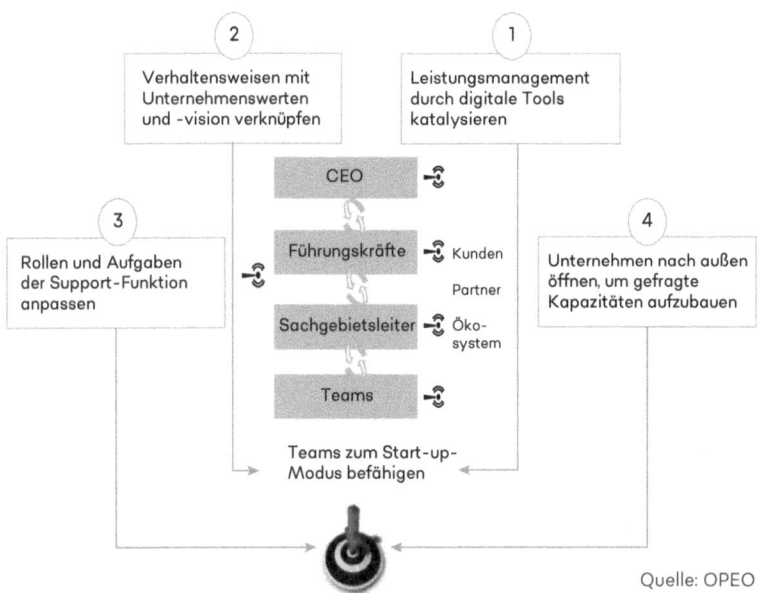

Quelle: OPEO

einer langfristigen Beziehung Ad-hoc-Unterstützung leisten können, um so die gemeinsame Nutzung gefragter Kompetenzen zu
ermöglichen (Abbildung 3.15).

Führung im Start-up-Modus:
Neues Managementverhalten

Die wichtigste Voraussetzung für die Anpassung eines Manage-
mentsystems ist aber das Verhalten des Chefs. Der Übergang von
einer Ära kontinuierlicher Verbesserung in eine des laufenden
Bottom-up-Managements erfordert einen kompletten Umbau der
Agendas, Einstellungen und Tagesabläufe von Spitzenmanagern.
Der Führungsnachwuchs muss diese Rolle mit der eines Coachs
kombinieren und mindestens vier Funktionen mehr übernehmen
als seine Vorgängergeneration (Abbildung 3.16).

Der Topmanager als Coach Start-up-Chefs setzen Coaching
als Methode ein, um die technischen Kompetenzen der Zukunft
und auch die menschlichen Kompetenzen zu entwickeln, die für

Abbildung 3.16 **Das neue Verhalten von Start-up-Führungskräften**

Trainer
„Mannschaftsführer"

Macher
„Vorbild in der Praxis"

Herausforderer
„Prioritäten, Wagemut, Leistungsmessung"

Pfadfinder
„Vision"

Coach
„Personalentwicklung"

Impulsgeber
„Bindeglied, Problemlösung"

Quelle: OPEO

Beziehungsintelligenz erforderlich sind. Sie lassen den Teams Handlungsfreiheit und eröffnen ihnen alle Möglichkeiten, ihr volles Potenzial zu entfalten. Das beginnt mit einer Frontline-Mentalität, in deren Rahmen „Testen und Lernen" gefördert wird und jeder das Recht hat, Fehler zu machen. Dazu gehören auch eine von Neugier geprägte Grundhaltung sowie Unterstützung bei täglichen Interaktionen mit den Teams. In ihrer Rolle als Coach setzen solche Führungskräfte konstruktives Feedback ein, um den Parteien, die sie bei Besuchen vor Ort beobachten, regelmäßig Input zu geben. Zu diesem Zweck planen sie gezielt Zeit ein, um die einzelnen Teammitglieder aktiv zu beobachten – jedes für sich oder in Gruppen. Darauf entfallen im Allgemeinen etwa 30 Prozent der vor Ort verbrachten Zeit. Um sicherzustellen, dass die dem Team erteilten Ratschläge und Feedback auch zielführend sind, muss der Coach selbst über neue Technologien im Bilde sein.

Der Topmanager als Herausforderer Start-up-Manager gehen gezielt gegen die Abkapselung einzelner Funktionen vor, indem sie Leistung managen und dabei global denken, aber lokal handeln.

Sie stellen regelmäßige Leistungsbeurteilungen der verschiedenen Berufe und Funktionen in der Wertschöpfungskette sicher, beteiligen sich aktiv an den Bewertungen und drängen all die verschiedenen Funktionen zur Entwicklung von Win-win-Lösungen. Insbesondere tragen sie Sorge, dass Daten reibungslos im System verbreitet werden, damit alle Abteilungen vollumfänglich davon profitieren – ob interne oder kunden- und partnerbezogene Daten. Sie steuern den Datenverkehr auch so, dass dem Unternehmergeist und der Transparenz in verschiedenen Funktionen Vorschub geleistet wird, sodass gemeinschaftlich optimale Lösungen entwickelt werden können.

Der Topmanager als Impulsgeber Start-up-Manager strukturieren und fördern die Problemlösung. Sie spielen eine tragende Rolle bei der Ursachenforschung und der Umsetzung systemischer Verbesserungen. Sie stellen sicher, dass Entscheidungen auf Fakten beruhen, denen belastbare Daten zugrunde liegen. Sie nehmen nicht nur die Problemlösungsmethodik kritisch unter die Lupe, sondern auch die Geschwindigkeit, mit der Maßnahmen ergriffen werden. Sie arbeiten im Tagesgeschäft auf maximale Reaktionsfähigkeit hin und sorgen dafür, dass keine Entscheidung verschleppt wird, weil es zu Blockaden im Leistungsüberwachungssystem kommt. Faktisch beweisen sie außergewöhnliche Beharrlichkeit und wenden laufend Kraft für den Kampf gegen Trägheitsursachen auf.

Der Topmanager als Macher Mehr denn je müssen Start-up-Manager den globalen Aspekten lokaler Initiativen tieferen Sinn geben. Die Digitalisierung ist eine mächtige Triebkraft für Bottom-up-Initiativen, die für alle sinnstiftend sein können. Gleichzeitig erhöht sie aber die Gefahr einer Abweichung von der übergeordneten Strategie. Neben der Entwicklung eines Narrativs müssen Führungskräfte auch im Alltag durch ihr Verhalten zeigen, dass sie begriffen haben, in welchem Zusammenhang die Ergebnisse der Mitarbeiter vor Ort mit ihrer Vision stehen – und wie diese dazu beiträgt, die verschiedenen Handlungsfäden zusammenzuführen.

Konkret ist damit eine regelmäßige Beobachtung des kollektiven Verhaltens verbunden, um sicherzugehen, dass sich die Unternehmenswerte korrekt in die täglichen Erfahrungen der Teams übersetzen. Hinzu kommt, dass das Transformationsprogramm den Teams fortlaufend und systematisch im Hinblick auf seine vier zwangsläufig verflochtenen Aspekte nahegebracht wird: Strategie, Technologie, CSR und HRM. Macher legen in der Praxis eine aufgeschlossene Einstellung an den Tag und versuchen, aufzuklären. Ihr Verhalten ist beispielhaft, und sie unterstützen alle lokalen Initiativen, ohne dabei ihre Werte zu kompromittieren oder langfristig an Belastbarkeit zu verlieren.

Was wir von Tesla lernen können

Das Besondere an Elon Musk: Er verkörpert die perfekte Kreuzung zwischen der alten und der neuen Welt. Als visionärer Unternehmenschef und Coach bleibt er stets fokussiert, ganz gleich, wie schlimm eine Krise wird. Das vermittelt nicht nur seinen Teams Sicherheit, sondern auch seinen Investoren – selbst wenn seine Projekte regelmäßig zu scheitern drohen und Musk nur selten die Zeitpläne einhält, die er selbst aufgestellt hat. Das hatte für ihn selbstredend immer weniger Priorität als der Gedanke an Energie und Bewegung. Musk hält seine Leute wirklich *immer* dazu an, nach höheren Zielen zu streben.

Oft stellt er sie dafür vor Herausforderungen. „Nein" ist für Musk nie eine gute Antwort, und er kann unglaublich hartnäckig sein, wenn er etwa in Bezug auf die Produktfunktionalität oder die Customer Journey Ergebnisse sehen will – nachdem er häufig jedes Detail genauestens unter die Lupe genommen hat. Doch vor allem weil er so unglaublich anspruchsvoll ist, gelingt es Tesla so gut, sich durch seine Produkte aus dem Wettbewerb herauszuheben.

Als visionärer Chef gleicht Musk seine Härte durch die Fähigkeit aus, seine Teams zu inspirieren. Die meisten Tesla-Beschäftigten sagen, es sei schwer, mit ihm zu arbeiten, weil er ständig alles hinterfrage (womit er sein berühmtes oberstes Prinzip befolgt).

Gleichzeitig sind sie aber stolz darauf, für ihn zu arbeiten, die Mission des Unternehmens umzusetzen und erstklassige Produkte herzustellen.

In seiner Funktion als Impulsgeber versucht Topmanager Musk stets, in seinem Team Leute aus verschiedenen Funktionen zusammenzuspannen. So ist beispielsweise seine IT-Abteilung vollständig über seine Fabrikanlagen verstreut, damit Arbeiter wie Angestellte im Tagesgeschäft zusammenwirken. Bei Tesla arbeitet der Schweißer mit dem vergeistigten Computerspezialisten aus dem Silicon Valley zusammen, der einen Abschluss von einer US-Eliteuni hat. So ist es Tesla gelungen, die Crashtest-Zertifizierung für sein Model 3 in weniger als einem Jahr durchzuziehen. Andere Autobauer brauchen dafür bis zu vier Jahre. Diese Fähigkeit zur Verkürzung der Produkteinführungszeit wird durch Musks Persönlichkeit noch verstärkt – und ebenso durch die laufende Bezugnahme auf sein oberstes Prinzip. Er stellt ständig den Status quo, die Einschränkungen und Fristen infrage, die in der Autoindustrie generell als Standard gelten.

In seiner Rolle als Unternehmenschef ist Musk Macher und Coach zugleich und fördert grundsätzlich horizontales Verhalten. Er ist ständig in den Tesla-Werken unterwegs und lässt sich in der Fabrikhalle ebenso blicken wie in der Technikabteilung. Er hat gern direkt Kontakt zu seinen Teams, die er täglich vor neue Herausforderungen stellt. Seine ihm direkt unterstellte Führungsmannschaft ist zu ebenso horizontalem Vorgehen angehalten.

FRAGEN, DIE SICH JEDER SPITZENMANAGER STELLEN SOLLTE

- Widme ich meiner Weiterbildung in „New Tech" genügend Zeit? Habe ich meine Kompetenzen in diesem Bereich in diesem Jahr schon erweitert?
- Erkenne ich in meinem Wirkungsbereich Probleme und Verbesserungsvorschläge schnell genug? Treibe ich die Digitalisierung stark genug voran, um den Fluss der Informationsverarbeitung zu beschleunigen?
- Sind wir ausreichend digitalisiert, um den Betrieb in Echtzeit im Managementalltag visuell zu steuern?
- Fördere ich ausreichend wechselseitige Unterstützung und Transparenz im Tagesgeschäft der Menschen an den Schnittstellen der Organisation?
- Sind die Teams in multidisziplinären Problemlösungsansätzen geschult?
- Setze ich mich ausreichend für die Massennutzung von Daten ein – das Eldorado des 21. Jahrhunderts?
- Reagieren meine Teams schnell genug, um Probleme an der Wurzel zu packen?
- Verbringe ich über 20 Prozent meiner Zeit vor Ort, beobachte meine Mitarbeiter und hole konstruktives Feedback ein? Vergesse ich bei solchen Visiten manchmal, dass ich der Chef bin, und verhalte mich wie ein Coach?
- Lassen sich die Unternehmenswerte leicht in konkrete Verhaltensweisen umsetzen? Nehme ich mir genug Zeit, um Gruppenverhalten zu beobachten und meinen Leuten Feedback zu ihrer Werteorientierung zu geben?
- Gehe ich mit gutem Beispiel voran, indem ich gelegentlich selbst Projekte leite oder Teams im Zusam-

menhang mit bestimmten, ganz spezifischen Beispielen engagiert persönlich fordere?

INTERVIEW MIT THYSSENKRUPP PRESTA FRANCE

*„Ein Highlight des Start-up-Managements, tief ver-
borgen in den Eingeweiden der Industrie von gestern"*

ThyssenKrupp Presta France betreibt eine ultramoder-
ne Fabrik inmitten einer von Koksöfen und Schornstei-
nen geprägten Landschaft. Das Unternehmen ist in der
Lenksäulen- und Zahnstangenantriebssparte global
führend und genießt einen herausragenden Ruf als Zulieferer von Premiummarken in Europa und aller Welt.
Als Unternehmensbereich von ThyssenKrupp Steering,
das jedes vierte Auto weltweit ausrüstet, ist Thyssen-
Krupp Presta France eine großartige, in der Öffentlichkeit aber weitgehend unbekannte Erfolgsstory. In einer
Region angesiedelt, die vor allem für Arbeitskämpfe bei
ThyssenKrupp Steerings berühmtem Nachbarn aus der
Stahlproduktion bekannt ist, ist die Fabrik ein Paradebeispiel für die ewige Resilienz pragmatisch und mit
langfristiger Perspektive gemanagter Industriemodel-
le. Der Standort selbst, ursprünglich ein Kaltumfor-
mungsbetrieb, hat sich mehrfach gewandelt, bis hin zu
seiner neuesten Manifestation als Highspeed-Herstel-
ler von Lenksäulen und Zahnstangenantrieben mit
hochmodernen und immer stärker automatisierten
Fertigungsstraßen, die in drei Werken betrieben werden.
Das Unternehmen hat inzwischen knapp 1.200 Beschäftigte und erwirtschaftet über 600 Millionen Euro Umsatz.

Intern gilt der Standort aufgrund seiner Effizienz und seiner Betriebsstabilität vielfach als Maßstab für die ganze Gruppe.

Ein auf Führungsmodi ausgerichteter Transformationsplan

Nicolas Jacques, Leiter des Nordwerks, wurde 2004 vom Unternehmen eingestellt. Im nachstehenden Transkript gibt er zusammen mit Mathieu Fiacre (einem Schichtmeister) und Sandrine Trognon (Mitarbeiterin in der Produktion) gleich den Ton vor, indem er es als größten Erfolg einer Führungskraft bezeichnet, wenn diese vom eigenen Team hinterfragt wird – wenn zum Beispiel von Mitarbeitern andere Lösungen vorgeschlagen werden als die vom Chef als die bessere propagierte. Fiacre und Trognon äußern sich ähnlich. Sie berichten beide von selbst erlebten Teamerfolgen. Trognon erzählt zum Beispiel: „Ich erinnere mich an unseren Rekord auf Linie 1086, als wir alle an einem Strang zogen."

Zur Entstehung des Projekts sagt Jacques: „Was der Dynamik hier zugrunde liegt, ist ein ständiges Infragestellen. Wir wollen uns in eine zukunftsfähige Industrie verwandeln, und einiges ist bereits in Gang gebracht worden. Vor drei Jahren merkten wir, dass unsere leitenden Manager in der Produktion bereits zu sehr damit beschäftigt waren, Brände zu löschen, keine guten Beziehungen zu anderen Servicebereichen unterhielten und nur wenige Leute hatten, die kontinuierliche Verbesserungen förderten. Wir waren uns sicher, dass darunter auf lange Sicht die Nachhaltigkeit des Systems leiden würde. Anfangs hielten wir das Ganze für ein rein verhaltensbedingtes Problem. Doch dann führten wir eine Diagnose durch und erkannten: Selbst wenn das

Verhalten verbessert und angepasst werden konnte, so war das System trotzdem noch nicht dort, wo wir es haben mussten, damit alle erfolgreich sein konnten. Daraus entstand unsere Initiative CIBLE (‚Ziel'), die harmonisieren soll, wie leitende Manager arbeiten, und sie gleichzeitig in ihrer Managementfunktion unterstützen und ihnen genügend Spielraum verschaffen soll, um den Überblick zu behalten." Für ein Unternehmen, das bis 2020 in der Produktion von Lenksäulen global den Ton angeben wollte, war das eine große Sache. Die Verbesserungsziele waren ehrgeizig: Verringerung von Qualitätsmängeln um 50 Prozent, Steigerung der Produktivität um fünf Prozent. Das alles übersetzt sich in konkrete Ziele, die sich auf Fiacres und Trognons Tagesgeschäft auswirken. Fiacres Eindruck: „CIBLE soll tägliche Probleme schneller lösen und auch kleinste Verwerfungen beseitigen, um die Maschinenleistung zu maximieren und allem Rechnung zu tragen, was hinter den Kulissen passiert." Trogon verweist lieber auf die Kooperationsziele der Teams: „Für mich ist das oberste Ziel von CIBLE, den Beteiligten zu helfen, die Situation in ihrem eigenen Team, aber auch in anderen Teams besser zu analysieren, wiederkehrendes Verhalten zu verstehen und Gemeinschaftssinn zu entwickeln. So sind alle auf derselben Wellenlänge."

Start-up-Leadership – eine greifbare Veränderung von Verhalten und Managementsystemen

Jacques sieht die Hauptwirkung des Projekts darin, dass die Teams kompromissloser geworden sind, während gleichzeitig eine deutliche Verhaltensänderung erreicht wurde. „Zunächst haben wir versucht, unsere Werte in das Alltagsverhalten einfließen zu lassen, das wir beobachten konnten. Ein Wert wie

„Handeln, als wären Sie allein" bedeutete beispielsweise, dass man dem übrigen Team Respekt erwies, indem man sich an Zeitvorgaben für Leistungsrituale hielt und jedem aktiv zuhörte, der sich bei Überprüfungen vor Ort äußerte. Wenn ich heute die Fertigungsstraßen besuche, verschafft es mir die größte Befriedigung, wenn ich sehe, dass alle Rituale genauso ausgeführt werden, wie es sein sollte – denn das bedeutet, dass wir eine größere Zahl konkreter Probleme bewältigen können." Darüber hinaus stellt Jacques fest, dass leitende Manager mehr denn je ihre eigenen Regeln machen. „Heute stehen sie in der Verantwortung für ihren Bereich, wenn der Chef nachfragt. Sie bestimmen eigenständig über Aktionspläne oder auch in Verbindung mit Support-Funktionen – und selbst gegenüber Unternehmensfremden." Diese Verhaltensänderung wurde dadurch herbeigeführt, dass das Managementsystem „horizontalisiert" wurde. Die Bottom-up-Kaskadenstruktur bei der Verteilung von Zuständigkeiten stellt die gesamte Organisation auf den Prüfstand, allen voran die Beziehungen der Einzelnen zu Support-Funktionen wie Wartung und Instandhaltung. Heute fühlen sich alle Akteure als Teil eines Teams, das Probleme löst. Es sind Foren eingerichtet worden, auf denen sie sich äußern können. Und das veränderte Verhalten der leitenden Manager hat sich positiv auf die Bereitschaft der Beschäftigten ausgewirkt, unternehmerisch zu denken." Trognon fühlt sich heute weit stärker einbezogen als früher. „Nun bekommen wir Antworten auf jede noch so unwichtige Frage, die sich regelmäßig stellt – etwa, warum eine Maschine ausfällt, wohin die Wartungsteams verschwunden sind oder was die Leute als Nächstes vorhaben. Das alles baut Irritationen ab." Doch Trognon spricht auch eine Veränderung beim Engagement der leitenden Manager an. „Bringen sich leitende Manager ein, lassen sich Probleme viel schneller lösen." Fiacre verweist noch auf die erweiterte Zusammenarbeit und Kultur des Austauschs zwischen den verschiedenen Funktionen. „Wenn heute ein Problem auftritt, ist das für alle sichtbar, und jeder fühlt sich unmittelbar verantwortlich. In der Vergangenheit ging das viel langsamer." Seiner Ansicht nach lässt sich der Effekt vor allem an den grundlegenden Indikatoren der Produktionseinheit abmessen. „Es sind effektive Verbesserungen bei Qualität, Termintreue und vor allem bei der Sicherheit erzielt worden."

Nachwuchsführungskräfte werden eher zu Generalisten ausgebildet als zu Feldherren

Für Jacques kommt es in der vierten industriellen Revolution besonders darauf an, dass Führungskräfte wissen, wohin sie ihre Leute führen sollen. „Macher im Management führen auf dieselbe Weise wie jemand, der eine Armee führt – sie reiten voraus, um Hinterhalte aufzuspüren und ihre Soldaten zu schützen –, aber auch als Vermittler einer Vision, die sicherstellt, dass ihre Leute im Alltag zielführend agieren." Seiner Ansicht nach ist Empathie die wichtigste Eigenschaft einer Führungspersönlichkeit. Sie muss „in der Lage sein, sich in andere hineinzuversetzen und meist im Voraus sagen können, was passieren wird ... um es anderen einfacher zu machen, an sie gestellte Anforderungen anzunehmen. So hatten leitende Manager beispielsweise früher Probleme, Leute zu finden, die freiwillig Überstunden machten, weil sie nicht so gut erklären konnten, warum das für das Unternehmen wichtig war. Heute fällt ihnen das weitaus leichter." Ansonsten finden Fiacre und Trognon beide, dass die Geschäftsleitung des Unternehmens ihr Bestes tut, ein gutes Vorbild abzugeben und eine klare mittelfristige Vision zu vermitteln. „Unser Oberboss erklärt uns jedes Jahr, womit er rechnet, welche Kunden wir in Zukunft beliefern werden und welche Produktlinien von uns erwartet werden."

Damit sich diese Vision in konkrete Ergebnisse übersetzt, muss eine Führungspersönlichkeit aber auch in der Lage sein, dem System Energie zuzuführen. Jacques sinniert darüber, dass der Mensch zum Zaudern neigt, wenn er die Möglichkeit dazu hat. „Menschen wehren sich grundsätzlich gegen Zwänge. Ein Team, das keinen Anführer hat, der die Leute mobilisiert und Dinge in Bewegung bringt, kann gut sein, aber nicht herausragend. Die wenigsten Teams haben wirklich die Fähigkeit, absolut autonom zu arbeiten, ohne dass sie gezielt animiert werden." Fiacre zufolge sind Führungskräfte, die als Impulsgeber fungieren, vor allem Menschen, die Probleme so schnell wie möglich lösen wollen. „Sie müssen es verstehen, umgehend Prioritäten zu setzen und größere Probleme zu eskalieren, damit Hürden so rasch wie möglich genommen werden können." Trognon hat ihre eigenen Vorstellungen von der langfristigen Entwicklung. Darin, dass „Beschleunigung" Teil der neuen Führungsmodelle ist, schlägt sich ihrer Ansicht nach automatisch nieder, wie sich alle nach 20 Jahren des unablässigen Umbruchs fühlen. „Früher haben wir am Fließband einfach Teile zusammengebaut. Heute geht das alles viel schneller. Die Aufgaben haben sich also tatsächlich verändert. Sie sind viel interessanter geworden, und das ist gut, denn mir macht die Arbeit mehr Spaß, wenn ich dabei etwas lerne." Das Hauptproblem auf dieser Ebene sei die Mentalität des Einzelnen. „Ich sage immer, ich bin zu allem bereit, was nötig ist, um Erfolg zu haben. Das bedeutet gewöhnlich, dass man sich mit Veränderungen anfreunden muss. Und dasselbe gilt auch für die Chefetage."

Doch was die persönliche Entwicklung angeht, herrscht im Team kein solcher Konsens. Fiacre findet, das Unternehmen tue sehr viel (und weit mehr als die meisten seiner Mitbewerber), um den Boden für künftige Kompetenzen zu bereiten. „So haben wir die ADAPT-Schulungsprogramme, die wirklich gut sind und uns mit Rollenspielen auf künftige Veränderungen vorbereiten. Das hat sich die Firma bestimmt einiges kosten lassen." In ihrer Coach-Funktion unterstützen Führungskräfte ihre Teams auch dabei, sich selbst infrage zu stellen und Veränderungen zu akzeptieren. Trognon ist auf diesen Trend aufgesprungen, sieht aber die größte Veränderung der kommenden Jahre im Nachrücken neuer Generationen, die eine ganz andere Arbeitseinstellung mitbringen. Für Jacques dagegen ist es eine Pflichtübung, Teams zu coachen – keine Kür. „Ich verbringe rund 20 Prozent meiner Zeit mit Teamentwicklung und erteile Feedback. Doch das ist eindeutig zu wenig." Er hat auch eine ganz eigene Auffassung von der Rolle einer Führungskraft in der Fabrik der Zukunft: „Letztlich sollte ich irgendwann für das System verzichtbar sein, denn meine Rolle ist es, dazu beizutragen, dass sich alle anderen weiterentwickeln." Jacques bedauert auch, dass sich das Managementteam des Standorts diesbezüglich generell nicht ausreichend einbringt, ob in Bezug auf den Zeitaufwand oder die eingesetzte

Methodik. „Man muss lange zuhören, und wir sind noch längst nicht am Ziel." Sein Eindruck ist ganz allgemein, dass das Modell vom großen Feldherrn überholt ist – und sei es nur, weil die Fabrik der Zukunft viel stärker automatisiert ist und daher Fachleute und Führungskräfte erfordert, die zuhören und sich anpassen können, das Gesamtbild nicht aus den Augen verlieren und ihren Teams helfen, die richtigen Entscheidungen zu treffen.

Kurz, die Führungskräfte der Zukunft werden andere fordern. Doch wie Jacques es sieht: „Sie werden da sein, um die Chakren ihrer Leute zu öffnen." Zu diesem Zweck werden jedoch Silos eingerissen und Einstellungen angepasst werden müssen. „Manche werden ausschließlich Moderatoren ihrer Teams sein, doch ich glaube, die Führungskraft der Zukunft wird über eine globale Vision verfügen und stets die optimale Entscheidung für das Unternehmen treffen, indem sie von A bis Z alle Abläufe fördert und unterstützt." Fiacre pflichtet ihm bei. „Ich hatte einen großartigen Chef, der mit sämtlichen Support-Funktionen, der Außenwelt und seiner eigenen Berichtslinie zusammenarbeiten konnte, um dafür zu sorgen, dass es voranging." Trognon behauptet, ein Moderator sei auch stets irgendjemandes direkter Vorgesetzter, also die Person, die Verantwortung für Probleme im Team übernimmt und den bestmöglichen Kompromiss finden hilft, um das Unternehmen voranzubringen. Abschließend spricht Jacques noch einen Punkt an, der für ihn der befriedigendste des gesamten Projekts ist. „Wir gehen Probleme inzwischen dort an, wo sie angepackt werden sollten, und sprechen auf der richtigen Ebene darüber." Um das zu erreichen, mussten bestimmte Leute aber manche Aufgaben abgeben und an ihre Teams delegieren. „Der autoritäre Chef hat ausgedient. Die Manager, die wir heute brauchen, haben zwar ihre Zuständigkeitsbereiche, üben aber keine wirkliche Macht aus. Macht ist obsolet."

Alle drei beurteilen die Zukunft der Industrie zuversichtlich. Trognon hat selbst schon so viele Veränderungen erlebt, dass sie schlicht prognostiziert: „Wir werden uns auch weiterhin immer wieder anpassen." Fiacre glaubt, dass es in 20 Jahren überall Bildschirme geben wird, doch immer noch Menschen das Denken übernehmen. „Wir werden die denkenden Roboter sein." Jacques spricht von Fabriken mit flacheren, aber auch stärkeren Berichtslinien infolge der neuen technischen Kompetenzen, die nicht so arbeitsintensiv sind – und bei denen seine eigene Rolle an Bedeutung verlieren könnte. „Es wird weniger Anführer geben, weil alles andere keinen Sinn mehr ergibt. Ja, ich weiß, ich spreche über meinen eigenen Job! Aber für mich wird es bestimmt andere Aufgaben geben, da mache ich mir gar keine Sorgen."

Siebtes Prinzip – Menschliches und maschinelles Lernen

Kontinuierliche Weiterbildung und kurzschleifiges Lernen, um menschliche Intelligenz tagaus, tagein mit maschineller zu vereinen

ZUSAMMENFASSUNG

- Die Intelligenz eines Industriesystems ist stets ein kollektives Abenteuer, dem die Fähigkeit der Menschen zugrunde liegt, sich zu entwickeln, Chancen rasch zu nutzen und Maschinen zu optimieren. Das Konstrukt des menschlichen und maschinellen Lernens schließt alle diese Dimensionen ein.
- Lernen muss man lebenslang, denn in Industrieorganisationen, die nach übergreifender Kohärenz streben und zu diesem Zweck ihre Aus- und Weiterbildungsmethoden grundlegend verändern, wird Lernen als Regulativ immer wichtiger.
- Methoden zum „Testen und Lernen" bringen eine Mentalität hervor, die kurze Lernschleifen ermöglicht und Gegebenheiten rasch und kollektiv nutzt.
- Zu den größten Stärken von Tesla zählt die Fähigkeit, aus Fehlern zu lernen und rasch den Kurs zu ändern, bevor man vor die Wand fährt (oder gegen ein anderes unerwartetes Hindernis).

Einführung in menschliches und maschinelles Lernen

Das Vorkapitel belegte, dass Start-up-Leadership erforderlich ist, um durch die Förderung von Eigeninitiative für Disruption im System zu sorgen. Dennoch gilt: Die Intelligenz eines Industriesystems ist stets ein kollektives Abenteuer, dem die Fähigkeit der Menschen zugrunde liegt, sich zu entwickeln, Chancen rasch zu

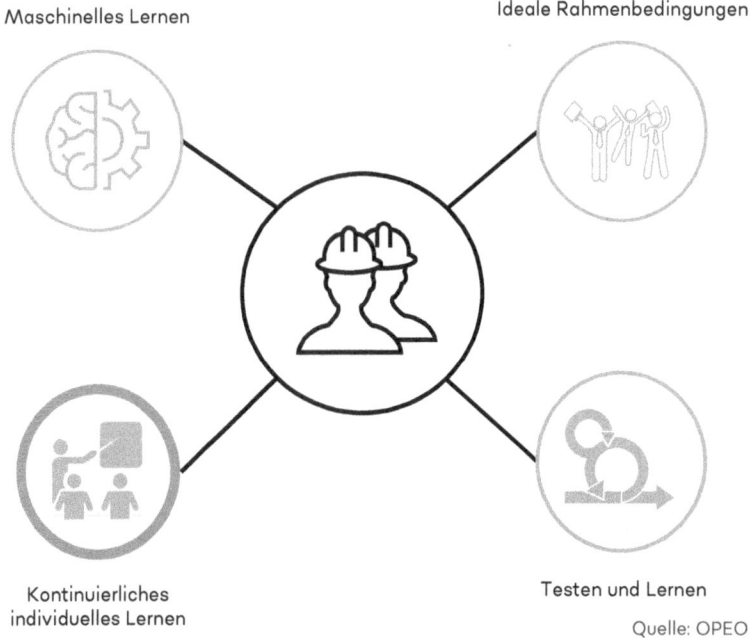

Abbildung 3.17 Menschliches und maschinelles Lernen – der Reaktorkern

Maschinelles Lernen

Ideale Rahmenbedingungen

Kontinuierliches individuelles Lernen

Testen und Lernen

Quelle: OPEO

nutzen und Maschinen zu optimieren, um alles Automatisierbare zu beschleunigen. Das alles ist im Konzept des menschlichen und maschinellen Lernens erfasst (Abbildung 3.17). In einem ganz auf künstliche Intelligenz abgestellten Umfeld sind Maschinen allgegenwärtig und bewirken tiefgreifende Veränderungen der Arbeitsweise von Menschen, ihrer Rollen und der Kompetenzen, die sie brauchen, um erfolgreich zu sein. So, wie sich Softwareprodukte im Zuge ihrer Lebensdauer verbessern, müssen auch Menschen lernen, ihr Wissen fortlaufend zu erweitern – weil ihre regulierende Rolle für die übergreifende Kohärenz von Industrieorganisationen immer entscheidender wird. Begleiterscheinung dieses neuen Ansatzes zur menschlichen Entwicklung in Unternehmen ist das Recht, Fehler zu machen, weil rasch gehandelt werden muss und auch, weil Handeln an sich eine großartige Quelle des Lernens darstellt. Das ist eine maßgebliche Veränderung, die eine

Mentalität voraussetzt, welche frühere Modelle total auf den Kopf stellt. Einer Studie zufolge, die 2017 von Dell und der Denkfabrik Institute for the Future durchgeführt wurde, gibt es 85 Prozent aller Jobs noch gar nicht, die 2030 existieren werden. Eine ähnlich überraschende Statistik zeigt, dass sich 74 Prozent aller heutigen Industrieunternehmen für die Datenanalyse als unzulänglich oder gar nicht gerüstet erachten – trotz des breiten Konsenses, dass es sich dabei um eine vorrangige Kompetenz handelt (PwC, 2016). Die Herausforderung ist alles in allem gewaltig.

Das Bindeglied zwischen Mensch und Arbeit verändert sich mit jeder industriellen Revolution

Von einer industriellen Revolution zur nächsten entwickeln sich die Arbeitsmethoden drastisch weiter. Mit der Einführung der Mechanisierung Ende des 18. Jahrhunderts sind nach und nach Maschinen in Fabriken aufgetaucht und haben einfache, anstrengende Arbeiten leichter gemacht. Bei den Arbeitern stieß das aber mit der Zeit auf Unwillen, denn ihnen wurde durch die Geschwindigkeit der Maschinen ein hohes Arbeitstempo verordnet. Mit der zweiten industriellen Revolution kamen der Triumphzug des Taylorismus und insbesondere die Spezialisierung von Aufgaben. Das führte zwar zu eindrucksvollen Produktivitätssteigerungen, doch die Arbeit wurde zyklisch und dadurch weitaus repetitiver. Die Organisation der Arbeit wurde vor allem von den Ingenieuren diktiert, die die Produktpaletten und Arbeitspläne festlegten. Die Frontline-Teams wurden dafür bezahlt, diese Vorgaben zu befolgen – oft auf One-Piece-Flow-Basis. Eine prägende Figur dieser Ära war der „Vorarbeiter", der dafür sorgte, dass eine sehr große Menge Menschen ihre täglichen Produktionsziele erreichen konnte.

Diese Pyramide kehrte sich mit der dritten industriellen Revolution um, als das ganze System in erster Linie von der Kompetenz und Fähigkeit der Frontline-Techniker abhing, rasch zu reagieren und Prozesse kontinuierlich zu verbessern. Ziel der einzelnen Beschäftigten war nicht länger, nur zu produzieren, sondern auch,

Abläufe zu optimieren. Auch die Einführung von Robotern und IT in der Industrie löste die frühe Automatisierung repetitiver, beschwerlicher Aufgaben im Produktionsbereich und in bestimmten Support-Funktionen aus. Schließlich ergaben sich breit gefächerte Einsatzmöglichkeiten und trugen dazu bei, das System an Fluktuationen der Marktnachfrage anzupassen.

Lebenslanges Lernen

Im vierten Industriezeitalter liefert das exponentielle Wesen des Fortschritts kräftige Impulse für die Entstehung einer neuen Beziehung zwischen Menschen und Arbeit. Das wird in der Welt der Industrie zahlreiche praktische Konsequenzen haben – hinsichtlich der Berufe, die Menschen ausüben, und ihrer laufenden Kompetenzentwicklung. Und zwar weitgehend deshalb, weil die Notwendigkeit besteht, sich ständig weiterzubilden, um mit diesem exponentiellen und kombinatorischen Tempo des Fortschritts Schritt zu halten. Das wiederum wird die Systeme grundlegend verändern, die zum Management von Personal und menschlichem Know-how verwendet werden. Die ursprüngliche Ausbildung genügt oft nicht, wenn sich Marktbedürfnisse zu schnell verändern, als dass die Lehrpläne an Universitäten mithalten könnten. Deshalb bauen die meisten Leuchtfeuer-Unternehmen für die Industrie der Zukunft bereits eigene Tech-Labore auf, um ihre Teams mit den neuen Technologien vertraut zu machen und ihnen entsprechende Kenntnisse zu vermitteln. Beim lebenslangen Lernen reicht es nicht mehr, die Schulbank zu drücken – der Eckpfeiler des traditionellen Lernens –, um das gesamte Wissensspektrum abzudecken, das sich die Betreffenden aneignen müssen. Die Digitalisierung beschleunigt Lernkurven durch E-Learning-Fernunterricht oder MOOC-Tools, die eingesetzt werden können, um auf Inhalte zuzugreifen, die von führenden Fachleuten erstellt wurden. Grundlegende Handgriffe und Arbeitspläne können durch Videos und virtuelle Realität schneller vermittelt werden.

Diese neue Form des Lernens geht auch mit neuen Formen der Teambeurteilung einher. Traditionelle Einzelbeurteilungen auf der

Grundlage von Leistungsvorgaben werden heutzutage ergänzt oder ersetzt durch kompetenzgestützte Evaluierungssysteme. Über diese neuen Kompetenzen hinaus entstehen auch ganz neue Berufsbilder, die sich oft aus einer Kreuzung klassischer Berufe mit neuen Berufen ergeben, wie sie die Welt der digitalen Industrierobotik hervorbringt. Ein konkretes Beispiel anhand einer Fabrik, die sich durch ihr hochautomatisiertes Produktdurchsatzsystem auszeichnet, ist die Art und Weise, wie die interne Logistik verstärkt durch intelligente Maschinen gesteuert wird, die direkt mit dem Produktionsplanungssystem vernetzt und dem Prozess daher „online" aufgeschaltet sind. Regalbediengeräte in Logistiklagern, AGV, die Produkte vom Lager in die Fabrikhalle befördern, unter den Maschinen befindliche Gabelstapler, die Ladeaufgaben automatisieren und Zeit sparen ... Produktion und Logistik sind Funktionen, die sich kreuzen lassen. Ehemalige Lagerarbeiter oder Gabelstaplerfahrer betätigen sich heute als Anlagensteuerer. Die Kompetenz, auf die es den Unternehmen ankommt, ist nicht mehr menschliche Fingerfertigkeit, sondern die Fähigkeit, Industrieplanung zu verstehen, Abläufe zu steuern, Automatisierungsprobleme zu lösen, mit Anbietern technischer Lösungen in Dialog zu treten und so weiter. Die Rolle der Logistik hat sich in eine Kreuzung aus Produktions-, Planungs-, Instandhaltungs- und industriellem IT-System gewandelt.

Ideale Rahmenbedingungen zum Lernen

Trotz der von einer solchen beruflichen Weiterentwicklung ausgelösten Begeisterung ergeben sich daraus auch etliche Probleme. Insbesondere ist es nicht so einfach, Bewerber mit den zunehmenden fachlichen und damit raren Kenntnissen zu finden, die mit hochmoderner Technologie umgehen können. Unternehmen sind entweder in dynamischen Bereichen tätig, die sich durch starken Wettbewerb mit anderen Akteuren auszeichnen (insbesondere solche, die selbst nicht aus dem Industriesektor kommen), oder sie sind es nicht, und in diesem Fall mangelt es ihnen vielleicht schlicht an den nötigen fähigen Köpfen, um bestimmte Kompetenzen zu erwerben.

Um in einem solchen Umfeld erfolgreich zu sein, braucht man unbedingt ein solides Support-System, das sich entweder aus lokalen Institutionen zusammensetzt, deren Hilfe bei der Ermittlung brauchbarer Partner und der Förderung der Kompetenzentwicklung unersetzlich ist, oder aus einem Ökosystem, welches aus Partnern, Kunden und Kollegen besteht, die in derselben Branche tätig sind und allesamt wertvolle Beiträge zur Entwicklung der innovativen Lösungen der Zukunft leisten und knappe Ressourcen dabei gemeinsam nutzen. Aus Teamperspektive ist es wichtig, Menschen die nötige Sicherheit zu vermitteln, in einer Welt Eigeninitiative zu zeigen, in der ihnen vieles Angst einflößt. Arbeit befindet sich zunehmen „im Fluss", und angesichts der wachsenden Volatilität der Märkte und Kompetenzen ist die Versuchung groß, nur noch auf Abruf gemäß ausdrücklicher Vorgaben zu arbeiten, also ultraflexible Systeme aufzubauen, deren Stellschraube ihre Kapazität ist, berechnet in Zeit und in der Kompetenz der industriellen Teams. Der sogenannte erweiterte Sozialdialog ist zur Notwendigkeit geworden – und zum eigentlichen Schlüsselfaktor für den Erfolg.

Diese neuartige Konzeptionierung sozialer Beziehungen geht über den Unternehmensrahmen hinaus, denn sie strebt nach Harmonisierung und Win-win-Betriebsmodi auf der Ebene des gesamten Ökosystems und/oder des betreffenden Industriezweigs. Mit Blick auf die Vergemeinschaftung dieses Marktvolatilitätsrisikos sind viele Initiativen in Gang gekommen. Dazu gehören unternehmensübergreifende Lernprogramme, die Berechnung (und Aufteilung) individueller Arbeitszeiten von zwei Unternehmen, die auf Märkten mit kontrazyklischer Saisonalität tätig sind, die Vergemeinschaftung von Kompetenzzentren oder Tech-Laboren, branchenweite CSR-Vereinbarungen und dergleichen mehr. Diskussionen über Arbeitsmodi finden heute nicht mehr innerhalb einzelner Berufszweige statt. Das System ist dezentralisiert und je nach geografischem Standort, Branche und Beruf agiler organisiert. Neben diesem erweiterten Sozialdialog haben die Leuchttürme der Industrie der Zukunft noch gemein, dass sich alle viele Gedanken um die Funktionen machen, die Menschen in dem System erfüllen sollen, angefangen bei der Organisation des Arbeitsplatzes, die zweifellos das für Teams im Tagesgeschäft konkreteste Element ist. Dazu kursieren Ideen wie gepflegte Entspannungszonen, die Organisation außerdienstlicher Freizeitaktivitäten (wie Feierabendprogramme oder Sportveranstaltungen), hochwertige Verpflegung und mehr. Ebenso werden gemeinschaftliche Arbeitsbereiche wie Wohnräume konzipiert, was sich auf Beleuchtung, Akustik und Bewegung Einzelner am Arbeitsplatz auswirkt.

Maschinelles Lernen: Die Kreuzung mit der Maschine

Sogenannte „vernetzte Geräte" sind heute allgegenwärtig – auch in der Fabrik. Neben dem Smartphone als Wahrzeichen des modernen Lebens gehört eine Vielzahl von Systemen und Maschinen zur Ausstattung von Arbeitnehmern. Diese sind manchmal mehr, manchmal weniger agil und mobil, unterstützen Beschäftigte bei ihren täglichen Aufgaben und leiten sie dazu an, ihre Arbeit besser einzuschätzen, zu planen und auszuführen, ohne sich zu überfordern. Am Ende stehen Verbesserungen bei Produktions-, Instandhaltungs- und Logistikaufgaben. Beispiele für solche Systeme oder Maschinen sind unter anderem virtuelle Realität, die Aus- und Weiterbildung in einem „risikofreien Online"-Umfeld beschleunigt, erweiterte Realität, die in fortgeschrittenen Programmen Maschinenbewegungen vorwegnimmt, hoch entwickelte Planungsschnittstellen, die die Planung so eng wie möglich mit den praktischen Realitäten abstimmen, indem sie sämtliche Produktionsengpässe einbeziehen (und Kunden dadurch agile Reaktionsfähigkeit bieten), intelligente Roboter und Exoskelette, die in der Lage sind, repetitive oder anstrengende Tätigkeiten in der Produktion oder der Logistik zu automatisieren, und 3D-Druck, der die Zahl der Produktionsphasen verringert und so den Prozess beschleunigt, ohne dass zusätzliche Anstrengungen erforderlich sind.

Abschließend sorgen hochaktuelle Datenanalysemethoden für Lernfähigkeit im gesamten System – mit Tausenden von Einstellungen, die zu einem bestimmten Ergebnis führen und dem fortgesetzten Streben nach optimaler Systemleistung Vorschub leisten. Eine der großen Herausforderungen der nächsten Jahre wird darin bestehen, zu lernen, mit all diesen Tools anders zu arbeiten. Gelingt das, winken Wettbewerbsvorteile durch eine bessere Nutzung der Daten und durch die Gewährleistung, dass die eigenen Systeme tatsächlich lernfähig sind. Maschinen und Menschen werden nicht länger in denselben Exzellenzbereichen konkurrieren. Maschinen werden Rechenaufgaben oder repetitive Tätigkeiten immer besser erledigen als Menschen. Doch Menschen besitzen dafür mehr Empathie, Kreativität und Fähigkeiten zur Lösung komplexer Probleme mit mehreren Akteuren oder einfach zur weitreichendere Nutzung unserer menschlichen Sinne. Die Systemoptimierung ergibt sich daher aus der Komplementarität der beiden Exzellenzformen.

Testen und Lernen – eine Mentalität zum kollektiven Lernen und Profitieren

Teamwork und Reaktionsfähigkeit sind die Modi, die künftig besonders gefragt sein werden – vor allem in einer nutzungsbasierten Wirtschaft. Die Endnutzer werden erwarten, dass diese dauerhafte Neuerung ihnen das Leben leichter macht – und das wird ihnen wichtiger sein als der Besitz von Statussymbolen. Die Markteinführungszeit wird dadurch noch bedeutsamer werden als in der Ära des „Right-First-Time"-Prinzips. Der Philosophie der „Digital Natives" zufolge sind Kunden im Idealfall in den Entwicklungsprozess einzubeziehen, um sicherzustellen, dass die Produkte auch genau ihren Wünschen entsprechen. Moderne Ansätze wie das „Design Thinking" stützen sich voll und ganz auf die Empathie der Endnutzer. Das heißt, keine Entscheidung wird ihnen aus der Hand genommen und sie werden so direkt wie möglich selbst befragt. Was in der gänzlich digitalen Welt einigermaßen selbstverständlich ist – nämlich die schnelle Einführung von Betaversionen, die im Anschluss verbessert werden können –, ist in der Entwicklung physischer Produkte weitaus komplizierter.

Um auf dieses Doppelbedürfnis nach schneller Markteinführung und die Anpassung an Kundenpräferenzen zu reagieren, ist die Methode des „Testens und Lernens" gleich durch zwei verschiedene Einfallstore in die Welt der Industrie vorgedrungen und verbreitet sich. Das erste ist die Produktinnovation, im Zuge derer Teams verschiedene agile Arbeitsmethoden ausprobieren, um so schnell wie möglich einen Prototyp und eine „Nullserie" herauszubringen, während gemeinsam mit den Endnutzern noch am letzten Schliff gearbeitet wird. Das zweite Einfallstor ist die Fabrik, in der an Methoden zur kontinuierlichen Verbesserung (wie Kaizen) gewöhnte Teams etwas entdeckt haben, das dem „Testen und Lernen" gleichkommt – ein Ansatz, der sich ebenfalls auf Schritt-für-Schritt-Verbesserungen stützt, doch einen größeren Kreis von Akteuren einbezieht, wenn auch nur, weil es nahezu unmöglich ist, in der neuen Welt etwas auszuprobieren, ohne mindestens einen Experten aus der IT oder der Technik hinzuzuziehen. Der große Vorteil des „Testens und Lernens": Frontline-Teams werden so dazu gebracht, die Initiative zum Anstoßen neuer Ideen zu ergreifen. Jeder Bereich, der das möchte und in dem es als hilfreich erachtet wird, hat die Befugnis, potenzielle innovative Lösungen auf die Probe zu stellen. Die Gefahr dabei sind Abweichungen innerhalb des Systems, wenn jeder von sich aus eigene Innovationen lostritt. Um all diese Innovationen im Blick zu behalten, sind daher Koordinierung und Verkehrskontrollen erforderlich. Diese Aufgaben obliegen einer Funktion, die die Rolle des Transformationsarchitekten übernimmt, wie im Vorkapitel zur Start-up-Leadership bereits angesprochen.

Was wir von Tesla lernen können

Die Kapitalbeschaffung kann in der – bereits ausgereiften und gesättigten und daher mit entsprechend niedrigen Renditeerwartungen verbundenen – Autoindustrie zum Problem werden. Um dieses Problem in einem Umfeld zu lösen, das regelmäßige Investitionen in Forschung und Entwicklung und neue Modelle erfordert, hat Elon Musk die Attraktivität seines Unternehmens in die Waagschale geworfen, um neue Talente aufzuspüren und besonders motivierte Teams anzuwerben, die bereit sind, auf Hochtouren an inspirierenden Projekten zu arbeiten und sich gleichzeitig laufend weiterzubilden, um der Konkurrenz immer einen Schritt voraus zu bleiben. Musk zufolge werden dadurch Innovationen im eigenen Unternehmen möglich, die andere große Autohersteller ihren wichtigsten Zulieferern überlassen. Bei Tesla ist es das von Musk entwickelte Narrativ, das hinter der Rekrutierung aussichtsreicher Bewerber steht. Dort kann jeder zu einer größeren, bedeutenderen Sache beitragen – und damit gehen unzählige berufliche Vorteile einher. So sind drei Viertel der Website mit Stellenangeboten für die Gigafactory – in der Tesla Batterien herstellt – in erster Linie den Zielen gewidmet, die dem Projekt zugrunde liegen, sowie dem Umstand, dass die Anlage günstig gelegen ist und jungen Menschen oder Familien, die mit dem Gedanken spielen, dort hinzuziehen, viel zu bieten hat. Desgleichen sind Tesla-Werke darauf angelegt, Arbeitskräften ein Umfeld zu bieten, das eher an ein Labor erinnert als an eine Fabrik. Wände und Fußböden sind weiß gehalten, überall stehen Grünpflanzen, die Kantinen sind ansprechend eingerichtet, sämtliche unterschiedliche Funktionen und Managementebenen teilen sich dieselben Arbeitsbereiche, Fabrikhallen sind architektonisch offen gestaltet, überall gibt es riesige digitale Bildschirme, einen hervorragenden Foodtruck-Service und lauschige Terrassen. Kurz, es wird alles getan, damit die Menschen merken: „Hier lässt es sich gut lernen."

Die Beziehung zwischen Mensch und Maschine ist tief in der DNA von Tesla verwurzelt – einem Unternehmen, das in erster Linie eine Softwareschmiede ist, die Fahrzeuge herstellt. Ein besonderer Fokus liegt darauf, dass manuelle Arbeiten in neueren Produktionsstraßen von Robotern übernommen oder den Menschen die Arbeit durch Mechanisierung erleichtert wird. Ebenso schöpfen die digitalen Simulationstools der Forschungs- und

Entwicklungsabteilung ihr Potenzial zu 100 Prozent aus, um Entwicklungszeiten zu verkürzen – vor allem durch die Simulation von Crashtests oder durch die Beschleunigung von Prototyping-Phasen. Digitalisierung wird eingesetzt, um Menschen dabei zu helfen, ihr Know-how zu erweitern.

Was das Lernen als solches betrifft, so animiert Elon Musk seine Teams, stets nach dem „Testen und Lernen"-Prinzip vorzugehen, ganz gleich, welche Hürden sich dabei ergeben. Sie sollen alles tun, um Innovationsschleifen zu beschleunigen. Erst vor Kurzem demonstrierte er erneut, welchen Stellenwert die Lerngeschwindigkeit für ihn tatsächlich hat. Ungeachtet einer ursprünglichen Strategie, die darin bestand, die Fertigungsstraße für das Model 3 stark zu automatisieren, um den Output zu steigern und die im Autosektor übliche „Taktzeit" zu verringern (also die Lücke zwischen zwei Fahrzeugen, die vom Band laufen), schlug Musk nach nur wenigen Monaten einen anderen Kurs ein, weil er merkte, dass die Fertigungsstraße zu unzuverlässig war und weil seine Teams die wöchentliche Ausstoßleistung von 2.500 Stück, die er für Mai 2018 festgesetzt hatte, nicht halten konnten. Statt stur an seiner Strategie festzuhalten, stellte er einfach wieder auf mehr manuellen Betrieb um. Das Erstaunliche an dieser Geschichte ist, wie schnell Musk reagierte (nämlich innerhalb von insgesamt drei Wochen – die meisten anderen Autohersteller hätten dazu mehrere Monate gebraucht) und wie stark er sich persönlich einbrachte, bevor letztlich die Entscheidung fiel. Nach Angaben von Mitarbeitern stand Musk drei Monate lang Tag und Nacht in der Fabrikhalle und analysierte die Probleme, mit denen die Arbeiter dort konfrontiert waren. Dadurch konnte er alle anderen mobilisieren und für seine Entscheidung gewinnen. Im darauffolgenden Monat richtete Musk sogar in einem „Zelt" eine dritte Fertigungsstraße ein und eliminierte 300 der 5.000 Schweißpunkte an der Karosserie, obwohl die Serienfertigung bereits Monate zuvor angelaufen war. Am Monatsende hatte er sein Ziel von 5.000 Fahrzeugen pro Woche erreicht (*New York Times*, 2018). So etwas hatte vor ihm noch kein Autobauer versucht, und wenn auch nur, weil das Paradigma des Sektors grundsätzlich zur Förderung von Stabilität tendierte. Musk gelang das vor allem deshalb, weil er bereit war, ein Risiko einzugehen, zu reagieren und schnell zu lernen – und zwar auf allen Ebenen und gänzlich undogmatisch. Die ganze Zeit über war er erwartungsgemäß von vielen Beobachtern kritisiert worden. Doch die meisten verstanden nicht, was man aus dieser Episode eigentlich lernen konnte (Liker, 2018). Es ging nämlich nicht darum, sich zwischen dem (mehr auf menschliche Arbeit ausgerichteten) Lean Manufacturing und der (stärker auf Automation fokussierten) Hyperproduktion zu entscheiden, sondern darum, zu begreifen, dass die wahre Währung der neuen Welt der Erwerb von Wissen ist, das zulässt, disruptiv zu denken und dabei pragmatisch zu bleiben und Chancen schnellstmöglich zu nutzen.

FRAGEN, DIE SICH JEDER SPITZENMANAGER STELLEN SOLLTE

- Wissen meine Frontline-Teams, wie man mit Maschinen oder Robotern zusammenarbeitet? Habe ich persönlich die Steuerung eines kollaborativen Roboters (eines Cobots) getestet?

- Stecke ich genügend Energie und Geld in gemeinschaftliche digitale Lösungen, die die Arbeit der Teams erleichtern, beschleunigen und/oder öffnen?

- Gibt es neue Berufsbilder, mit denen ich in den nächsten Jahren rechne und für die ich entsprechende Weiterbildungsprogramme vorsehen müsste oder an die ich unsere Personalpolitik anpassen sollte?

- Animiere ich meine Teams ausreichend zur Entwicklung frühzeitiger Lösungen für Probleme und deren Optimierung im weiteren Prozess? Arbeite ich daran auch selbst von Zeit zu Zeit?

- Bin ich in meinem Ökosystem ausreichend vernetzt (mit Partnern, Kollegen aus der Branche, örtlichen Einrichtungen, Konkurrenten, der Industrie, Schulen und Universitäten et cetera), um Weiterbildungsprogramme zu entwickeln und auszutauschen, die die künftig benötigten Kompetenzen vermitteln?
- Hat sich im letzten Jahr jedes Mitglied meines Teams in der Digitalisierung oder einer anderen neuen Technologie weitergebildet?
- Verfügt jeder im Unternehmen über ein festgeschriebenes Programm zum kontinuierlichen Lernen?
- Fordere ich Teams regelmäßig auf, sich – soweit machbar – mit verschiedenen innovativen Tools vertraut zu machen (MOOC, E-Learning und so weiter)?
- Wird im Rahmen unserer jährlichen Beurteilungen auch die Aneignung neuer Kompetenzen bewertet?
- Widme ich der Gestaltung ansprechender Arbeits- und Pausenräume ebenso viel Energie wie den Effizienzprozessen?

INTERVIEW MIT BOSCH

„Ein 4.0-Projekt mit Schwerpunkt auf menschlichem und maschinellem Lernen"

Der Bosch-Standort Rodez gehört zur Mobilitätssparte des namhaften Automobilzulieferers. Die auf die Produktion von Einspritzsystemen für Dieselmotoren spezialisierte Anlage mit rund 1.600 Beschäftigten hat sich stark verändert, um ihre Zukunftspläne zu verwirklichen. Grégory Brouillet, Leiter des Bereichs Digital

Development Solutions, erklärt, wie die im vorliegenden Buch bereits angesprochene „Industrie 4.0"-Lösung – die die Gruppe de facto initiierte – künftige Transformationen fördert. Brouillet verfügt über einen speziellen technischen Hintergrund, ist schon sehr früh in das Unternehmen eingetreten und hat sich im Laufe seines Werdegangs ständig weitergebildet.

Da er sich von neuen Herausforderungen stets angesprochen fühlt, nahm er das Angebot, die Initiative „Maintenance 4.0" des Sektors voranzutreiben, gerne an, als es 2014 an ihn herangetragen wurde. Als Mitarbeiter eines Konzerns mit einer einigermaßen ausgereiften Vorstellung von technischen Sachverhalten erklärte sich Brouillet bereit, seine Vision von „Menschen und Lernen" umzusetzen – ein Schlüsselfaktor für den Erfolg des Ansatzes.

Jede Vision, die nur auf Rendite ausgerichtet ist, ist zum Scheitern verurteilt

Überraschenderweise bezeichnet Brouillet die Ziele seines Standort-Instandhaltungsprojekts „4.0" als „ausgesprochen menschenorientiert, denn wir wollen die Dinge für alle Beteiligten einfacher machen". Dem Management geht es eindeutig darum, allgemein die Effizienz zu optimieren, insbesondere durch die Steigerung der Gesamtanlageneffizienz (Overall Equipment Efficiency oder OEE). Ohne einen menschenorientierten Ansatz wäre das jedoch nicht möglich. Laut Brouillet ist ein Top-down-Kulturschock die Voraussetzung zur Einleitung des Prozesses. „Unser CEO ist von dieser Vorgehensweise sehr überzeugt. Vor allem aber hat er eine Dynamik des Wandels angestoßen, die weit über einfache finanzielle Ziele wie eine schnelle Rendite hinausgeht." Das Hautproblem vor Ort, abgesehen von

Leistung und Arbeitsbedingungen, ist jedoch, die Reputation des Standorts gegenüber der übrigen Gruppe zu stärken. Besondere Genugtuung verschafft es Brouillet, wenn Kollegen von anderen Standorten bei ihm anfragen, die zum Teil größer sind als Rodez, sich aber für die dort entwickelten oder getesteten Lösungen interessieren.

Klarer Marschbefehl des CEO: „Lernen, lernen, lernen"

Entscheidend für den Start der Initiative waren Kommunikation und Weiterbildung. Das zu organisieren braucht Zeit, ist aber unverzichtbar. Brouillet verweist auf eine der Befürchtungen, die traditionell mit der Industrie 4.0 assoziiert werden – nämlich die Angst, Menschen könnten durch Roboter verdrängt werden. „Ich war immer überzeugt, dass das ein Win-win-Unterfangen war. Bei uns arbeiten 71 Roboter, die uns helfen, unser Tätigkeitsniveau zu halten – nicht auszumerzen. Doch wir müssen in der Lage sein, das so zu erklären, dass es für unsere Frontline-Mitarbeiter glaubwürdig klingt." Kommunikation allein reicht nicht. Der CEO der Bosch-Gruppe – mit seinem Mantra „Lernen, lernen, lernen" – und der Manager der 4.0-Initiative vor Ort wendeten viel Zeit auf, um sämtliche 1.600 Beschäftigten am Standort zu schulen und jeden einzelnen dazu anzuregen, sich über den neuen Kurs Gedanken zu machen – vor allem im Hinblick auf die Pläne zum Aufbau einer 4.0-Mini-Fertigungsstraße, an der Teams konkret in den Betriebsverfahren der Zukunft geschult werden sollten.

Testen und Lernen – eine disruptive Mentalität

Weiterbildung ist auch nötig, um die neuen Technologien zu verstehen und ihre Einführung zu erleichtern.

Das kann sich nämlich ausgesprochen schwierig gestalten, weil sich die neuen Technologien so sehr von allem Vorausgegangenen unterscheiden. Der Gedanke ist, die Methode des „Testens und Lernens" aus der digitalen Welt einzusetzen, die darin besteht, möglichst kurze Schleifen zu erzeugen, um Durchläufe zu beschleunigen, bis eine perfekte Lösung entwickelt ist. Voraussetzung dafür ist eine ganz bestimmte Mentalität, die akzeptiert, dass ein Scheitern möglich ist und dass Lösungen niemals perfekt sind. Brouillets Kommentar dazu: „Testen und Lernen ist dadurch ein bisschen schwieriger geworden, dass die Techniker daran gewöhnt waren, sich mit großen, massiven Anlagen zu beschäftigen, die teuer waren, aber auch langlebig."

Nutzerintegration durch Design Thinking

Diese Hürde kann unter anderem dadurch genommen werden, dass Endnutzer schon sehr früh in Lösungen eingebunden werden. Wie Brouillet erklärt, werden Beschäftigte gelegentlich für ein paar Wochen von der Fertigungsstraße „abgezogen", um in das Projektteam einzutauchen. „Dort sollen sie für die Endnutzer sprechen, was allem gleich mehr Relevanz verleiht und bedeutet, dass es sehr schnelle Durchläufe gibt und uns viel Zeitverlust erspart bleibt." Das Ziel: Der gesamte Standort soll sich in den Endnutzer hineinversetzen – ein wesentlicher Grundsatz der „Design Thinking"-Methode, wenn auch einer, der sich nach Brouillets Eindruck „erst noch durchsetzen muss". Die Bedürfnisse und Gedanken der Nutzer würden noch längst nicht zur Gänze so früh wie möglich in die Lösungen einfließen. Deshalb sei es ja so wichtig, bei den Beschäftigten um Akzeptanz der neuen Tools zu werben.

Rasche Veränderungen an bestehenden Berufsbildern anstelle ganz neuer Berufe

Brouillet ist nicht der Ansicht, dass sich die Berufe in der Fabrik bereits grundlegend verändert haben. Er stellt vielmehr eine allmähliche Weiterentwicklung fest – ein Trend, den er fördern möchte. Hauptziel auf dem derzeitigen Niveau ist es, die für die verschiedenen Fertigungsstraßen und Berufe angedachten Lösungen so weit wie irgend möglich zu homogenisieren, denn dann können Beschäftigte nahtlos und mit größter Agilität von einem in ein anderes Umfeld überwechseln. Deshalb sollten die Zahl der entwickelten Konzepte begrenzt und Innovationen kanalisiert werden. „Früher haben Arbeiter auf einen Knopf gedrückt, um eine Maschine zu bedienen. Heute haben sie ein Tablet mit Touchscreen oder ein Smartphone. In Zukunft werden sie vermutlich Augmented-Reality-Brillen tragen. Bis es so weit ist, wird es aber eine Weile dauern – vor allem, wenn im Vorfeld nichts geschieht, um zu bestimmen, welche Lösungen getestet werden müssen."

Projekt 4.0 – ein Weg, Märkte zu erobern und sich gleichzeitig stärker nach außen zu öffnen

Neben Aspekten wie Reputation, Effizienz und Arbeitsbedingungen sieht Brouillet in dem Projekt auch eine Gelegenheit für den Standort, seine Verbindungen zu seinem Ökosystem zu stärken – insbesondere zu den Auto- und Luftfahrt-Clustern im Mécanique Valley vor Ort. Der Standort ist ziemlich abgelegen, „200 Kilometer von allem entfernt". Die Idee, im eigenen Unternehmen entwickelte Schulungsprogramme auch für andere örtliche Unternehmen zu öffnen, hat Zugkraft. Generell sind die Standortmanager ausgesprochen pragmatisch und an jeder Serviceidee interessiert, die sich aus dem Ansatz ergeben könnte – ob das die Weiterbildung betrifft oder den Verkauf der von den Teams entwickelten Lösungen. Der Standort ließe sich ohne Weiteres als Wegbereiter für die Kreuzung zwischen Industrie und Dienstleistungs- gewerbe betrachten, die erhebliche Chancen auf neues Wachstum eröffnet. Als Beispiel führt Brouillet ein er- folgreiches Start-up namens Mobility Work an – eine Art soziales Netzwerk für Instandhaltungsspezialisten, das von einem Praktikanten gegründet wurde, der sei- nerzeit bei einem Industrieunternehmen tätig war. „Wenn dieser junge Mann in der Lage war, eine solche Plattform aufzubauen, dann heißt das, es ist möglich, fantastische Dinge zu vollbringen, die die Menschen dazu veranlassen, sich infrage zu stellen. Davon wird am Ende der gesam- te Industriesektor profitieren."

INTERVIEW MIT DER SCHMIDT GROUPE

Automation und die Rolle des Menschen in der Industrie"

Die Schmidt Groupe gehört für ein sogenanntes „Tradi- tionsunternehmen" in Sachen Digitalisierung und Auto- mation zu den fortschrittlichsten Mittelständlern. Anne Leitzgen, Vorstandsvorsitzende und geschäftsführende Direktorin, lancierte vor zehn Jahren das Projekt, in einem Tag eine hochwertige Küche zu produzieren und sie zehn Tage später zu liefern. Bei diesem Projekt entwirft der Verkäufer mit dem Kunden eine „virtuelle" Küche. Die Bestellung erfolgt über den Austausch von Computer- daten, die Produktion übernehmen Roboter.

Dadurch lässt sich ein Standardauftrag fast ohne menschliches Zutun ausführen. Obwohl Roboter zum

Einsatz kommen, stellt die Schmidt Groupe sicher, dass ihre Beschäftigten nicht ins Hintertreffen geraten: Sie konnten nicht nur ihre Jobs behalten, sondern haben sich zu Führern komplexer Anlagen weiterentwickelt. Dieses Projekt erforderte Zeit und viel Weiterbildung und Vertrauen. Dass das Unternehmen ein Familienbetrieb ist, erleichterte die Sache.

Die Marke Cuisines Schmidt gibt es seit 1989. 1992 wurde mit Cuisinella eine zweite Marke eingeführt, die auf jüngere Kunden mit kleinerem Budget ausgerichtet war. „Ab 2004 spezialisierten wir uns auf die Produktion von individuell gefertigter Einrichtung für jedes Zimmer. Derzeit können wir mit diesem Ansatz durch die Digitalisierung deutliche Fortschritte erzielen", berichtet Anne Leitzgen.

Die Schmidt Groupe ist aktuell der führende Küchenhersteller Frankreichs und die Nummer 6 in Europa. Sie setzt 470 Millionen Euro um, betreibt fünf Produktionsstätten mit einer Gesamtfläche von 160.000 Quadratmetern (davon eine in Deutschland und vier im Elsass) und beschäftigt 1.500 Menschen. Die Investitionen sind von 20 Millionen Euro in den vergangenen Jahren 2016 auf 40 Millionen Euro gestiegen und sollten in naher Zukunft 60 bis 80 Millionen Euro erreichen. Diese Beträge umfassen Investitionen in Fabriken, aber auch in die Entwicklung der Marken und des digitalen Geschäfts sowie auf Verbraucher und Industriestandorte abzielende Investitionen. 2014 lancierte die Gruppe ein Joint Venture mit Suofeiya in China.

Das Kundenerlebnis verändern: „H to H"

Im jetzigen Zeitalter des Internets und der sozialen Netzwerke ist alles sichtbar. Will ein Unternehmen überleben, muss es als das beste in seinem Sektor wahrgenommen werden. Aus diesem Grund will die Schmidt Groupe bis 2025 die Gruppe mit den beliebtesten europäischen Marken für maßgefertigte Einrichtung werden.

Das 2015 angelaufene „Consumer Connect"-Programm soll sämtliche digitalen Initiativen koordinieren, um das Kundenerlebnis zu optimieren. „Ursprünglich begann dieses Erlebnis, wenn der Verbraucher eine unserer Niederlassungen betrat. Heute beginnt es viel früher – nämlich dann, wenn jemand sagt: ‚Ich hätte gern eine neue Küche', und sich im Internet umschaut. So einen Kunden müssen wir unbedingt zu unserer Marke locken und ihn dann überzeugen, dass in unseren Geschäften eine viel spannendere Erfahrung auf ihn wartet als bei der Konkurrenz."

Die Qualität dieses Erlebnisses gründet sich auf der Qualität der Beziehung. Es wird häufig unterschieden in Business-to-Business (B2B) und Business-to-Consumer (B2C). Bei der Schmidt Groupe spricht man Lieber von „H to H". Das steht für Human-to-Human – also Mensch zu Mensch. Dazu Anne Leitzgen: „Kauft eine Kundin bei uns eine Küche, unterstützt sie dabei ein freundlicher, kompetenter Verkäufer. Damit das so ist, muss auch sein Chef freundlich und kompetent sein. Und wir müssen mit diesem Chef ebenfalls freundlich und kompetent umgehen. Die ganze Beziehung dreht sich also um Qualität. Das ist der wichtigste Faktor für eine langfristige Beziehung, denn wenn wir der Kundin die Küche eingebaut haben, dann hoffen wir, dass wir ihr künftig auch noch ihren begehbaren Kleiderschrank oder ein Bücherregal verkaufen können."

In der Praxis bedeutet das: Besucht ein Kunde die Website des Unternehmens, wird er gebeten, ein Konto anzulegen, auf dem er erste Ideen zum Projekt seiner Träume sammeln kann. Über die Website hat das Verkaufspersonal – die Zustimmung des Kunden vorausgesetzt – Zugriff auf alles, was der Kunde auf seinem Onlinekonto erstellt hat. Folglich kann es unverzüglich Vorschläge machen, die dem Budget und dem Geschmack des Kunden entsprechen. Bemerkt beispielsweise eine Verkäuferin, dass der Kunde vor allem moderne weiße Küchen angeschaut hat, wird sie ihm keine Küche im Landhausstil vorschlagen.

Der Kunde kann auch online einen Termin vereinbaren, sodass sich das Verkaufspersonal auf das persönliche Gespräch vorbereiten kann. Die Mitarbeiter können das Projekt des Kunden auf verschiedene Arten optimieren – insbesondere, indem sie ihm eine 3D-Version seiner künftigen Küche präsentieren. Kunden haben schon früher 3D-Brillen aufgesetzt, doch die im Verkauf Beschäftigten erzählen, dass dies paradoxerweise den „Abschluss" nicht etwa vorantrieb, sondern dem Absatz tendenziell sogar schadete. Das zeigt, dass Technologie nicht als Selbstzweck interessant ist, sondern nur, wenn sie dem Kunden oder dem Verkaufspersonal Vorteile bringt.

Steht der Kostenvoranschlag, und die Küche ist bestellt, kann der Kunde die Fertigung seiner Küche online verfolgen und weiß, wann sie die Fabrik verlässt und an ihn geliefert wird.

Am Ende des Prozesses wird der Kunde gefragt, ob er mit der Marke in Verbindung bleiben, sich auf seinem sozialen Netzwerk darüber äußern, zu Veranstaltungen eingeladen werden (beispielsweise zu in den Küchenstudios organisierten Kochkursen) oder die Marke sogar seinen Freunden vorstellen möchte. Natürlich respektiert die Marke auch, wenn der Kunde nichts mehr vom Unternehmen hören möchte, sobald seine Küche eingebaut ist.

Die Digitalisierung hat fast alle beruflichen Tätigkeiten im Unternehmen stark verändert, vom Marketing über den Verkauf bis zur Fertigung.

Digitalisierung im Marketing, im Vertrieb und in der Kommunikation

Erstens hat die Digitalisierung die Tätigkeit des Verkaufspersonals verändert und auch die Art und Weise, wie das Unternehmen über seine Produkte kommuniziert. „Wir haben uns vom Kommunikationsmarketing (also dem Bekanntmachen der Marke, damit Verbraucher unsere Küchenstudios aufsuchen) auf digitales Marketing umgestellt (Ermittlung des Supports, der herangezogen wird, um Produkte zu verkaufen, Management der Meinungen unserer Kunden und Aktivitäten auf sozialen Netzwerken). Außerdem sind wir von einer „Einkanal"- auf eine „Mehrkanal"-Verkaufsbeziehung übergegangen, was neue Fragen aufwirft wie: Wem „gehört" der potenzielle Kunde? „Gehört" er uns über unsere Website oder gehört er der Niederlassung, die er besucht hat? Was hat er auf der Website gekauft? Was im Geschäft?"

Datenmanagement

Der Digitalisierungsprozess verändert auch, wie Daten verwaltet werden. Ursprünglich hatte das Unternehmen mehrere dezentrale Datenbanken. Durch das Aufkommen des Internets musste es für Produkte und Verbraucher eine zentrale Datenbank einrichten. Diese Veränderung hat auch qualitative Aspekte: Das Unternehmen muss von einer sehr technischen Datenbank, die im Wesentlichen für das Verkaufspersonal konzipiert ist, zu einer kundenorientierten Produktpräsentation mit entsprechenden Inhalten und Bildern übergehen.

Die Option der Einzel- und Maßfertigung bringt ein erhebliches Datenvolumen mit sich. Sämtliche Bauteile werden für jeden Kunden individuell gefertigt, manche in zwei Stunden, andere in mehreren Tagen (wie lackierte Fronten, die lange trocknen müssen). All die unterschiedlichen Komponenten kommen aus verschiedenen Fabriken und müssen zu einem bestimmten Termin gleichzeitig an der Laderampe eintreffen. Bei rund 1.450 Aufträgen pro Tag sind das 4.000 Möbelstücke, 18.000 Pakete und insgesamt 5 Millionen Informationen, die täglich ausgetauscht werden müssen, um sicherzustellen, dass die einzelnen Informationen zu rechten Zeit am richtigen Ort eingehen, damit der gesamte Betrieb reibungslos läuft. Die Schmidt Groupe ist de facto kein Möbelhersteller mehr, sondern managt die mit Informationen und Bauteilen verbundene Logistik.

Dessen ungeachtet stellt Angebotsvielfalt nach wie vor ein Risiko dar. Das Unternehmen muss auf ein ausgewogenes Verhältnis achten zwischen Vielfalt, die Geld bringt, und solcher, die Geld kostet.

Die Produktionsautomation

Durch die Automation großer Teile der Fertigung lässt sich nicht nur die Qualität kontrollieren, sondern auch die Arbeitsbelastung begrenzen. So können ältere Beschäftigte durch Verringerung der körperlichen und geistigen Belastung am Arbeitsplatz ihre Jobs auch weiterhin ausüben.

Vor allem aber ermöglicht es die Automation dem Unternehmen, eine Standortverlagerung zu vermeiden. In dem Bewusstsein, dass der direkte Anteil der Löhne am Umsatz nur sieben Prozent beträgt, hat es kein Interesse an einer Verlagerung der Produktion in Länder mit niedrigeren Kosten – umso mehr, als die auszuführenden Ausgaben immer höhere Qualifikationen erfordern. Früher haben die Menschen ihren Kindern erzählt: „Wenn du in der Schule nicht fleißig lernst, musst du später mal in einer Fabrik arbeiten!" Das stimmt heute so nicht mehr: Arbeitsplätze in der Industrie verlangen ein hohes Maß an Kompetenz. Doch das Unternehmen fördert Menschen, die dort schon lange arbeiten, damit sie sich weiterentwickeln und ihre Stellen behalten können.

Dessen ungeachtet trifft aber zu, dass Automation im Allgemeinen Arbeitsplätze vernichtet. Glücklicherweise ist das Unternehmen gewachsen und kann dadurch weiterhin neue Stellen schaffen – obwohl bei Schmidt zunehmend Roboter eingesetzt werden. 2009 wurde eine Fabrik mit 23.000 Quadratmetern Fläche eröffnet, in der 200 Menschen arbeiteten – 70 in der Fertigung und 130 in Support-Bereichen. Die Fabrik, die die Gruppe derzeit baut, wird bei ähnlichem Produktionsvolumen nur 120 Menschen beschäftigen.

Die Unternehmenskultur: „Be Schmidt"

Die Schmidt Groupe fördert nicht nur eine positive Lebensgestaltung für ihre Kunden zu Hause, sondern auch im Unternehmen. Vor ein paar Jahren konzipierte sie mithilfe einer Gruppe williger Kollegen die „Be Schmidt"-Unternehmenskultur. Bildlich dargestellt wird diese durch einen fünfstrahligen Stern mit der Lebensfreude im Zentrum. Die fünf Spitzen des Sterns stehen für fünf Merkmale, die zum Spaß an der Zusammenarbeit beitragen – nämlich Freundlichkeit, Verantwortung, Kooperation, Vertrauen und Flexibilität. Natürlich bedeutet Arbeiten bei Schmidt nicht, dass jeder den ganzen

Tag nur tut, was ihm Spaß macht – wohl aber, dass die Tätigkeit jedes Einzelnen wichtig und sinnvoll ist. „Als ich vor zehn Jahren zum ersten Mal über dieses Spaßkonzept gesprochen habe, hielten mir andere oft entgegen: ‚Die Industrie ist nun mal kein spaßiges Umfeld!‘ Heute setzt sich dieses Konzept allmählich durch, und viele sind wie ich der Meinung, dass es die Freude ist, die uns antreibt – und dass auch die Arbeit in der Industrie Freude machen kann", so Anne Leitzgen.

Außerdem kann der digitale Wandel eines Unternehmens nur Erfolg haben, wenn alle Beschäftigten „ihr Bestes geben" – anders formuliert: wenn sie in der Lage sind, die Initiative zu ergreifen und auf allen Unternehmensebenen Entscheidungen zu treffen und entsprechende Verantwortung zu übernehmen. Andererseits bedeutet das, dass ihnen das Management vertrauen muss. Folglich müssen die Manager ihren Teams gestatten, neue Ideen auszuprobieren, obwohl sie wissen, dass dabei Fehler passieren können. „Mit der Digitalisierung vollziehen sich in Unternehmen maßgebliche Veränderungen, und es ist entscheidend, dass die Belegschaft diese Chance ergreift und diese Veränderungen verinnerlicht", stellt Anne Leitzgen abschließend fest.

Quelle: Bericht von Elisabeth Bourguinat. Übersetzung von Rachel Marlin. Veröffentlicht im Mai 2017. Mit freundlicher Genehmigung der École de Paris du management: https://www.ecole.org/fr/seance/1195-automatiser-en-renforcant-le-role-de-l-homme

Anmerkung

[1] Physische Logistik, die es ermöglicht, sowohl innerhalb von Fabriken als auch außerhalb Teile zu befördern. Erfolgt traditionell mithilfe von Gabelstaplern, heute aber oft automatisiert.

4

DAS VIERTE INDUSTRIEZEITALTER IM AUFWIND

ZUSAMMENFASSUNG

- Dass wir noch Zeit haben, um uns darauf einzustellen, ist ein Irrglaube. Die vierte industrielle Revolution ist bereits Realität.

- Die sieben Dimensionen der Tesla-Methode stellen ein integriertes System dar: Fehlt eine Dimension, verliert das System an Effizienz, läuft nicht mehr rund und ist in seinem langfristigen Fortbestand gefährdet. Daher ist hier der Begriff „Modell" angebracht.

- Es handelt sich dabei aber nicht um ein spezifisches Tesla-Modell. Es ist bereits für eine ganze Reihe von Unternehmen von Belang und könnte eines Tages noch viele weitere inspirieren.

Die vierte industrielle Revolution ist schon da

Es wäre ein Irrtum, anzunehmen, dass noch Zeit bleibt, bis das alles seinen Lauf nimmt. Wie etliche Studien und Projekte belegen, ist die vierte industrielle Revolution bereits im Gang.

Deutlich wird das in erster Linie an der globalen Vernetzungsdichte, die sich ziemlich genau an dem erzeugten und genutzten Datenvolumen ablesen lässt. Nach Schätzungen von IDATE, die aus einem 2017 verfassten Bericht hervorgehen, wird die Menge vernetzter Geräte weltweit spätestens im Jahr 2030 36 Milliarden übersteigen – gegenüber 4 Milliarden im Jahr 2010 und 15 Milliarden im Jahr 2018. Dieses exponentielle Wachstum eines maßgeblichen Datenkatalysators ist eine plausible Erklärung für eine weitere vielsagende Statistik zur weltweit verfügbaren Datenmenge. Die International Data Corporation (IDC) schätzt, dass die erforderliche Speicherkapazität von 20 Zettabytes 2018 auf 44 (2020) beziehungsweise 163 (2025) ansteigen wird. 2013 lag sie noch bei 4,4 Zettabytes. Das Volumen erhöht sich so schnell, dass 90 Prozent aller derzeit verfügbaren Daten keine zwei Jahre alt sind. 2018 generierte die Welt tagtäglich mehr Daten als die Menschheit seit Anbeginn der Zeiten bis zum Jahr 2003.

Das zweite aussagekräftige Indiz ist die exponentielle Steigerung der tatsächlichen oder geplanten Investitionen in Zukunftstechnologien, die für den Enthusiasmus der Wirtschaft für dieses Fachgebiet spricht. In der Robotik lagen die globalen Investitionen beispielsweise im Jahr 2000 bei 7,4 Milliarden US-Dollar. 2015 war dieser Wert schon auf 26,9 Milliarden US-Dollar angestiegen und bis 2025 werden 66,9 Milliarden US-Dollar prognostiziert (BCG, 2015).

Die Hyperkonzentration schlägt sich in konkreten, messbaren Daten nieder – in der wirtschaftlichen ebenso wie in der geografischen Bedeutung des Wortes. Überzeugende Beispiele dafür liefert Pierre Veltz (2017).

Derzeit entfallen 40 Prozent des globalen BIP und 75 Prozent der globalen Forschung und Entwicklung auf nur zehn Wirtschaftscluster. Als eigenständige Wirtschaftsstrukturen würden Städte wie New York und Tokio ein vergleichbares BIP erwirtschaften wie Spanien oder Schweden.

Ebenso vielsagend ist die Wertschöpfungsanalyse auf Produktebene, angefangen beim kultigen iPhone. Ein Drittel aller mit diesem Produkt verbundenen Arbeitsplätze befindet sich in den Vereinigten Staaten – und zwei Drittel demnach anderswo (vor allem in China). Dennoch fließen zwei Drittel der in dieser Sparte insgesamt gezahlten Gehälter in die Vereinigten Staaten, während auf China nur drei Prozent des Gesamtbetrags entfallen.

Angesichts der Dimensionen und des Tempos dieser Phänomene müssen alle Industrieunternehmen ihre Geschäftsmodelle, Wertschöpfungstreiber und generell ihre Industriesysteme auf den Prüfstand stellen. Das gilt umso mehr, als offensichtlich allenthalben nur noch darüber diskutiert wird, wie sich das Produktionsgefüge kleiner und mittelständischer Unternehmen in die Bewegung integrieren lässt – eine Überlegung, zu der die Analyse des Tesla-Modells viel Inspirierendes beitragen kann.

Der Teslismus und seine drei konzentrischen Kreise: Das Modell eines Systems

Die sieben Dimensionen des Teslismus bilden eine kohärente, unauflösliche Einheit. Fehlt eine Dimension, wird das System ineffizient und unausgewogen. Seine langfristige Existenz ist dann gefährdet. Die systemische Dimension gründet sich auf die drei konzentrischen Kreise, die sie charakterisieren (Abbildung 4.1).

Die Kerndimension des Teslismus ist menschliches und maschinelles Lernen. Der Erfolg eines Industriesystems steht und fällt in diesem vierten Industriezeitalter vor allem mit der Verbindung zwischen Herz und Rückgrat. Mehr denn je steht der Mensch im Mittelpunkt des Systems, wobei seine Fähigkeit, rasch zu lernen, von besonderer Bedeutung ist. Ungeachtet der Thematik kommt es in erster Linie darauf an, Chancen so rasch wie möglich gewinnbringend

Abbildung 4.1 Das Modell der drei Kreise

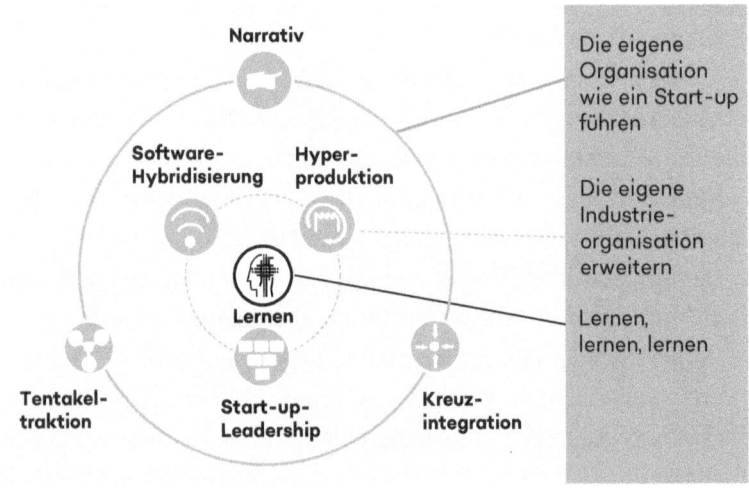

Quelle: OPEO

zu nutzen – und zwar durch die laufende Anpassung der Strategie und der operativen Taktik. „Hybride" Menschen, die ständig mit Maschinen in Kontakt stehen, welche sich durch immer perfektere digitale Schnittstellen auszeichnen, verschmelzen kontinuierlich mit den sie umgebenden Technologien und lernen dabei, so mit künstlicher Intelligenz zu arbeiten, dass sie Potenziale voll ausschöpfen und sicherstellen, dass jeder Unternehmensbereich selbstlernend operiert. Dabei handelt es sich um eine ganz grundlegende Entwicklung, denn durch den fortlaufenden Erwerb neuer Kompetenzen kann jeder Angehörige eines Teams in der Industrie dazu beitragen, ein selbstlernendes System zu betreiben – gemäß dem Paradigma des „Testens und Lernens", das es Einzelnen und Gruppen gestattet, Fehler zu machen, solange sie diese umgehend korrigieren. Um die Ausgewogenheit des Systems sicherzustellen, ist es außerdem unabdingbar, den sozialen Dialog zu stärken und sogar auf alle am Ökosystem eines Unternehmens Beteiligten auszuweiten.

Der erste Kreis um diesen Kern fokussiert sich überwiegend auf die Organisation und die Technologien des Unternehmens.

Er setzt sich aus drei komplementären und untrennbaren Dimensionen des Industrieunternehmens des vierten Industriezeitalters zusammen. Die erste ist Start-up-Leadership, ein neuer Managementmodus, der auf die notwendige Horizontalisierung von Organisationen ausgerichtet ist, damit auch jeder Manager und jede Funktion im Unternehmen im Dienst der Frontline-Kräfte steht. Die zweite Dimension, die Hyperproduktion, bezieht sich auf die Fähigkeit des Systems, sich selbst rasch zu erneuern und seine physischen Abläufe und Informationsflüsse mit minimalen Reibungsverlusten zu überprüfen – im Einklang mit dem Ökosystem des Unternehmens (und das so nah wie möglich am Endverbraucher, um die User Journey zu maximieren). Die letzte Dimension ist die Software-Hybridisierung – ein unverzichtbarer technischer Treiber, der dazu beiträgt, im Unternehmen maßgebliche Effizienzsteigerungen herbeizuführen, durchgängig Gelegenheiten besser zu nutzen und vor allem mehr darüber zu erfahren, wie der Kunde Produkte nutzt, um so entweder Produkte zu entwickeln, die besser auf seine Bedürfnisse zugeschnitten sind, oder aber, um innovative neue Dienstleistungen zu erfinden.

Mitgetragen wird das alles durch einen zweiten, sogar noch disruptiveren Kreis. Dieser ist strategischer Natur und in erster Linie auf das Umfeld eines Unternehmens abgestellt. Auch er hat drei Dimensionen, die es ermöglichen, den Markt durch unkonventionelle Konzepte aufzumischen. Die erste Dimension ist das Narrativ – beziehungsweise die Fähigkeit von Führungskräften, andere durch eine Vision zu motivieren, die die übliche wirtschaftliche Berufung des Unternehmens verdrängt, um fähigen Nachwuchs anzuwerben und eine eingeschworene Gemeinschaft zu begründen. Eine solche Energie lässt sich am besten kanalisieren, wenn die Führungskräfte mit gutem Vorbild vorangehen und so viel wie möglich mit den Teams zusammenarbeiten, um diese anzuleiten und ihnen zu zeigen, wie sich Engpässe beseitigen lassen, die in der heutigen Welt manchmal schwer erkennbar sind. Die unverzichtbare Führungsvision setzt zwei Waffen ein, um die

Märkte zu erobern. Die erste ist die Kreuzintegration, die durch maximale Integration weit schnellere Reaktionen auf Volatilität ermöglicht (ob durch Übernahmen, durch die interne Entwicklung von Know-how oder durch bessere Vernetzung zwischen den verschiedenen Sparten des Unternehmens oder mit seinen Partnern). Die zweite ist die Tentakeltraktion, die die Vorzüge der neuerdings vernetzten gewerblichen Kanäle maximiert – insbesondere dank digitaler Plattformen – und auf diese Weise Zugkraft erzeugt durch unkonventionelles Denken, das den traditionellen Rahmen des ursprünglichen Unternehmenssektors sprengt.

Das 3-Kreise-Modell ist nicht Tesla-spezifisch

Das Tesla-Modell gehört zweifellos zu den disruptivsten, die die Industrie kennt, ist aber deshalb nicht unbedingt absolut einzigartig. Der Teslismus ist nicht auf Tesla beschränkt – ganz im Gegenteil, denn jedes Industrieunternehmen wird sein Modell an das neue Paradigma anpassen müssen, das das vierte Industriezeitalter mit sich bringt. Eine Reihe großer Akteure aus der traditionellen Industrie hat bereits damit begonnen, Systeme zu entwickeln, die an Formen des Teslismus angeglichen werden können, weil sie so nahe an der dreikreisigen Struktur des Tesla-Modells liegen. Beispiele dafür sind unter anderem Michelin und Mars, die beide disruptive Strategien verfolgen und so die Kohärenz ihres Gesamtsystems sicherstellen.

INTERVIEW MIT MICHELIN

„Die erste globale Strategie für einen Leuchtturm der Industrie der Zukunft"

Als weltweit führender Reifenhersteller und als Unternehmen, das von seiner Führungsposition auf dem Mobilitätsmarkt für Menschen und Produkte profitiert, hat Michelin seinen strategischen, industriellen und kommerziellen Ansatz komplett umgestellt, um sich die Vorteile des vierten Industriezeitalters voll zunutze zu machen. Das Unternehmen ist über 100 Jahre alt und begrüßt daher nicht zum ersten Mal proaktiv einen Wandel – ganz im Gegenteil. Michelin hat sich immer wieder selbst infrage gestellt und versucht das auch im Zuge dieser neuen industriellen Revolution, in der Hoffnung, daraus gestärkt hervorzugehen. Global Engineering Director Jean-Philippe Ollier spricht nachstehend über die Haupteffekte dieser durchaus folgenschweren Veränderung. Er ist seit 20 Jahren in der Branche tätig und hat vor der Übernahme der technischen Leitung als Werksleiter und Industriedirektor gearbeitet. In den zurückliegenden zehn Jahren seiner Laufbahn war er in verschiedenen Unternehmensteilen tätig, unter anderem in Michelins globaler Flugzeugreifensparte und im Lateinamerikageschäft. In dieser Doppelfunktion erklärt er die Besonderheiten der dualen „Geschäfts"- und „Wettbewerbschancen", die die vierte industrielle Revolution dem Unternehmen bietet.

Eine globale Vision der industriellen/digitalen Hybridisierung, in der Reifen zu Aktivposten werden

„Digitalisierung bedeutet, Daten – und damit die Aktiva – eines Unternehmens besser zu nutzen und gleichzeitig mehr darüber zu erfahren, wie Kunden Produkte verwenden, und immer besser darauf ausgerichtete

Dienstleistungen anzubieten." Diese Definition von Michelins Strategie für die Industrie der Zukunft ist ein guter Ansatzpunkt für alle, die verstehen wollen, wie sich die Umwälzungen auf das Unternehmen und seine Kunden auswirken könnten. Reifen sind zunehmend vernetzt und intelligent geworden und können auch nutzungsbasiert statt auf Pro-Stück-Basis vertrieben werden. Im Flugzeugreifensektor stellt Michelin seine Rechnungen neuerdings beispielsweise anhand der Zahl der Landungen. Im Segment Lkw-Reifen richtet sich der Rechnungsbetrag inzwischen nach den gefahrenen Kilometern. Der erste Effekt dieser maßgeblichen Umstellung: Reifen werden von dem Unternehmen, dem sie gehören, damit als Aktivposten betrachtet. Innovation wird für Leistungssteigerungen über die Produktlebensdauer dadurch noch entscheidender. Diese Veränderung hat auch dazu beigetragen, dass die Kosten für die Produktnutzung sinken und die berechneten Kosten optimiert werden. Durch Ausweitung der Produktnutzung und Sicherstellung nachhaltiger Leistung verringern auch die Recyclingkosten.

Unterstützt durch eine innovative Politik der unternehmerischen Verantwortung werden Mitarbeiter zu Hauptdarstellern in der digitalen Transformation

Über diesen einen Vorteil hinaus läuft der neue Ansatz aber auch auf eine enge Vernetzung zwischen den von Beschäftigten in der Produktion täglich genutzten Daten und den Daten hinaus, die Kunden im Anschluss über die gesamte Produktlebensdauer hinweg verwenden. Aus diesem Grund ist es so wichtig, die Frontline-Teams in der Fabrik mit entsprechend angepassten digitalen Schnittstellen auszurüsten, die digitale Kontinuität gewährleisten.

Das alles liegt der Entscheidung der Gruppe zugrunde, Teams so eng wie möglich in die Ermittlung konkreter Lösungen einzubinden, die die Übermittlung und optimale Nutzung von Daten in der Fabrikhalle fördern. Schnittstellen und Tools werden in Zusammenarbeit mit den Mitarbeitern definiert, die sich im Zuge dessen Kompetenzen und neue Funktionen aneignen. Ein Nebenprodukt dieses Vorgangs ist die Notwendigkeit, mehr Verantwortung zu übernehmen. Um diese Veränderung voranzutreiben, hat das Unternehmen gleich mehrere Initiativen gestartet, die die Autonomie von Teams in verschiedenen Bereichen stärken, für die zuvor das leitende Management oder Support-Funktionen zuständig waren. Dazu gehören Industrieplanung, Personalpolitik und Urlaubsplanung. „Natürlich werden in der Fabrik der Zukunft Menschen arbeiten, die mehr Verantwortung tragen", so Ollier. Dafür müssen aber erst solide Grundlagen gelegt werden, die ein robustes Produktionssystem voraussetzen. Der Ansatz soll „Michelin Manufacturing Way" heißen. Der Gedanke, der dahintersteht: Werden Reifen als Aktivposten wahrgenommen, ist es wichtig, ihre Lebensleistung zu optimieren, indem in den Fabriken und Lieferketten der Gruppe für belastbare Betriebs- und Managementpraktiken gesorgt wird.

Eine auf intelligente Partnerschaft und passgenaue Integration ausgerichtete Strategie, die langfristiges Wachstum fördert

Um dieses Produktionssystem herbeizuführen, verlässt sich Michelin auf eine duale Strategie der Integration und der hochspezifischen Distribution.

Als bereits in der Vergangenheit stark integriertes Unternehmen hat Michelin beschlossen, diese Politik weiterzuverfolgen durch die Förderung einer „maßge-schneiderten" Taktik, aus der die strategische Dimension von Vermögenswerten hervorgeht. Das bedeutet, es werden weiter Maschinen entwickelt, die sich von der Konkurrenz unterscheiden. Ferner pflegt Michelin Partnerschaften, über die es Maschinen für traditionellere Geschäftsbereiche bezieht, die keine prozess-bezogenen Wettbewerbsvorteile bieten.

Für Vertrieb und Distribution hat Michelin ebenfalls eine durchdachte Partnerschaftsstrategie gewählt, die es ermöglicht, Beziehungen zum Endnutzer zu unterhalten und dabei die Stärke seines Distributionsnetzes zu nutzen. Stellt das Unternehmen für Kunden aus der Luftfahrtbranche beispielsweise Rechnungen auf der Grundlage der Zahl der Landungen (oder einer Spedition auf Basis der zurückgelegten Strecken), dann beauftragt es Partner mit Feldanalysen und mit der Gewährleistung der Instandhaltung der Reifen. Diese Arbeiten übernimmt oft eine lokale Vertriebsstelle, die Michelin Zugang zu Märkten eröffnet, auf denen das Unternehmen mit einer nutzungsbasierten Strategie sonst nicht wettbewerbsfähig wäre. „Ein Speditions-kunde könnte es problematisch finden, einen Michelin-Premiumreifen zu bezahlen, doch wenn dieser auf der Grundlage der mit runderneuerten Reifen gefahrenen Kilometer angeboten wird, ändert das alles."

Die Industrie der Zukunft ist auch (und vor allem) eine stimmige Gesellschaftsgeschichte

Neben den geschäftlichen Aspekten hebt Ollier die Ideen des Unternehmens zur Interaktion mit der Gesellschaft hervor. „Lässt sich der Qualitätsabbau bei den Produkten um 20 Prozent mindern, bedeutet das, dass 20 Prozent weniger Reifen verbraucht werden. Dadurch reduziert sich die Produktionskapazität um 20 Prozent, was bedeutet, dass 20 Prozent weniger Energie und Rohstoffe konsumiert werden und 20 Prozent weniger Reifen recycelt werden müssen – per saldo ein Vorteil für die ganze Gesellschaft." Ein wichtiger Faktor für das Markenimage von Michelin: Dieser wirtschaftliche Vorteil lockt auch junge Talente an, ebenso wie die Digitalisierungsbestrebungen des Unternehmens, die es modern wirken lassen und zu einem attraktiven Arbeitgeber machen.

Auf Menschen und Lernen fokussiert, unterfüttert durch ein robustes Produktionssystem und eine Managementpolitik, die es den Beschäftigten ermöglicht, mehr Verantwortung zu übernehmen, getragen von einer nutzungsorientierten Digitalisierungsstrategie und einer Taktik der passgenauen Integration und gestärkt durch eine Erfolgsbilanz, die sich durch kohärente Interaktionen mit der übrigen Gesellschaft auszeichnet – durch all das verkörpert das Organisationsmodell, das von Michelin entwickelt wurde, um das vierte Industriezeitalter zu nutzen, ein stimmiges System, das von den typischen strategischen, technischen und menschlichen Kreisen des Teslismus geprägt ist.

INTERVIEWS MIT MARS UND MY M&M'S

„Ein Start-up mit der DNA des vierten Industriezeitalters"

My M&M's erlebt ein beispielloses Abenteuer. Als junges Start-up in einer der am stärksten strukturierten Gruppen der Agrar- und Ernährungswirtschaft ist diese rund 40-köpfige Organisation ein aufgehender Stern des vierten Industriezeitalters. Dem Unternehmen ist es in halsbrecherischem Tempo gelungen, M&M's herzustellen, die Endverbraucher nach eigenen Wünschen gestalten können. Value-Stream-Managerin Valérie Metzmeyer ist für das Ablaufmanagement und die operative Entwicklung zuständig. Sie ist so dynamisch, wie eine Start-up-Managerin nur sein kann, und erklärt begeistert die Stärke und die Eigenheiten des Modells von My M&M's, das sich durch eine zutiefst systematische Arbeitsweise auszeichnet.

Digitalisierung hilft Start-ups schnell aus den Startblöcken

Auch nach 30-jähriger Karriere kommt Metzmeyer immer noch in Fahrt, wenn sie über den Europa-Start von My M&M's berichtet. „Unser CEO ist in den Vereinigten Staaten auf das Konzept gestoßen und war davon so angetan, dass wir in Frankreich schon im Dezember 2006 an den Start gingen – kaum neun Monate nach der Entscheidung, es dort umzusetzen!" Danach ging alles ganz schnell. Mithilfe der Drucktechnologie, die in den US-amerikanischen Unternehmensteilen bereits weit verbreitet war, konnte die neue Host-Fabrik des Start-ups unverzüglich mit der Produktion der M&M's-Schokolinsen beginnen. Das Konzept ist ausgesprochen erfolgreich – Kunden werden über ganz andere Kanäle angeworben als die mit normalen Impulskäufen im Laden verbundenen. Für zusätzliche Zugkraft sorgt die E-Commerce-Website. „Das Produkt ist stark emotional aufgeladen, denn die Kunden können ihre M&M's nach Gutdünken gestalten, um wichtige Ereignisse in ihrem Leben zu feiern." Der Konsument ist voll in den Produktentwicklungsprozess einbezogen: Er hat in Bezug auf Farbe, grafische Gestaltung, Verpackung und sogar verwandte Süßigkeiten vollkommen freie Hand. Die enge Beziehung zum Unternehmen erzeugt ein echtes Erfolgsgefühl. Innerhalb von zehn Jahren hat das Start-up seinen Umsatz verzehnfacht.

Ganz neue Produktionspraktiken

Eines der Hauptargumente, das die Marke nutzt, um dieses Ausnahmewachstum zu erreichen, ist ihre Reaktionsfähigkeit. M&M's können extrem schnell geliefert werden. Das lässt sich nicht improvisieren, weil so vieles hineinspielt – Industrieorganisation, Planungspraktiken und die Arbeit der Teams –, und alles unterscheidet sich stark von der Arbeit des übrigen Unternehmens. In der Hochsaison müssen beispielsweise die Fertigungskapazitäten verdreifacht werden, wofür zusätzliche Arbeitskräfte erforderlich sind, die blitzschnell geschult werden müssen. Zu diesem Zweck muss jeder bereit sein, als Informationsquelle zu dienen und sein Know-how weiterzugeben. Auch die Prozesse müssen möglichst stark vereinfacht werden. „Schlankes Denken war ausgesprochen nützlich, reicht aber nicht aus. Die neue Welt erfordert darüber hinaus eine starke Mentalität, die auf der Übermittlung belastbarer Werte und der Fähigkeit beruht, sich selbst ständig infrage zu stellen." Eine weitere Komplexität stellt der Effekt veränderter Arbeitsmuster von Beschäftigten auf ihr Privatleben dar. Dafür werden Anlaufstellen im Management gebraucht, wo die Menschen Gehör finden, wo ihnen alles erklärt wird und wo Beziehungen zu Support-Funktionen oder anderen Teilen der Fabrik hergestellt werden.

Starke Werte und eine Integration, die Aufgeschlossenheit erzeugt

Neben den Führungsmodalitäten wurzelt die langfristige Differenzierung des Unternehmens in einem Wertesystem, das sich um Qualität, Verantwortung, Gegenseitigkeit, Effizienz und Freiheit dreht. Jeder dieser grundlegenden Werte der Mars-Gruppe ist für die ganz eigene Kultur des Start-ups von zentraler Bedeutung. Sie bieten Orientierung in täglichen Entscheidungsprozessen, indem sie das Verantwortungsgefühl der Menschen und den Respekt vor allen Kollegen und Partnern hervorheben, die an einer bestimmten Tätigkeit Anteil haben. Es ist ein Betriebsmodus, der das Unternehmen entsprechend der drei konzentrischen Kreise des Teslismus mobilisiert hat. Die Beschäftigten sind angehalten, neue Technologie einzusetzen und laufend dazuzulernen. Das Unternehmen wird durch ein flexibles, kollaboratives „Hyper"-Produktionstool organisiert und gemanagt, dem sowohl eine extrem robuste digitale E-Commerce-Plattform als auch eine professionelle Integration zugrunde liegen, die dem allgemeinen Start-up-Modell entsprechen.

Dank dieser verschiedenen Tätigkeitsfelder gilt Mars in Frankreich als ausgesprochen attraktiver Arbeitgeber und belegte in den Great-Place-to-Work-Rankings des Landes 2018 den dritten Platz. Von Praktikanten wurde es in der französischen Happy-Trainee-Klassifizierung 2017 zum Favoriten gekürt.

Die Gruppe ist sehr daran interessiert, ihre Aktivitäten und Entwicklungschancen zu kommunizieren, was die Frage aufwirft, ob My M&M's in Zukunft auch die übrige Mars-Gruppe verändert. Wie auch immer – es besteht kein Zweifel daran, dass diese Erfahrung positiv verlief, was ein weiterer Beweis dafür ist, dass das vierte Industriezeitalter bereits in vollem Gange ist – selbst wenn vorerst auf einige wenige kleine Wachstumsnischen beschränkt.

WIE SIE DIE TESLA-METHODE IN IHRER ORGANISATION UMSETZEN KÖNNEN

ZUSAMMENFASSUNG

Um die Transformation der Tesla-Organisation zu verstehen, muss man zunächst das Geschäftsmodell des Unternehmens durchschauen. Die Implementierung des Wandels erfordert jedoch einen größeren Entwurf.

Das vorliegende Kapitel mit seinem eher operationellen Fokus sollte jedem Unternehmensleiter, Wirtschaftsingenieur oder Analysten die Grundlagen der Implementierung des Tesla-Modells in der Organisation begreiflich machen. Durch Ermittlung der wichtigsten Diagnosephasen, die erforderlich sind, um den „Teslismusgrad" eines Unternehmens zu bewerten, demonstriert der folgende Abschnitt die Hebel, die gezogen werden müssen, um systemübergreifend Verbesserungen zu erzielen.

Hyperproduktion mit VSM 4.0 diagnostizieren

Wie beim Lean Manufacturing lassen sich auch die meisten Voraussetzungen für Hyperproduktion auf andere Unternehmen als Tesla übertragen. Um diesen Ansatz in Ihrem Unternehmen anzustoßen, sollten Sie zunächst eine erweiterte 4.0-Version der Wertstromanalyse (Value Stream Mapping, VSM) zum Einsatz bringen. Wie beim klassischen VSM sollte auch diese Analyse vor Ort erfolgen, doch dem Wertstrom entgegengesetzt – angefangen beim Kunden, bei gleichzeitiger Analyse von Informationsflüssen und physischen Abläufen. In der typischen Fabrik würde man dazu im Auslieferungsbereich ansetzen. Dann geht es weiter über Verpackung, Montage, Verarbeitung und so weiter. Den Schlusspunkt bildet die Beschaffung. Um den gemeinschaftlichen Wert zu analysieren, sollten Sie bei jedem Schritt die acht Verschwendungsarten des vierten Industriezeitalters beachten, und zwar gegliedert in zwei Kategorien: visuelle Verschwendung und virtuelle Verschwendung.

Sichtbare Verschwendung

Verschwendung zeigt sich mitunter deutlich und ist leicht erkennbar, wenn man den Strom der Wertschöpfung verfolgt: Mehrverbrauch, Wartezeiten, repetitive oder kognitiv mühsame Aufgaben und Bürokratie.

Um Mehrverbrauch auf die Spur zu kommen, sollten Sie nach Überbeständen, Ausschuss und Leckstellen (im Regelfall Mehrverbrauch an Luft, Wasser oder Öl) Ausschau halten und – vielleicht noch wichtiger – herausfinden, wie derartige Verschwendung täglich von den Teams vor Ort gemessen und überwacht wird. Ist solche Verschwendung unter Kontrolle gebracht, sollte es Leistungskennzahlen geben, die damit verknüpft sind – jeweils mit klarer Zielsetzung. Diese sollten von den Frontline-Führungskräften gemanagt und von der Werksleitung bei jedem Besuch vor Ort hinterfragt werden.

Wartezeiten sind vermutlich am einfachsten feststellbar: Beim Rundgang durch die Fabrikhalle sieht man, wenn Maschinen stillstehen – sei es aufgrund von ineffizienter Planung, unsachgemäßer Umstellung, Ausfall, Fehlzeiten und so weiter. Die Leistungskennzahl (Key Performance Indicator, KPI) zur Messung der Maschineneffizienz ist die Gesamtanlageneffizienz (Overall Equipment Efficiency, OEE). Ein Näherungswert für die OEE ist vor Ort schnell ermittelt: Schauen Sie eine Minute lang jede Maschine in Ihrem Sichtfeld an und stellen Sie fest, welche Maschinen laufen und welche in Wartestellung sind. Zählt man die wartenden Maschinen, ergibt sich in der Regel, dass sie zwischen 5 und 70 Prozent der Zeit pausieren. Wird das Tempo des Prozesses nicht von der Maschine vorgegeben, lässt sich diese Wartezeit zu einem gewissen Teil (5 bis 10 Prozent) durch das Verhältnis zwischen Auslastung und Kapazität erklären. Doch die Wartezeit richtet sich auch nach dem Produktionsumfeld. In kapitalintensiven Fabriken sollte der Fokus darauf liegen, sicherzustellen, dass die wichtigsten Prozesse ständig laufen und der prozentuale Anteil der Maschinen in Wartestellung generell gering ist (10 bis 20 Prozent). In der verarbeitenden Industrie hat der Produktmix einen großen Einfluss auf die Auslastung der Maschinen. Daher können zeitweilig 20 bis 25 Prozent der Maschinen im Leerlauf sein. In der Montage oder in einem manuellen/halbautomatisierten Umfeld gibt es – abgesehen von den Kompetenzen – weniger Engpässe. Die Wartezeiten der Arbeitsstationen sollten daher maximal 5 bis 15 Prozent betragen. Doch nicht nur Maschinen müssen in der Produktion manchmal warten: Werkstoffe, unfertige Erzeugnisse und sogar Menschen verbringen generell einen Teil ihrer Zeit in Wartestellung. Arbeiter warten gewöhnlich auf Werkzeuge, Teile oder Informationen, was zu Diskussionen führt. Messen lässt sich der Effekt des Wartens auf die Beschäftigten am besten durch häufige Stichproben zur Tätigkeit von Arbeitern beim Rundgang durch die Fabrik: Generieren Sie Werte für den Endkunden oder tun zumindest andere Dinge als auf etwas oder jemanden zu warten? Wartezeiten oder ineffiziente Diskussionen können – je nach Tätigkeit – 5 bis 25 Prozent der insgesamt verschwendeten Arbeitszeit ausmachen. Diese Verschwendung lässt sich am besten bekämpfen durch die Gestaltung eines strukturierten Systems zum Leistungsmanagement und die Implementierung kollaborativer Lösungen zum reaktionsschnellen Informationsaustausch.

Repetitive oder mühsame Arbeiten sind etwas schwerer auszumachen. Dazu sollten Sie sich an einem stationären Arbeitsplatz Zeit nehmen und ein und dieselbe Tätigkeit über mehrere Zyklen hinweg beobachten. Repetitive Aufgaben lassen sich immer leichter automatisieren. Insgesamt ergeben unsere Beobachtungen, dass sich – je nach Sektor oder Prozess – 10 bis 30 Prozent der aktuell in einer Produktionsanlage ausgeführten Arbeiten mittelfristig automatisieren ließen. Dessen ungeachtet sollten manche Arbeiten, selbst wenn sie nicht repetitiv sind, automatisiert werden, um sicherzustellen, dass die Beschäftigten weiterhin hoch motiviert bleiben und an die Mission des Unternehmens glauben. Nichts hat eine so negative Wirkung auf die Personalbindung wie eine Lücke zwischen einer inspirierenden offiziellen Mission eines Unternehmens und ausgesprochen schlechten Arbeitsbedingungen für die in dem Unternehmen tätigen Teams. Wie anstrengend bestimmte Arbeiten sind, lässt sich am besten abschätzen, indem man auf Gesten und Bewegungen achtet, die schwerfallen, und deren Häufigkeit sowie ihre erforderliche Intensität misst. Muss man beispielsweise einmal in der Stunde den Arm höher heben als auf Herzniveau, um auf einen Knopf zu drücken, so ist das nicht gesundheitsschädlich. Tut man das aber zehnmal die Stunde und wird dabei von zehn Kilogramm oder mehr Gewicht belastet, dann strapaziert das die Muskeln sehr und kann zu dauerhaften Schädigungen führen. In der digitalen Welt sollten Sie nicht zuletzt auch kognitive Belastungen berücksichtigen – beispielsweise durch häufige Unterbrechungen. Die meisten Manager werden im Arbeitsalltag häufig unterbrochen. Nach einer Unterbrechung braucht unser Gehirn mindestens zwei Minuten, um sich wieder zu fokussieren – und durch Multitasking ermüdet es deutlich schneller. In einem Büroumfeld oder bei einem Managementteam sollte eine derartige Verschwendung bei der Messung anstrengender Arbeiten oder Umstände berücksichtigt werden.

Bürokratie ist ebenfalls eine leicht erkennbare Art der Verschwendung. Geht man durch eine Fabrik, reicht ein Blick auf die Höhe der Papierstapel auf jedem Schreibtisch oder an jedem Arbeitsplatz. Generell verbringen Manager 5 bis 20 Prozent ihrer Zeit mit administrativen Aufgaben, und Arbeiter wenden in den meisten Produktionsumgebungen immerhin noch 5 bis 10 Prozent ihrer Zeit für Papierkrieg auf. Dessen ungeachtet ist die Bewertung der Bürokratie auch notwendig, um die wichtigsten Support-Funktionen zu ihren täglichen Aufgaben im Zusammenhang mit ihren zentralen Prozessen zu befragen. So verbringt beispielsweise ein Industrieplaner seine Zeit hauptsächlich damit, eine effiziente, kundenorientierte Planung aufzustellen. Dazu benötigt er jedoch in aller Regel eine ganze Menge Informationen: Vertrieb oder Marketing stellen Prognosen bereit. Die Produktionsmanager informieren über Fertigungsengpässe. Das Bestandsniveau und die verschiedenen Planungsparameter (Durchlaufzeiten et cetera) lassen sich aus dem System abrufen, werden jedoch von Lieferkettenmanagern überwacht und so weiter. Diese Informationen sind mehr oder weniger digitalisiert. Die zur Evaluierung der Synthese erforderliche Zeit richtet sich demnach nach der „Hyperfähigkeit" der Organisation. Doch über den Prozess als solchen hinaus gibt es noch wesentliche Gesichtspunkte, wenn die Planung das Ziel nicht erreicht (etwa Kundenserviceniveau, Bestandsniveau, Produktionseffizienz). Der Entscheidungsprozess wird auch je nach Organisation und deren Fähigkeit, Risiken einzugehen und/oder Menschen mehr Mitspracherecht einzuräumen, mehr oder weniger reaktiv ausfallen. Dabei handelt es sich um den am wenigsten greifbaren Teil der Bürokratie: die Bewertung der kompletten Prozessdauer (Durchlaufzeit in Tagen) im Verhältnis zur effektiven Prozessarbeit (der Gesamtarbeit, die Menschen in den Prozess einbringen).

Virtuelle Verschwendung

Wie beim Beispiel zur Bürokratie ist Verschwendung manchmal nicht sichtbar, weshalb es notwendig ist, Zeit für die Analyse von

Informationsflüssen und für die rege Interaktion mit den Teams aufzuwenden, um Daten über solche Arten der Verschwendung zu erfassen: Unentschlossenheit, Silos, mangelnde Benutzerfreundlichkeit und ungenutzte Daten.

Unentschlossenheit scheint eine Art der Verschwendung zu sein, die sich besonders schwer messen lässt. Dabei gibt es dafür mindestens zwei Methoden. Erstens kann die Teilnahme an wichtigen Meetings der Organisation Aufschluss über Unentschlossenheit auf Mikroebene geben. Das kann auf verschiedenen Ebenen erfolgen (beispielsweise zum einen bei Arbeitern vor Ort, zum anderen bei der Werksleitung). Man sollte zuhören, was gesprochen wird, und alle Maßnahmen auflisten, die bei dem Meeting erwähnt werden – ebenso wie Einzelheiten zu etwaigen Konflikten. Anschließend sollte festgestellt werden, wie hoch der Prozentsatz der Maßnahmen oder Debatten ist, die zu konkreten Entscheidungen mit einem klaren Verantwortlichen und einer festen Frist führen. Generell liegt der Wertbeitrag der in Meetings verbrachten Zeit für das Unternehmen nicht einmal bei 20 Prozent. Das ist auf mehrere Faktoren zurückzuführen: Es fehlt eine klare Agenda, es mangelt an klarer Führung, an Tools zur Formalisierung der Maßnahmen und Entscheidungen, Beteiligte sind nicht richtig vorbereitet oder zu wenig diszipliniert (Teilnehmer kommen zu spät, es laufen zwei Diskussionen parallel, es wird während der Sitzung telefoniert und dergleichen mehr). Doch selbst wenn alle Teilnehmer voll bei der Sache sind, können geringe Risikobereitschaft und mangelndes Mitbestimmungsrecht über die verschiedenen Funktionen zu Unentschlossenheit führen. Haben Sie schon einmal ein zweistündiges Meeting von 20 brillanten Köpfen erlebt, nach dem keiner wusste, was als Nächstes zu tun war?

Die zweite Methode zur Bewertung von Unentschlossenheit ist die Messung des Effizienzprozesses, die auf Hallen-, Werks-, Lieferketten- oder Unternehmensebene erfolgen kann. Wie beim Beispiel zu den Planungsprozessen ist auch hier entscheidend, die gesamte Durchlaufzeit zu kennen, die Teams im eigentlichen

Arbeitskontext brauchen, um Entscheidungen zu treffen. So ist beispielsweise die Ver- und Betriebsplanung auf Unternehmensebene ein ausgesprochen bedeutsamer Prozess, um Auslastung und Kapazität mittelfristig ausgewogen zu gestalten. Um sich angemessen zu informieren, sollten Sie 10 bis 50 Leute einbeziehen, von denen jeder im Schnitt eine Stunde arbeiten sollte. Ist die Organisation hypereffizient, sollten wichtige Entscheidungen nach Rücksprache mit fünf bis zehn Personen letztlich innerhalb einer Stunde gefallen sein. Der gesamte Arbeitsaufwand liegt maximal zwischen 10 und 60 Stunden. Dauert dieser Prozess eine Woche, liegt die Effizienz fast bei 100 Prozent (die Durchlaufzeit des Prozesses beträgt fünf Tage, das Arbeitspensum rund fünf Tage pro Person). Liegt die Durchlaufzeit aber bei einem Monat oder mehr, wird der Prozess ineffizient. Solche Prozesse sind iterativ, und die Durchlaufzeit richtet sich nach der Zahl der Schleifen bis zu einer Entscheidung. Die Folge einer langen Durchlaufzeit ist leider zunehmende Ineffizienz, denn wenn der Entscheidungsprozess zu lange dauert, verändern sich die Inputs, sodass weitere Schleifen erforderlich sind. Das kann zum Teufelskreis werden.

Um derartige Fallstricke zu vermeiden, ist es eine gute Idee, sich auf einen Entscheidungsprozess mit einer klaren Frist und einer eindeutigen Definition von Rollen und Zuständigkeiten zu einigen: Wann informiert sich der Entscheider und hört zu? Wann trifft er seine Entscheidung? Welche Kriterien beeinflussen diese Entscheidung? Die meisten Menschen halten eine Entscheidung dann für gut, wenn sie die Mehrheit der Beteiligten zufriedenstellt. Im vierten Industriezeitalter ist eine gute Entscheidung aber zunächst eine eindeutige Entscheidung mit einem transparenten Prozess nach Anhörung aller Interessengruppen und im Einklang mit der Unternehmensmission. Vor allem aber ist sie ein Akt der Führung, und der Hauptentscheider sollte die Verantwortung dafür tragen, ganz gleich, ob die Mehrheit der Beteiligten dafür war oder nicht.

Wie die Unentschlossenheit sind auch Silos beim Rundgang durch eine Fabrik nicht offensichtlich. Es gibt aber drei Möglichkeiten, festzustellen, ob eine Organisation in der Lage ist, Silos zu vermeiden. Die erste besteht in der Beobachtung der Teams im Arbeitsalltag: Hilft man sich selbstverständlich gegenseitig? Ist die Arbeit ausgewogen auf die verschiedenen Bereiche oder Funktionen verteilt? Agilität bei der Erzielung eines ausgewogenen Verhältnisses zwischen Arbeitspensum und Kapazität auf täglicher oder stündlicher Basis gehört zu den Schlüsselelementen einer Hyperorganisation. Dafür braucht es nicht nur ein gutes Planungs- und Überwachungssystem, sondern auch ein ausgesprochen hohes Kooperationsniveau zwischen Funktionen sowie solides wechselseitiges Vertrauen: Wenn ich mich als Leiter eines Produktionsbereichs bereit erkläre, Ihnen heute ein Mitglied meines Teams für Ihren Bereich zur Verfügung zu stellen, wie kann ich dann sicher sein, dass Sie morgen für mich da sein werden, wenn ich Unterstützung brauche? Dasselbe ist auch auf Arbeitsplatzebene zu beobachten: Ist der Ausbalancierungsprozess nicht perfekt (was meist der Fall ist – vor allem angesichts der Explosion der Produktvielfalt), warum sollte ich dann meinen Kollegen helfen, wenn das vom System nicht gefördert wird oder wenn ich nicht glaube, dass mir morgen weitergeholfen wird, falls ich das vorgeschriebene Tempo nicht halten kann?

Die zweite Methode besteht in der Beobachtung von Verhaltensweisen, die nichts mit der eigentlichen Tätigkeit zu tun haben. In Hyperorganisationen gilt für alle Teams (außer den Sicherheitsleuten) derselbe Dresscode, sie arbeiten im selben Bereich – ohne eigene Büros – und essen im selben Bereich. Sie mischen sich mit Kollegen, die andere Funktionen erfüllen oder mit anderen Organisationsebenen. Das Paradigma der Unterteilung in „Arbeiter und Angestellte" ist hinfällig. Achten Sie darauf, wie sich Einzelne vorstellen, und verschaffen Sie sich einen Eindruck von ihrer Einstellung zur übrigen Organisation: Herrscht Kooperationsgeist oder werden sie überwiegend von einer „Ihr und wir"-Mentalität geprägt?

Anhand solcher alltäglicher Details werden Sie schnell feststellen, ob sich die Belegschaft auch wirklich derselben Organisation zugehörig fühlt. Das ist im Allgemeinen sehr aufschlussreich. Es mag oberflächlich erscheinen, ist aber eine sehr wichtige Voraussetzung für Hyperproduktion, in der es vor allem auf Zusammenarbeit ankommt und der Status höchst unproduktiv wird.

Schlussendlich lassen sich Silos auch anhand eines Organigramms und der Teamziele erkennen. Hyperorganisationen zeichnen sich in aller Regel durch flache Hierarchien aus und leisten raschen Entscheidungen Vorschub. Picken Sie sich einen beliebigen Teamleiter aus dem Bereich heraus und prüfen Sie, wie viele Stellen im Organigramm zwischen dieser Person und den anderen liegen, die im selben Großraumbüro sitzen. Das liefert Ihnen einen aussagekräftigen Anhaltspunkt dafür, wie gut es der Organisation gelingt, Silodenken zu vermeiden. Silos lassen sich aber auch aufspüren, indem Sie die jährlichen Ziele eines Dienstes – beispielsweise des Einkaufs – auf ihre Vereinbarkeit mit den allgemeinen durchgängigen oder den lokalen funktionellen Zielen überprüfen. So würde beispielsweise ein Einkaufsdienst ohne Silomentalität Ausrüstung kaufen, die die Gesamtbetriebskosten senkt, oder Zulieferer nicht allein unter Kostengesichtspunkten auswählen, sondern auch aufgrund ihrer Zuverlässigkeit und Leistung.

Nutzerfreundlichkeit ist zunächst nur ein Eindruck, keine nachprüfbare Spezifikation. Ohne sie kann es aber Probleme geben. Ob eine IT-Schnittstelle oder pauschaler ein industrieller Arbeitsplatz zu wenig Nutzerfreundlichkeit aufweist, lässt sich auf zwei entgegengesetzten, doch komplementären Wegen diagnostizieren. Der erste besteht darin, das Umfeld dieses Arbeitsplatzes zu bewerten, es zu beobachten und im Anschluss den Nutzer zu fragen, welche Spezifikationen angepasst oder verbessert werden müssen. Das kann mit einer Methode zur Ermittlung der Beanspruchung durch den Job erfolgen. Ist eine Liste mit Optimierungsanregungen erstellt, könnte diese danach unterteilt werden, welche Verbesserungen als Erstes umgesetzt werden sollten (nämlich die am einfachsten durchführbaren und die wirkungsvollsten).

Eine andere Möglichkeit zur Analyse der Nutzerfreundlichkeit ist eine „nullbasierte" Denkweise. Betrachten Sie den Prozess von

Grund auf, als gäbe es den Arbeitsplatz oder die Systeme nicht. Fokussieren Sie sich dabei auf die wesentlichen Spezifikationen für den Nutzer. Führen Sie dann eine Sensitivitätsstudie durch, um festzustellen, welche Spezifikation für den Nutzer zu einem größeren, „erstaunlichen" Effekt führt. Fachleute für App-Design bedienen sich bekannter Strukturen, um dafür zu sorgen, dass Nutzer geködert werden (aus Nir Eyals Buch *Hooked: Wie Sie Produkte erschaffen, die süchtig machen*): Auslöser, Handlung, variable Belohnung, Investition. Dahinter steht der Gedanke, dafür zu sorgen, dass jeder Nutzer bei jeder Nutzung des Systems hinlänglich belohnt wird, um ihn dazu zu bringen, das System beim nächsten „Auslöser" wieder zu verwenden. Diese Grundsätze aus dem App-Design sollten bei der Umsetzung eines nullbasierten Ansatzes unbedingt Anwendung finden, um die Wahrscheinlichkeit zu erhöhen, dass der Nutzer das System auch wirklich regelmäßig einsetzt. Wie oft haben Sie schon in Maschinen, Roboter oder IT-Systeme investiert, die dann gar nicht genutzt wurden, weil die grundlegenden Funktionalitäten im Hinblick auf die Nutzer nicht durchdacht waren? Verbinden Sie Ansätze, um ein für die Nutzer geeignetes maßgeschneidertes Arbeitsplatzkonzept/System zu entwickeln.

Daten sind die neuen Werttreiber. Ungenutzte Daten sollten daher auf Tagesbasis von jedem Manager aufgespürt werden. Diesbezügliche Verschwendung ist nur leider nicht ganz einfach festzustellen, weil es sich dabei um etwas so wenig Greifbares und auch noch schwer Verständliches handelt. Jeder weiß, dass eine gute Führungskraft in der Lage sein sollte, Entscheidungen zu treffen und die Folgen einer guten Entscheidung für die Agilität einer Organisation zu erkennen. Doch die Verfügbarkeit von Daten wird nie jemanden von der Arbeit abhalten. Sie stellt lediglich eine verpasste Wertschöpfungschance dar. Aus diesem Grund sollte man dieser Art der Verschwendung auf etwas andere Weise auf die Spur kommen. Erstens sollten sämtliche Teams darüber informiert werden, was von einer guten Datennutzung abhängt. Im Anschluss kann eine Diagnose in drei Schritten erfolgen: Erfassung, Verwaltung und Nutzung. Um die Datenerfassung zu analysieren, muss sich der Prüfer bestimmte Informationen aus der Praxis beschaffen (beispielsweise über manuelle und automatische Steuerungen, manuelle und automatische Überwachungsprozesse, Informationen zum Leistungsmanagement, maßgebliche Maschinenparameter und so weiter) und manche Informationen aus Systemen beziehen (wie ERP, MES, PLM, CRM und so weiter) sowie aus automatisierten Maschinen und Schnittstellen. Das Datenmanagement sollte mit dem IT-Service durch Datenstromanalysen der einzelnen Schlüsselprozesse im Unternehmen geprüft werden. Dadurch werden potenzielle Probleme im Zusammenhang mit der Systemkonnektivität, der Cybersicherheit und ganz allgemein mit der IT-Architektur aufgedeckt. Die Datennutzung ist leichter diagnostizierbar: Dazu sollten vorab Ideen entwickelt werden, wie sich wichtige Leistungskennzahlen optimieren lassen. Dann ist zu prüfen, ob die verfügbaren Daten ausreichend genutzt werden, um es den Teams zu erleichtern, Abläufe zu überwachen, zu verbessern und davon zu profitieren.

Diagnose der Kreuzintegration mithilfe einer erweiterten Version der Porter-Kräfte

Um das Integrationsniveau Ihrer Organisation beurteilen zu können, empfiehlt sich der Einsatz einer erweiterten Variante des 5-Kräfte-Modells nach Porter. Bedienen Sie sich neuer Technologien, um Folgendes zu erreichen (siehe Abbildung 5.1):

- den Wertbeitrag für Ihre Kunden steigern und dazu, wenn nötig, Ihre Wertschöpfungskette sprengen.
- Einstiegsbarrieren in Form von Plattformbedrohungen verstärken.
- prüfen, wie eng die Verbindung zu Ihrem Zuliefierernetz ist, und vorgelagerte Tätigkeiten revolutionieren.
- neue Chancen auf Partnerschaften mit ihrem Ökosystem ausloten.

- Ihren zentralen Wertbeitrag überprüfen, um sich auf die wichtigeren Geschäftsfelder zu konzentrieren und die Zusammenarbeit zwischen Ihren wichtigsten internen Funktionen zu intensivieren.

Abbildung 5.1 **Erweiterte Porter-Kräfte**

Angebotswertstrom 	Partnerschaft 4.0 	Wie lassen sich Partnerschaften bündeln und besser mit dem Ökosystem vernetzen, um neue Sektoren zu nutzen und neue Kompetenzen zu erwerben?	Kundenwertstrom 
Wie lassen sich die neuen Technologien nutzen, um die Leistung zu steigern und die Bilanz Ihres vorgelagerten Angebotsnetzes zu verbessern? Wie lassen sich Internalisierungschancen ermitteln?	Neuer Wertbeitrag 	Wie lassen sich alle Ihre internen Funktionen segmentieren und überprüfen, um den Einfluss von Verbindungen zu optimieren und die Reaktivität der End-to-end-Prozesse zu beschleunigen?	Wie lassen sich die neuen Technologien nutzen, um enger am Kunden zu sein und disruptive Produkte oder Dienstleistungen anzubieten?
	Einstiegsbarrieren 4.0	Wie lassen sich durch die neuen Technologien neue Barrieren aufbauen und wie lässt sich Ihr eigener Sektor durch die Macht der digitalen Plattformen als Erster aufmischen?	

Quelle: OPEO

Den Wertbeitrag für Ihre Kunden steigern und dazu, wenn nötig, Ihre Wertschöpfungskette sprengen

Der Zugriff auf Daten von Endkunden ist die Voraussetzung dafür, zu verstehen, was diese motiviert und ob sie bereit sind, für neue Dienstleistungen zu zahlen. Ziel des Hinterfragens Ihres kundenseitigen Wertstroms ist es, festzustellen, wie sich Technologien nutzen lassen, um näher an den Endkunden zu kommen. Dazu können Sie verschiedene Hebel ansetzen, von der Vernetzung des Produkts über den direkten Bezug von Daten daraus bis hin zur radikalen Veränderung des Vertriebs- und Distributionsansatzes oder zur Reinternalisierung der nachgelagerten Prozessschritte. So oder so geht es darum, anders über den Wertbeitrag nachzudenken und die Bedürfnisse Ihrer Kunden besser zu verstehen, um sicherzustellen, dass Sie angemessene Leistungen anbieten können. So verrät beispielsweise die

Aussage von Roland Schaeffer von Socomec aus einem Vorkapitel, dass das Unternehmen beschlossen hat, seinen Kunden nicht mehr nur wie früher Anlagen zu verkaufen, sondern ein vitales Monitoring. Dadurch konnten sie von ihren Kunden aus der Industrie Daten beziehen und Lösungen vorschlagen oder anpassen, um durch die Optimierung des Energieverbrauchs Kosten zu sparen.

Einstiegsbarrieren in Form von Plattformbedrohungen verstärken

Es gibt zwei Möglichkeiten, die Einstiegsbarrieren in Ihren Sektor zu verstärken – und zwei Wege, Chancen zur Optimierung solcher Barrieren zu diagnostizieren.

Die erste Methode: Befassen Sie sich genauer mit den bestehenden Barrieren und versuchen Sie, durch den Einsatz neuer Technologie mehr zu erreichen. So werden beispielsweise an die gesamte Lieferkette im Luftfahrtsektor hohe Rückverfolgbarkeitsanforderungen gestellt. Gleichzeitig steigt der Druck, pünktlich zu liefern. Diese Anforderungen wusste Dassault Systèmes für sich zu nutzen, indem das Unternehmen Boeing einen einzigartigen Vertrag anbot, der vorsah, dass Boeing und alle Akteure in der Lieferkette durch das Dassault-Produkt „3D Experience" vernetzt werden sollten.

Die zweite Methode besteht schlicht darin, unkonventionell an die Disruption des eigenen Sektors heranzugehen. So kann man interne Innovationen entwickeln oder sich an Start-ups beteiligen, die den Sektor mit neuen Geschäftsmodellen aufmischen. Das hat zum Beispiel Suez im Abfallsektor getan mithilfe einer defensiven Beteiligung an Rubicon – einer neuen kanadischen Plattform, die die „Uberisierung" des Abfallmarktes einleitete.

Prüfen, wie eng die Verbindung zu Ihrem Zuliefernetz ist, und vorgelagerte Tätigkeiten revolutionieren

Um die Angebotsseite Ihres Wertstroms zu beurteilen, sind vor allem zwei Fragen zu beantworten, wenn die Agilität Ihrer Industrieorganisation erhöht werden soll: Gibt es zentrale Bestandteile oder Teilsysteme des Produkts, die sich schneller entwickeln könnten, wenn Sie das intern übernehmen? Gibt es Zulieferer oder vorgelagerte Lieferketten, denen es an Zuverlässigkeit oder Reaktionsvermögen mangelt? In beiden Fällen bieten sich drei Reaktionsebenen an. An erster Stelle steht dabei, auszuloten, wie die neuen Technologien zu einer besseren Vernetzung mit den betreffenden Zulieferern führen können – etwa durch Beschleunigung der Planungs- oder Prognoseprozesse im Wege eines automatisierten Bestellsystems. Zweitens: Finden Sie heraus, ob es vielleicht Technologien gibt, die die Lieferkette revolutionieren können. So lassen sich beispielsweise manche traditionellen Fertigungsbetriebe durch 3D-Druck ersetzen, was im Anschluss Kosten spart, Bearbeitungszeiten verkürzt und Versorgungssicherheit gewährleistet. Das gilt sowohl für das Prototyping in der Forschungs- und Entwicklungsphase als auch für die Teileproduktion, etwa für Accessoires im Luxussektor oder auch für Plastikteile in der Automobilindustrie. Die dritte Reaktionsebene besteht im Aufkauf von Zulieferern, was allerdings nicht immer möglich ist und von Ihrer Finanzlage abhängt.

Neue Chancen auf Partnerschaften mit Ihrem Ökosystem ausloten

Im digitalen Zeitalter ist die Fähigkeit, Daten zu erfassen, von grundlegender Bedeutung für die Hochskalierung neuer Wertbeiträge und die Nutzung des Netzwerkeffekts. Industrieunternehmen sind oft zu klein oder zu isoliert, um diesen Skalierungseffekt effektiv zu steuern. Die Gefahr einer Verdrängung durch digitale „Pure Player" ist daher durchaus gegeben. Es gibt jedoch verschiedene Möglichkeiten, festzustellen, wie gut Ihre Organisation mit solchen Bedrohungen umzugehen vermag. Zunächst können Sie potenzielle geografische Partner in Erwägung ziehen. Die Unternehmen aus Ihrer Region erzeugen zwar womöglich ganz andere Produkte, könnten aber ein handfestes Interesse an einer Zusammenarbeit zu ergebnisverantwortlichen Themen haben, die häufig alle Industrieunternehmen betreffen: Wie können wir neue technische Kompetenzen erwerben? Wie können wir Energie sparen? Wie können wir das Leistungsmanagementsystem optimieren? Wie den Planungs-, den Qualitätssicherungs-, den Lieferprozess und dergleichen? Wie können wir das Unternehmen und die Region für junge Menschen attraktiv machen? Die gute Nachricht: Viele dieser Fragen werden in lokalen Unternehmerverbänden oder im Rahmen öffentlicher Initiativen bereits diskutiert. Der erste Schritt ist die systematische Erfassung sämtlicher bestehender Netzwerke. So entschloss sich beispielsweise ein Tier-1-Zulieferer der Autoindustrie aus Frankreich dazu, ein Labor einzurichten, um seine Kapazitäten durch den Einsatz neuer Technologien auszubauen, und öffnete dies im Anschluss für lokale KMU, um die Projektrendite zu verbessern und gleichzeitig zur Entwicklung der lokalen Wirtschaft beizutragen. Ihre Netzwerkchancen können Sie aber auch verbessern, indem Sie das Potenzial Ihrer Branche nutzen. In den meisten Ländern gibt es bereits Einrichtungen mit dem Ziel, den Sektor zu strukturieren, staatliche Entscheidungen zu beeinflussen und Unternehmen bei gängigen Problemen zu helfen. Sind vorhandene Initiativen nicht interessant genug, schließen Sie sich mit Ihren Zulieferern, Kunden oder sogar mit Konkurrenten zusammen, um gemeinsame Initiativen zu entwickeln und sie den Aufsichtsgremien des Sektors vorzuschlagen. Um Ihre Kompetenzen und Kapazitäten zu erweitern, können Sie auch Ihre Beziehungen zu den Universitäten vor Ort und zu anderen Bildungsstätten prüfen und gegebenenfalls Gemeinschaftsprogramme anregen, um das ursprüngliche Kompetenzniveau zu erhöhen und das laufende Bildungsangebot anzupassen. Die meisten Grundlagen sind mittlerweile dank MOOCs oder E-Modulen online verfügbar. Das stellt für Ihre Manager und Techniker unter Umständen eine geeignete Möglichkeit dar, sich berufsbegleitend zu schulen und laufend weiterzubilden.

Ihren zentralen Wertbeitrag überprüfen, um sich auf die wichtigeren Geschäftsfelder zu konzentrieren und die Zusammenarbeit zwischen Ihren wichtigsten internen Funktionen zu intensivieren

Das beste Diagnosetool für die Agilität Ihrer internen Prozesse und Funktionen ist eine Funktion-Funktion-Matrix (siehe Abbildung 5.2). Legen Sie auf beiden Achsen die verschiedenen Schlüsselfunktionen des Unternehmens an. Bewerten Sie dann für jeden in der Matrix erfassten Bereich die Herausforderungen und den Reifegrad der Verbindung: Ist die Verbindung für das Wachstum oder Reaktionsvermögen des Unternehmens wesentlich – oder für die Effizienz von Schlüsselprozessen? Reagieren beide Funk-

Abbildung 5.2 **Funktion-Funktion-Matrix**

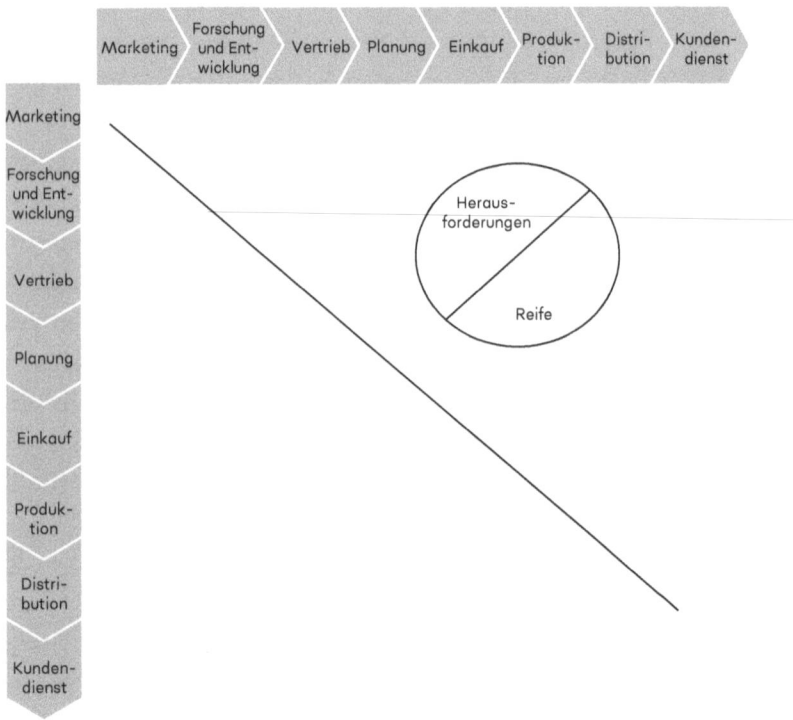

Quelle: OPEO

tionen ausreichend aufeinander? Sind sie in der Lage, komplexe Probleme gemeinsam zu lösen? Wie lange dauert eine Problemlösungsaktion an der Schnittstelle in der Regel? Arbeiten Führungskräfte aus den Funktionen zusammen und sind in der Lage, bei Bedarf gemeinsame Entscheidungen zu treffen? Im Anschluss sollten die Bindeglieder verstärkt werden, die vor großen Herausforderungen stehen und Schwachpunkte darstellen. Das kann durch Leistungsmanagement-Routinen, KPIs oder strukturierte Problemlösungsaktionen geschehen. Gemeinschaftliche Tools und andere digitale Lösungen steigern die Geschwindigkeit des Informationsaustauschs, tragen dazu bei, aus wichtigem Knowhow und Arbeitsstandards Kapital zu schlagen, und ermöglichen einen Echtzeit-Dialog zwischen den maßgeblichen Beteiligten.

So stellte beispielsweise ein Unternehmen aus dem Elektroniksektor, das auf kundenspezifische Systeme spezialisiert ist, einen ausgesprochen ausgeprägten Bedarf an Verbindungsintensität zwischen seinem technischen Kundendienst und der Produktion fest, um die Bearbeitungszeit insgesamt zu verringern und qualitätsbedingte Nachbearbeitung zu eliminieren. Die Ausgangssituation war für beide Seiten frustrierend. In der Fertigung hatte man den Eindruck, der technische Kundendienst löse keine Probleme und sei nicht in der Lage, verlässliche Produktpläne zu liefern, während sich der technische Kundendienst über die Leistungsqualität und Termintreue des Produktionsprozesses beschwerte. Dank einer täglichen Schleife und eines gemeinschaftlichen Echtzeit-Dialogs konnten sie gemeinsam Produktpläne und einen gemeinschaftlichen, priorisierten Aktionsplan erarbeiten. Dadurch entspannte sich das Verhältnis zwischen den Abteilungen und Fehlerquote und Bearbeitungszeit gingen deutlich zurück.

Software-Hybridisierung mit einer intelligenten Matrix diagnostizieren

Die Klassifizierung von Software und neuer Technologie

Vor der Beurteilung Ihres Potenzials für Software-Hybridisierung sollten Sie einen klassischen Fehler vermeiden: die ganze Fülle neuer Technologien auf einmal anzugehen. Aus diesem Grund teilen wir die für Hyperproduktion nützlichen Technologien in vier Schlüsselsegmente ein, die dem natürlichen Datenfluss folgen: Daten mit dem Internet der Dinge erfassen, Informationen durch maschinelles Lernen und Big Data analysieren, Daten mithilfe digitaler Anwendungen, Systeme und Simulationstools anschaulich ordnen und schließlich die Daten nutzen, um die Informationen mithilfe von Robotik, 3D-Druck oder neuen Prozessen in eine physische Anordnung umzuwandeln.

Methodik

Um festzustellen, wie groß das Optimierungspotenzial Ihrer Organisation durch Software-Hybridisierung und die vier wesentlichen technischen Grundlagen ist, müssen Sie zunächst sowohl die in den einzelnen Funktionen als auch die durchgehend vorliegenden Chancen bewerten. Zu diesem Zweck ist die intelligente Matrix ein sachdienliches Tool, das Einblick in die Effekte der einzelnen Technologien auf die verschiedenen Teile des Wertstroms bietet: Zuverlässigkeit, Effizienz, Qualität, Reaktionsvermögen, Rückverfolgbarkeit, Agilität und so weiter (siehe Abbildung 5.3). Durch Technologie lassen sich viele potenzielle Verbesserungen herbeiführen, doch um Streuung zu vermeiden, ist es notwendig, methodisch vorzugehen. Im ersten Schritt sollten Ihre Herausforderungen hinsichtlich der Strategie, des Kontextes und der Mission des Unternehmens definiert werden. Anschließend sind die Teile Ihres internen Wertstroms zu ermitteln, die durch diese Herausforderungen beeinflusst werden sollten, von End-to-End-Prozessen bis zu Einzelfunktionen. Und schließlich ist anhand einer intelligenten Matrix festzustellen, welche Technologien Sie nutzen können, um die Proof of Concepts (POCs) zu lancieren und im Anschluss das Optimierungspotenzial zu erfassen. So entgingen einem bekannten Luxusuhrenanbieter regelmäßig Umsätze, weil ein unzulänglicher Lieferkettenprozess dazu führte, dass Produkte im Vertriebsnetz vergriffen waren. Das Unternehmen beschloss, seinen End-to-End-Prozess einer Diagnose zu unterziehen, um die Markteinführungszeit zu verringern und die Verlässlichkeit der Prognosen zu erhöhen. Es wurden zwei grundlegende technische Aspekte ermittelt: Man begann, das Internet der Dinge zu nutzen, um Verhaltensweisen von Kunden im Geschäft zu erkennen und ordentliche tägliche Absatzzahlen zu erreichen. Dann wurden die Daten analysiert, um den künftigen Absatz zu prognostizieren, und die Leitteileplanung der verschiedenen Anlagen wurde mit Daten gefüttert. Das geschah mithilfe eines Big-Data-Algorithmus.

Tentakeltraktion durch Geschäftssegmentierung diagnostizieren

Zentrizitätsdynamische Segmentierung

Am besten lässt sich Tentakeltraktion durch die Segmentierung Ihrer Geschäftsfelder und internen Funktionen entlang zweier Achsen diagnostizieren: Eine repräsentiert die Funktion der Kerngeschäftsfelder für Ihre Mission und Ihren strategischen Fahrplan (Geschäftszentrizität), die andere soll ermitteln, was Sie zur Umsetzung benötigen: inkrementeller Fortschritt (in aller Regel mit Verbesserungen von weniger als 20 Prozent) oder Disruption (Geschäftsdynamik) (Abbildung 5.4). Die nicht zentralen Funktionen, die nur inkrementellen Fortschritt benötigen, lassen sich durch klassische Programme zur kontinuierlichen Verbesserung optimieren oder könnten zu einer Plattform zusammengefasst werden, wie der folgende Abschnitt verdeutlicht, der sich mit der Diagnose der Tentakeltraktion befasst.

Abbildung 5.3 **Intelligente Matrix**

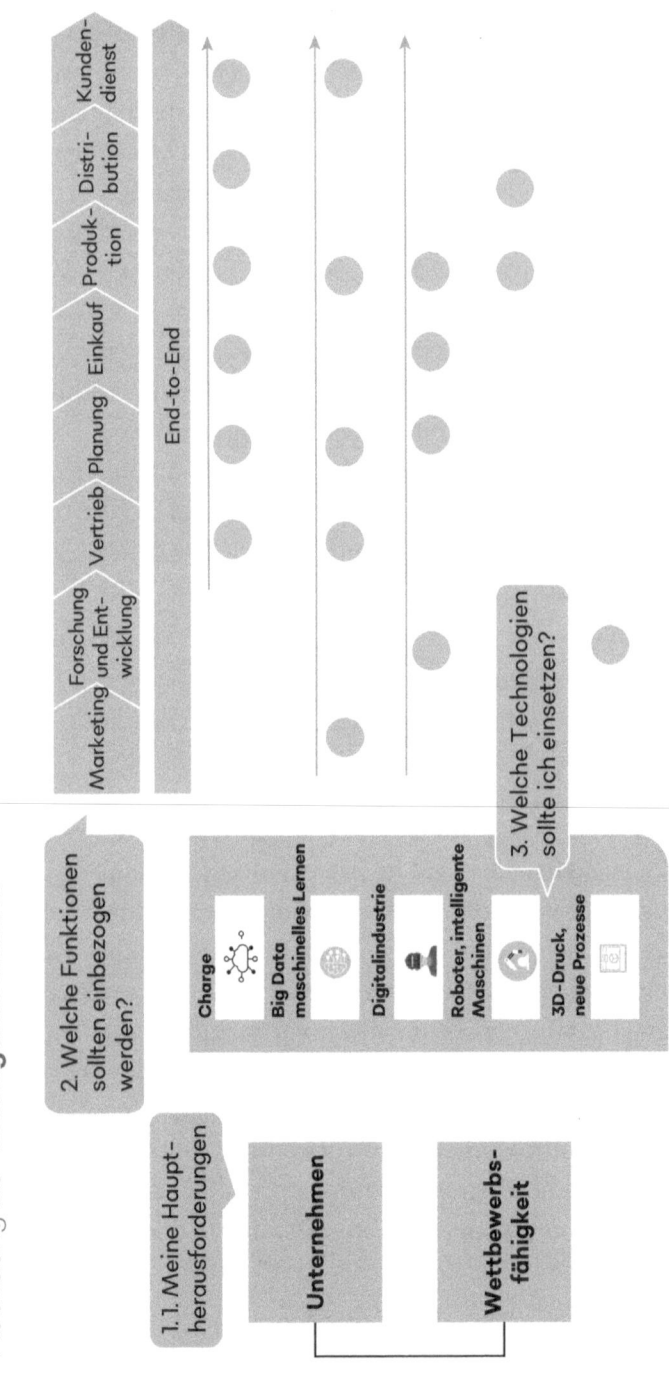

Quelle: OPEO

Abbildung 5.4 **Geschäftsdynamik- und Geschäftszentrizitäts-Matrix**

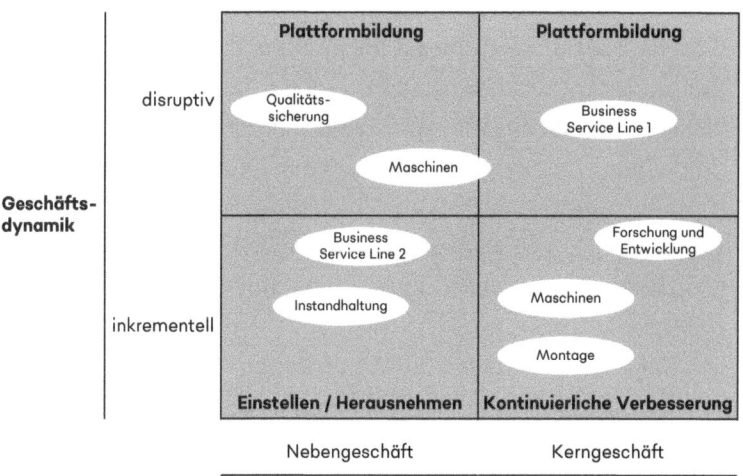

Quelle: OPEO

Umsatzchancen

Um Gelegenheiten für Tentakeltraktion zu ermitteln, müssen Sie zunächst auf Umsatzchancen achten. Dem liegt der Gedanke zugrunde, den Einfluss der Plattformen zu nutzen, um die Zugkraft des Marktes zu steigern – mit dem Endziel, Virilität zu erreichen, also die Fähigkeit, alle vorhandenen Aktivposten zu nutzen, um das eigene Vermögen exponentiell zu steigern. Ein Maschinenbauer wird beispielsweise dadurch viril, dass er Maschinen, die in allen Fabriken der Welt zum Einsatz kommen – auch bei der eigenen Konkurrenz – nutzt, um seine Dienstleistungen an den Mann zu bringen. Um auf die Segmentierung in Zentrizität und Dynamik zurückzukommen: Sobald Sie alle Ihre Dienste bewertet haben, sollten Sie folgende Maßnahmen ergreifen:

- Die Geschäftsfelder unten links (also die mit geringer Geschäftsdynamik und Zentrizität) sollten Sie aufgeben und verkaufen.

- Für die Geschäftsfelder unten rechts (mit hoher Zentrizität, aber geringer Geschäftsdynamik) sollten Sie ein Programm zur kontinuierlichen Verbesserung einleiten.
- Für Geschäftsfelder, die als hochdynamisch gelten (also gute Disruptionskandidaten darstellen) sollten Sie über Gelegenheiten nachdenken, eine Plattform aufzubauen und den digitalen Netzwerkeffekt zu nutzen. Diese Initiative sollte ausschließlich intern ablaufen, wenn es sich bei dem Geschäftsfeld um das Kerngeschäft handelt (oben rechts). Ausgelagert werden sollte die Initiative zur Plattformbildung, wenn eine Aktivität nicht zum Kerngeschäft zählt (oben links).

Im Anlagentechniksektor beispielsweise ist die Geschäftsdynamik im Zusammenhang mit dem Internet der Dinge derzeit enorm. Die meisten Maschinenhersteller haben Initiativen gestartet, um ihre Systeme zu vernetzen und Daten hochzuladen, damit sie Dienste wie Reparatur, vorausschauende Instandhaltung oder Energiemanagement anbieten können. In jedem dieser Unternehmen gibt es Kerngeschäftsfelder, die jederzeit Disruption erleben könnten: Gelingt es einem der Schlüsselakteure auf dem Markt, sich an die Spitze zu setzen, kann er die meisten Daten beziehen und aus dem Kundenverhalten Kapital schlagen, indem er immer mehr Dienstleistungen vertreibt? Andere Akteure werden dann zu bloßen Zulieferern dieses „Hauptintegrators" degradiert. Dabei geht es darum, den ersten Schritt zu machen und zu erkennen, welche Strategie die beste ist: Bündnisse mit Mitbewerbern eingehen, Allianzen mit Pure Playern aus der Digitalbranche aufbauen, das Start-up-Ökosystem nutzen oder intern Kapazitäten entwickeln.

Gewinnchancen

Der gleiche Ansatz kann bei internen Funktionen verfolgt werden: Qualität, Wartung und Instandhaltung, Planung, Lieferkette, Forschung und Entwicklung, Produktion und so weiter. Funktionen, die nicht Teil einer weitreichenden Geschäftsdynamik sind und nicht zum Kerngeschäft gehören, können ausgelagert oder mit klassischen Programmen zur kontinuierlichen Verbesserung optimiert werden. Doch für Funktionen, die einer maßgeblichen Geschäftsdynamik unterliegen, besteht der nächste Schritt in der Überlegung, wie sich ein Plattformeffekt erzeugen lässt – entweder durch einen internen neuen Dienst (wenn es sich um Kerngeschäft handelt) oder durch eine ausgelagerte Initiative (für andere Sparten).

In der verarbeitenden Industrie gehört die Instandhaltung aufgrund der Intensität der Anlageinvestitionen beispielsweise zum Kerngeschäft. Ein vordringliches Anliegen im Tagesgeschäft ist es, die OEE wichtiger Anlagen zu verbessern. Gleichzeitig gilt: Durch die unglaublichen Fortschritte des Internets der Dinge im Maschinensektor, des Rollouts von Fertigungsmanagementsystemen (Manufacturing Execution Systems oder MESs) und maschinellem Lernen ist die Instandhaltung ein vielversprechender Disruptionskandidat. Gehören Sie zu den Schwergewichten der verarbeitenden Industrie, sollten Sie sich überlegen, wie Sie Nebengeschäftsfelder intern weiterentwickeln können, um Fernwartung und vorausschauende Anwendungen anzubieten.

Eine maßgeschneiderte Narrativ-Strategie entwickeln

Die Entwicklung eines Narrativs ist unter zwei Aspekten zu betrachten: Sie soll 1) sicherstellen, dass Ihre Vision mit sämtlichen Akteuren in Einklang steht und Ihren Teams und dem Ökosystem Energie zuführt und 2) Ihren persönlichen Führungsstil so anpassen, dass dadurch in der Organisation durchgängig für Beständigkeit gesorgt wird (Abbildung 5.5).

Abbildung 5.5 **Komponenten des Narrativs**

Grundlagen	Was sind die wichtigsten positiven Elemente Ihrer Geschichte, die zur aktuellen Kultur und DNA beigetragen haben, und welche Faktoren sind es hauptsächlich, die ein Gefühl des Stolzes vermitteln?
Wichtige Perspektiven	Was sind die größten Herausforderungen und welche Bestandteile Ihrer DNA würden Sie unter allen Umständen unbedingt beibehalten wollen?
Entwicklungs-dynamik	Wie sieht der Horizont des Unternehmens für besseren Dienst am Kunden, am Ökosystem und an der Gesellschaft aus, und welche maßgeblichen Stärken liegen zugrunde?
Governance-Modi	Wie interagieren die wichtigsten Stakeholder im Unternehmen und wie entscheiden Sie über Wertschöpfung? Welche Einstellungen sind unbedingt erforderlich, um dies zu realisieren?

Quelle: OPEO

Stellen Sie sicher, dass Ihre Vision mit allen Akteuren in Einklang steht und Ihren Teams und dem Ökosystem Energie zuführt

Es ist nicht so einfach, eine gute Vision zu entwickeln, und es erfordert eine gewisse Selbstprüfung. Dazu bietet sich an, vier Aspekte der DNA Ihres Unternehmens zu beurteilen und Ihre Teams im Anschluss auf eine gemeinsame Vision einzuorden.

Zu diesem Zweck muss zunächst geklärt werden, worauf Ihr Geschäft eigentlich basiert. Rekapitulieren Sie Ihre Geschichte, um maßgebliche Stärken und gemeinsame Grundlagen der Unternehmenskultur zu ermitteln. Befasst sich Ihr Unternehmen beispielsweise mit der Entwicklung und Herstellung von Produkten zur Verbesserung der Luftqualität, müssen Sie genau diesen Aspekt Ihres Wertbeitrags vermarkten und zu einer gemeinschaftlichen, inspirierenden Botschaft für Ihre Teams verarbeiten – etwa so: „Seit der Gründung unseres Unternehmens tragen wir zur Luftreinhaltung in den Werken Dutzender Kunden bei. Wir sind der festen Überzeugung, dass gute Arbeitsbedingungen eine wesentliche Voraussetzung für den Erfolg unserer Kunden und für die Gesundheit ihrer Beschäftigten darstellen."

Ihre zweite Aufgabe bezieht sich auf die Hauptperspektiven des Unternehmens. Listen Sie die größten Herausforderungen für das Unternehmen in seinem spezifischen Sektor und Kontext auf. Bringen Sie dann in Erfahrung, wie Sie sich diesen Herausforderungen stellen und gleichzeitig die Grundlagen bewahren können, die das Herzstück Ihrer Kultur bilden. So möchten Sie sich vielleicht die Datenrevolution zunutze machen, um neue Dienste zu entwickeln, dabei aber sicherstellen, dass die Rechte des Einzelnen respektiert werden, weil Sie davon überzeugt sind, dass der Schutz Ihrer Kundendaten zentraler Bestandteil Ihrer DNA ist.

Die dritte Aufgabe besteht in der Ermittlung der Entwicklungsdynamik. Sie sollten dem Unternehmen inspirierende und ehrgeizige Ziele setzen und dann gemeinsam mit Ihren Teams daran arbeiten, die Stärken aufzulisten, die es dem Unternehmen ermöglichen, diese Ziele zu erreichen. Ein gutes Ziel könnte beispielsweise das Erreichen hoher Wachstumsraten in einem Nischenschwellenmarkt sein, doch Sie sollten auch in der Lage sein, Ihre wesentlichen, dazu erforderlichen strategischen und operativen Stärken anzugeben. Wachstum sollte von den Mitsprachemöglichkeiten des Teams, den technischen Fähigkeiten, der Agilität und so weiter gespeist werden. Es gibt zahlreiche Möglichkeiten, aus vorhandenen Aktivposten Kapital zu schlagen. Es kommt darauf an, aufzuzeigen, wie das geht.

Die vierte Aufgabe besteht in der Bewertung des Governance-Modus. Überlegen Sie sich, wie Macht auf Geschäftsleitung, Aktionäre, Management, das Team und auch auf die externen Partner im Ökosystem aufgeteilt werden soll. Zur Erfüllung dieser Aufgabe müssen Sie beschreiben, wie das Unternehmen nach innen und außen Entscheidungen trifft und welche Einstellung erforderlich ist, um den Governance-Modus aufrechtzuerhalten. Handelt es sich dabei zum Beispiel um einen Bottom-up-Modus, müssen Sie unbedingt auf Vertrauen, Respekt und Zuhören als grundlegende Elemente der Mentalität sämtlicher Akteure und Beteiligungen im Unternehmen und seinem Ökosystem bestehen.

Ihren persönlichen Führungsstil so anpassen,
dass dadurch in der Organisation durchgängig
für Beständigkeit gesorgt wird

Bei der Entwicklung eines Narrativs geht es um die regelmäßige Kommunikation mit dem Umfeld des Unternehmens, vor allem mit den Kunden, und darum, sicherzustellen, dass im Unternehmen selbst und in der Praxis eine vorbildhafte Einstellung herrscht. Das können Sie dadurch erreichen, wie Sie nach außen berichten, kommunizieren und sich in der Praxis verhalten.

Nach außen berichten und kommunizieren

Dazu müssen Sie zunächst Ihre Agenda als Führungskraft festlegen. Wie viel Zeit können Sie jede Woche damit zubringen, externe Informationen über Ihre Mitbewerber zu lesen oder Ihre Fachkenntnisse zu erweitern (zum Beispiel über Digitalisierung, neue Technologien, funktionelle Inhalte et cetera)? Eine gute Durchschnittsvorgabe dafür ist zehn Prozent. Doch natürlich gibt es hier keine Patentlösung. Es kommt darauf an, die Wissensgenerierung außerhalb des Unternehmens laufend im Blick zu behalten. Soziale Netzwerke, Konferenzen, Fachblätter, spezialisierte Newsletter, Fachbücher, MOOCs und Beratungsfirmen sind in aller Regel gute Quellen, um externe Inhalte zu nutzen.

Die zweite Aufgabe besteht in der Ermittlung, welche Kanäle zur direkten Kommunikation mit Kunden und den Medien eingesetzt werden. Inhalte welcher Art möchten Sie zur Chefsache erklären, und welche Inhalte sollten Sie an Ihren internen Kommunikationsdienst delegieren? Wie möchten Sie diese Inhalte kommunizieren? Würden Sie mit Ihren Kunden gern direkt in den Dialog treten oder lieber über ein Vertriebsnetz? Solche Entscheidungen richten sich nach Ihrem Sektor und Ihren Kunden. B2C- und B2B-Strategien erfordern unterschiedliche Ansätze.

Verhalten im Werk

Auch hier betrifft die erste Aufgabe Ihre Agenda als Führungskraft. Wie viel Zeit möchten Sie jeden Tag in der Fabrik verbringen? Was tun Sie dort konkret? Gewöhnlich gibt es zwei potenzielle Aktivitäten: 1) Kontrolle des Prozessmanagements, um sicherzugehen, dass das, was Sie vor Ort sehen, auch dem entspricht, was Ihnen Ihr Team erzählt und was die Leistungsindikatoren aussagen und 2) die Beobachtung von Einzelnen und Gruppen und die Erteilung von strukturiertem Feedback, um sie zu fördern und ihnen Entwicklungsmöglichkeiten zu bieten. Dadurch können Sie direkt Informationen beziehen und sich vergewissern, dass Ihre Prioritäten auch wirklich angekommen sind und Ihre Strategie zielführend ist. Sie können ferner nach Verbesserungsmöglichkeiten Ausschau halten und ein Auge auf die zuvor beschriebenen acht Verschwendungsursachen haben: Mehrverbrauch, Wartezeiten, repetitive oder kognitiv belastende Arbeiten, Bürokratie, Unentschlossenheit, Silos, mangelnde Nutzerfreundlichkeit und ungenutzte Daten. Die letztgenannte Aktivität kann zur Lösung komplexer Probleme beitragen (gezielt mit der Problemlösung vor Ort verbrachte Zeit von Teams in Verbindung mit einer ganz strikten Methodik), wenn Sie manchmal persönlich an Meetings teilnehmen. Ein gutes Beispiel: ein Werksleiter, dem die üblichen 1.000 FTEs (Vollzeitäquivalente) unterstehen und der eine Stunde am Tag damit zubringt, Teams zu unterstützen, indem er einfach an Problemlösungssitzungen teilnimmt. Dazu wählt er jeden Tag einen anderen Teilbereich aus. So trägt er zur Teamentwicklung bei und erhält ein Intensitätsniveau aufrecht, das den Wert dieses Vorgehens belegt.

Die zweite Aufgabe bezieht sich auf das Verhalten im Zuge sämtlicher erwähnter Vorgehensweisen. Die Führungsqualität einer Managerin lässt sich gut bewerten, indem man ihr Verhalten bei ihren Routineaufgaben (Leistungsbeurteilungen, Werksbesuchen, Einzelgesprächen und so weiter) einstuft. Verhält sie sich wie eine Macherin, zeigt sie Präsenz und übernimmt sie auch mal eine Vorbildfunktion bei einem Projekt? Hinterfragt sie ihr Team, indem sie nachhakt, ständig mehr Engagement fordert und die Herausarbeitung von Prioritäten forciert? Verhält sie sich wie ein Coach, der strukturiertes Feedback liefert, um Einzelne und

Gruppen weiterzuentwickeln, oder wie ein Impulsgeber, der die Geschwindigkeit der Problemlösung und die Agilität von Planung und Prozessen ständig infrage stellt?

Start-up-Leadership-Systeme und -Verhaltensweisen diagnostizieren

Start-up-Leadership bezieht sich auf die Fähigkeit des mittleren Managements, die Vision zu transportieren und gleichzeitig Teams dazu zu befähigen, das Unternehmen weiterzubringen. Sie stützt sich auf ein robustes Managementsystem und daran angepasste Verhaltensweisen.

Ein robustes Managementsystem

Der erste Baustein eines Start-up-Leadership-Systems ist die Digitalisierung routinemäßiger Führungsaufgaben. Das Digitalisierungspotenzial lässt sich gut abschätzen, indem man zunächst die Zeit misst, die Manager für verschiedene Tätigkeiten aufwenden. Das ist gut durch Beobachtung zu erreichen. Digitalisierung setzt mehr Zeit für Wertschöpfung frei und merzt administrative Papierverschwendung, Nachbesserungen und unpraktische Systeme aus. Im 3.0-Zeitalter nehmen administrative Aufgaben gewöhnlich zwischen 15 und 25 Prozent der Arbeitszeit in Anspruch. Im neuen Zeitalter könnte der Zeitaufwand dafür auf unter 5 Prozent zurückgehen. Die eigentliche Kraft der Digitalisierung liegt darin, dass sie die Vernetzung zwischen Einzelnen und Teams beschleunigt. Aus diesem Grund sollte ein Diagramm der verschiedenen Beziehungen zwischen Funktionen und Organisationsebene erstellt werden, um die Digitalisierungsenergie gezielt auf die effektivsten Verbindungen zu richten. Besteht zum Beispiel eine besonders enge Verbindung zwischen Produktion und Technik – was in Hightech-Sektoren häufig der Fall ist –, sollte eine auf Zusammenarbeit ausgerichtete Lösung ausgetestet werden, um Gespräche zu beschleunigen und Schleifen abzukürzen, was zu gesteigertem Reaktionsvermögen führt und Nachbesserungen überflüssig macht. Interessant wäre aber auch, den üblichen Zeitaufwand zu prüfen, der für die Leistungsüberwachung erforderlich ist. In den meisten Branchen sollte sich dieser von Wochen auf Tage, von Tagen auf Stunden und von Stunden auf Minuten verringern, um die Konkurrenz zu schlagen. Dem liegen häufig agile Kommunikationstools und eine gute „Alarmanlage" zugrunde. Abschließend sollten Sie auch darauf achten, dass die Maßnahmenverfolgung und generell die Problemlösung digital erfolgt: Das klärt die Leistungsüberwachung und das Teamengagement, um die Dinge voranzutreiben, und steigert die Aktivierung von Wissen drastisch.

Der zweite Baustein betrifft das Ökosystem: Sorgen Sie dafür, dass das Unternehmen externe Kompetenzen nutzt. Um eine Diagnose des Ökosystems durchzuführen, muss man Kern- und Support-Funktionen unter die Lupe nehmen und seine Zeit dabei auf interne und externe Teams oder Kompetenzen aufteilen. Was, wenn zu einem Thema offensichtlich intern ein Wissensdefizit vorliegt? Welche Kanäle werden dann aktiviert? Gewöhnlich gibt es vier mögliche Quellen für Impulse von außen: Institutionen (wie staatliche oder kommunale Stellen und Branchenverbände), Startups, Partner (zum Beispiel Beratungsfirmen, Tech-Spezialisten) und andere Akteure aus dem Sektor (zum Beispiel Zulieferer, Kunden, Mitbewerber).

Der dritte Baustein betrifft die Support-Funktionen. Um die 4.0-Fähigkeit Ihrer verschiedenen Support-Funktionen zu überprüfen, empfiehlt es sich, zu messen, wie sich die Arbeitszeit auf inhaltliche und unterstützende Aufgaben aufteilt und wie es jeweils um Ihr Vermögen bestellt ist, den eigenen Support zu vereinheitlichen und letztlich zu automatisieren. Das Ganze sollte in der Rolle eines Coachs erfolgen, mit einem hohen Augenmerk auf dem äußeren Umfeld. So wird die Planung von Transaktionsaufgaben wie Bestellung, Sequenzierung, Druck, MRP-Dateneingabe und so weiter herausfallen. Eine produktive Planungsfunktion der Zukunft sollte sich darauf fokussieren, die angepasste externe agile Anwendung zu finden, das angepasste Standardbetriebsverfahren festzulegen und das Produktionsteam in seiner Anwendung zu schulen. Anschließend sollte jeder Arbeiter in der Lage sein, einen Teil der Transaktionsaufgaben zu übernehmen. Alle übrigen erfolgen automatisch.

Verhaltensanpassung

Das Verhalten lässt sich durch die Beobachtung von Führungskräften analysieren. Solche Beobachtungen sollten auf Support- und Kernfunktionen auf allen Hierarchieebenen ausgerichtet sein. Die entscheidenden Fragen beziehen sich darauf, ob sich das Verhalten von Führungskräften mit den Unternehmenswerten deckt. Sind sie geeignete Vorbilder? Sind sie handlungsorientiert, stellen sie Sachverhalte infrage, unterstützen sie die Entwicklung der Teams und Ähnliches? Eine gute Möglichkeit, sich darüber eine Meinung zu bilden, ist die Teilnahme an den drei Hauptarten von Managementaufgaben in der Branche: eine Leistungsbeurteilung, bei der die Führungskraft das Gespräch lenken, Handlungen bewerten und die Vision vermitteln soll, ein Werksbesuch, bei dem die Führungskraft prüfen soll, ob die Situation unter Kontrolle ist, und im Zuge dessen potenzielle Risiken beurteilen kann, und eine Besprechung zur Problemlösung, an der sich die Führungskraft (im Rahmen eines partizipativen Prozesses) horizontal orientieren sollte, um dem Team zu helfen, mit der richtigen Methode der Ursache von Problemen auf die Spur zu kommen.

Die Diagnose menschlichen und maschinellen Lernens durch kompetenzzentrierte Beurteilung

Menschliches und maschinelles Lernen stehen im Mittelpunkt des Teslismus. Um festzustellen, wie lernfähig ihre Organisation ist, müssen sie die drei wichtigsten Kompetenzen gesondert analysieren. Bewerten sollten Sie dabei 1) den aktuellen Kompetenzstand Ihrer Teams im Verhältnis zu den künftig erforderlichen Produktionskompetenzen, 2) Ihre aktuellen Transformationskompetenzen in der Organisation und 3) Ihr System zum Kapazitätsaufbau, um sicherzustellen, dass Sie über die entsprechend angepassten Prozesse verfügen, um Wachstum zu generieren.

Das Kompetenzspektrum der Zukunft in der Produktion

Um sich auf die Zukunft der Produktion vorzubereiten, sind zwei Arten von Kompetenzen erforderlich: 1) technische Kompetenzen, 2) soziale Kompetenzen (Soft Skills).

- Technische Kompetenzen: Um zu beurteilen, welche Kompetenzen notwendig sind, müssen Sie zunächst die maßgeblichen technischen Bausteine ermitteln, die für die Anpassung Ihres Geschäftsmodells und zur Steigerung Ihrer Wettbewerbsfähigkeit bedeutsam sind. Das gesamte für die Industrie 4.0 erforderliche Kompetenzspektrum intern zu erwerben ist kaum möglich. Deshalb ist es so wichtig, hier Prioritäten zu setzen. Sobald Sie die Schlüsseltechnologie ermittelt haben, die Sie gern intern entwickeln würden, sollten Sie die wichtigsten Geschäftsbereiche und Funktionen bewerten und feststellen, ob Sie über die nötigen Vorzeigebeschäftigten oder -teams für die gesamte Organisation verfügen. Nicht selten ist beispielsweise eine Fabrik oder ein Produktionsbereich der übrigen Organisation voraus, weil es dort ein oder zwei Technikfreaks gibt, die bereits versucht haben, eigenständig POCs zu starten. Es wäre schade, diese Bestrebungen nicht zu nutzen. Ist das nicht der Fall, sollten Sie Ihre Kapazitäten durch externe Partner aus Ihrem Ökosystem verstärken: Anbieter akademischer Weiterbildung, Technologieunternehmen oder freiberuflich tätige Spezialisten.
- Soziale Kompetenzen: Eine aktuelle, vom Weltwirtschaftsforum (2018) in Auftrag gegebene Studie belegte, dass Maschinen im Verhältnis zur gesamten Arbeitszeit an Bedeutung gewinnen: 2018 entfielen auf sie noch 29 Prozent aller geleisteten Arbeitsstunden, 2025 werden es 52 Prozent sein. Das wird den Arbeitnehmern ein

ganz neues Kompetenzspektrum abverlangen. So werden vermehrt Empathie, Kreativität, analytische Fähigkeiten, komplexe Problemlösung oder Programmierkenntnisse gefragt sein, während Fingerfertigkeit, Merkfähigkeit sowie das flüchtige Verfassen von Texten oder Berechnungen überholt sein werden. Je eher Sie Ihre Teams auf diese maßgebliche Veränderung einstellen, desto besser. Vor der Analyse der in Ihrer Organisation vorhandenen derartigen Kompetenzen sollten Sie sicherstellen, dass das neue Kompetenzspektrum in Ihre Personalpolitik und Ihren Einzelbeurteilungsprozess eingeflossen ist. Die bestehenden Kompetenzen sollen nicht auf einen Schlag ersetzt werden, aber die Umstellung sollte sobald wie möglich erfolgen.

Transformationskompetenzen und Organisation

Wie alle groß angelegten Veränderungen sollte auch die Umstellung auf 4.0 von einem speziellen Team und Programm geleitet und unterstützt werden. Wenn Sie in Ihrem Unternehmen den Teslismus umsetzen wollen, müssen Sie sich auf mindestens drei maßgebliche Wirkhebel fokussieren:

- Bewusstseinsschaffung im Topmanagement: Zunächst sollten Sie abschätzen, inwieweit das Führungsteam in der Lage ist, die Herausforderungen und die Reife der Organisation im Hinblick auf die vierte industrielle Revolution zu begreifen. Gibt es laufende Bestrebungen, Vergleiche anzustellen und Vorzeigeprojekte zu besuchen? Nehmen Führungskräfte an Konferenzen und Schulungen zu dieser Thematik teil? Gibt es ein speziell darauf abgestelltes Programm, das direkt der Geschäftsleitung unterstellt ist? Sind sich die Spitzenmanager über die Strategie zur Nutzung neuer Technologien im Klaren?
- Gemischte Change-Teams aus IT und operativem Geschäft: In der dritten industriellen Revolution wurden Tausende von Change-Teams eingerichtet, um Produktionssysteme zu entwickeln, die vom Toyotismus inspiriert waren. Diese Teams setz-

ten sich überwiegend aus Beschäftigten mit einem technischen Hintergrund (Wirtschaftsingenieurwesen, Produktion, Qualität et cetera) zusammen und wurden darauf trainiert, durch die Toyota-Methode laufende Verbesserungen zu erzielen. Der Teslismus ist ebenfalls nach diesem Rezept umzusetzen, wobei auch IT- und digitale Kompetenzen in das zentrale Transformationsteam aufgenommen werden sollten. Software ist inzwischen so wichtig, dass sie Bestandteil der DNA des Produktionssystems sein muss. Das Change-Team sollte daher nicht nur Kaizen umsetzen, sondern in der Praxis auch POCs leiten und in der Lage sein, selbst zu programmieren oder zumindest eine geeignete Anwendungsprogramm-Schnittstelle (API) zu nutzen, um unabhängig zu sein und auf die praktischen Nutzer einzugehen.

- 4.0-Architekt: Den meisten Teslismus-Benchmarks zufolge ist es ein wesentlicher Erfolgsfaktor, wenn intern jemand eingestellt oder ausgebildet wird, um die Programmleitung zu koordinieren und zu sichern. Das gilt natürlich nicht nur für den Teslismus. In diesem neuen Zeitalter ist es mitunter schwierig, jemanden zu finden, der beides mitbringt: IT-Kompetenzen und einen operativen Hintergrund. Wieder liegt der Schlüssel darin, beide Welten zu kreuzen. Diese neue Aufgabe setzt voraus, dass derjenige, der sie übernimmt, in der Lage ist, eine klare Vision zu entwerfen und der Geschäftsleitung zu kommunizieren, die Organisation zu mobilisieren und dafür zu sorgen, dass sich das Führungsteam der wichtigsten Anforderungen an das Programm bewusst ist. Der oder die Betreffende sollte in der Lage sein, das Topteam und das externe Umfeld zu nutzen, um die entsprechenden Kompetenzen zu finden und das Programm zu orchestrieren. Wenn Sie Ihr Programm lancieren, müssen Sie zunächst diesen Architekten finden – entweder in Ihrem IT-Team oder in Ihrem operativen Change-Team. Im Idealfall gelingt es Ihnen, eine Person ausfindig zu machen, die beide Funktionen erfüllen kann. Das bezeichnete der CEO eines großen Maschinenbauers unlängst als wesentliche Voraussetzung für den Erfolg beim Aufbau eines neuen Standorts: Der Projektleiter beziehungsweise Chief of Digital Industry Officer (CDIO) war ein ehemaliger Werksleiter und IT-Direktor des Unternehmens.

Das System zum Kapazitätsaufbau

Sobald Sie eine klare Kompetenzeinschätzung vorgenommen und Ziele definiert haben, müssen Sie sicherstellen, dass die Organisation in der Lage ist, eigene Kapazitäten aufzubauen. Zu diesem Zweck sollten Sie das System an sich beurteilen, aber auch seine Fähigkeit, neue Kompetenzen auf die Belegschaft zu übertragen (Abbildung 5.6). Dazu müssen drei verschiedene Aspekte diagnostiziert werden:

- Weiterbildungsinhalte: Ist das interne Schulungsprogramm auf dem neuesten Stand? Mit welchem Prozess kann es aktualisiert werden? Ist es mit der kontinuierlichen Verbesserungsschleife verknüpft? Wie nutzt die Personalabteilung externe Schulungen und Fachkenntnisse? Werden E-Learning und MOOCs ausreichend gefördert und sind sie für die Teams zugänglich? Gibt es eine gute Mischung aus Theorie und Praxis?
- Schulungsprozesse: Hat jede/jeder Beschäftigte ein persönliches Ziel? Sind KPI vorhanden, um die Verbesserung der Fähigkeiten hinsichtlich der ermittelten Schlüsselkompetenzen zu messen? Hat jede Führungskraft in ihrem Bereich ein konkretes Ziel ermittelt und für ihr Team einen bestimmten Weiterbildungsplan erarbeitet? Gibt es einen kontinuierlichen Bewertungsprozess, um sicherzustellen, dass Kapazitäten aufgebaut werden, und sind die Beschäftigten mit den Schulungen und der Methodik zufrieden?
- Management-Zeit und Coaching-Kompetenzen: Neben klassischen Schulungen (wie leitet man ein Leistungsmeeting, wie lernt man, persönliche Kompetenzen zu überprüfen) müssen direkte Vorgesetzte zukunftsfähige, meist soziale Kompetenzen entwickeln. Diese lassen sich am besten durch die Einholung von Feedback

und durch Coaching auf der Grundlage von Beobachtungen in realen Situationen vermitteln, doch das erfordert tiefgreifende Veränderungen in der Einstellung des Managements: Erstens sollten Sachgebietsleiter täglich Zeit speziell dafür vorsehen, zweitens sollten sie sich selbst das Verhalten aneignen, das sie ihren Mitarbeitern vermitteln wollen. Das bedeutet, das Management benötigt Soft-Skills-Schulungen, um richtig Feedback zu erteilen und seine Agenda täglich anzupassen – und zwar bereits vor dem eigentlichen Programmstart. Sie sollten die diesbezüglichen Fähigkeiten des Managements möglichst frühzeitig diagnostizieren, wie im Kapitel über Start-up-Leadership bereits angesprochen.

Abbildung 5.6 Kompetenzentwicklung

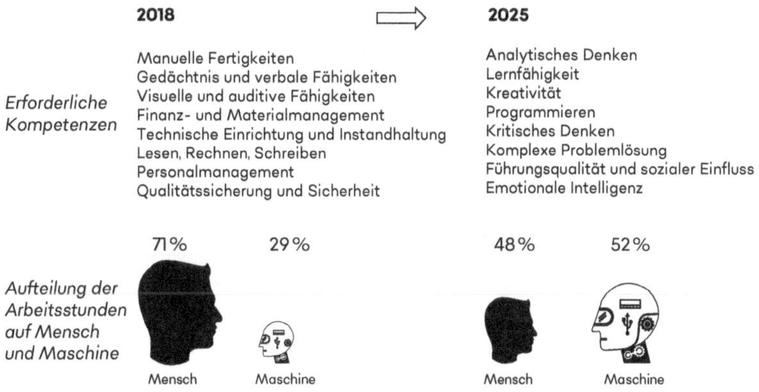

	2018	$\Rightarrow$	2025
Erforderliche Kompetenzen	Manuelle Fertigkeiten Gedächtnis und verbale Fähigkeiten Visuelle und auditive Fähigkeiten Finanz- und Materialmanagement Technische Einrichtung und Instandhaltung Lesen, Rechnen, Schreiben Personalmanagement Qualitätssicherung und Sicherheit		Analytisches Denken Lernfähigkeit Kreativität Programmieren Kritisches Denken Komplexe Problemlösung Führungsqualität und sozialer Einfluss Emotionale Intelligenz
Aufteilung der Arbeitsstunden auf Mensch und Maschine	71% Mensch 29% Maschine		48% Mensch 52% Maschine

Quelle: Weltwirtschaftsforum (2018)

Neue Wege finden, Ihr Unternehmen wie ein Start-up zu führen

Die Umsetzung eines strategischen Wandels in Ihrem Unternehmen infolge der Digitalisierung ist eindeutig einer der wirksamsten Hebel, wenngleich nicht der einfachste. Sie müssen persönlich viel investieren und der beste Botschafter für den Ansatz und das Endziel der Entwicklung sein.

Für Sie als Führungskraft gibt es drei Dinge, auf die niemand Einfluss nehmen sollte: Ihre Agenda, Ihre Mentalität und die Mitglieder des Ihnen direkt unterstellten Teams. Die Entwicklung eines Narrativs verlangt zunächst, Ihre Agenda so anzupassen, dass Sie mehr Zeit im Einsatz verbringen. Das bedeutet, Sie müssen jede Woche das wichtige Projekt, die Gruppe oder die Problemlösungssitzungen ausfindig machen, in die Sie tiefer eintauchen möchten. Das bedeutet auch, dass Sie entscheiden müssen, welche Bereiche Ihrer Organisation Sie beobachten wollen und welche Teams Sie gern täglich coachen würden. Die zweite Entscheidung erfordert, die Organisation auf Ihre Werte und Ambitionen auszurichten. Wenn Sie eine Tesla-Mentalität vermitteln möchten, sollten Sie überall und jederzeit Lernprozesse fördern. Das heißt, Sie müssen Mut zum Risiko zeigen, dürfen sich nicht mit dem Status quo abfinden, müssen akzeptieren, dass Sie scheitern könnten, so bescheiden bleiben, dass andere Sie infrage stellen dürfen, und sich überdies pragmatisch mehr auf das Tempo des Fortschritts konzentrieren als auf die dazu erforderlichen Anstrengungen. Wenn sich diese Kultur in Ihrer Organisation durchsetzen soll, sollten Sie auch sicherstellen, dass das Ihnen direkt unterstellte Team letztlich dieselbe Einstellung vorlebt.

Ein dringendes externes Veränderungsbedürfnis schaffen

Wie in diesem Buch gleich mehrfach erläutert, ist es ein wesentlicher Baustein für den Erfolg, eine inspirierende Vision vorzugeben und sie nach außen zu kommunizieren. So versorgen Sie nicht nur Ihre Teams und Kunden mit Energie, sondern beziehen selbst welche aus Ihrem Ökosystem. Wie wir im vierten Kapitel ebenfalls festgestellt haben, lässt sich das durch vier Achsen erreichen (Grundlagen, maßgebliche Perspektiven, Entwicklungsdynamik und Governance-Modus). Ist Ihre Vision ausreichend tragfähig und Ihr Unternehmen flexibel genug, sollten Sie in der Lage sein, einen regelrechten Umbruch auszulösen. Doch in den meisten bestehenden großen Organisationen entstehen hohe Reibungsverluste, die die Transformationsgeschwindigkeit bremsen – vor allem, wenn das Projekt kannibalistisch einen Teil der klassischen Tätigkeit aufzehrt.

Um diesen Fallstrick zu vermeiden, gibt es zwei Möglichkeiten: Sie können entweder eine Reihe hoch motivierter fähiger Köpfe von reinen Digitalisierungsspezialisten abwerben und ihnen ein hohes Maß an Verantwortung übertragen, um das Denken in Ihrem Unternehmen zu verändern. Oder Sie investieren defensiv in externe Konkurrenten, und zwar je früher, desto besser, denn dann sind die mit den Investitionen verbundenen Risiken geringer. So beschloss beispielsweise die Unternehmensleitung von Suez, einem Marktführer im Bereich der Abfallwirtschaft, sich an Rubicon zu beteiligen. Dem Start-up gelang es, eine Plattform zu schaffen, um Angebot und Nachfrage für die Abfallentsorgung kanadischer Kleinstbetriebe zusammenzuführen.

Besessenheit von Nutzererlebnis und Reaktionsvermögen

Warum ist Integration so wichtig? Elon Musk ist regelrecht besessen von Reaktionsfähigkeit und Unabhängigkeit, denn in seinem Unternehmen dreht sich alles um die Steigerung der Wertschöpfung für den Endkunden. Das Nutzererlebnis ist bei Tesla oberstes Ziel. Vielleicht deshalb rangiert das Unternehmen laut dem NPS.com-Index von 2017 bei den Net Promoter Score (NPS)-Werten ganz oben (mit 96 Prozent, während Apple 72 Prozent erreichte und Amazon 69 Prozent). NPS ist eine Kennzahl für die Kundenzufriedenheit, die angibt, wie eifrig Ihr Unternehmen von seinen Kunden an andere weiterempfohlen wird. Wie können Sie ein solches Ergebnis erreichen?

Das Nutzererlebnis ist kein Marketingkonzept. Um der ganzen Organisation den Teslismus zu vermitteln, können Sie alle Teams auf ein gemeinsames Ziel einschwören: Ihren direkten Kunden in allen Prozessphasen das Leben leichter zu machen. Das kann zum

Beispiel heißen, dass sich die Technik auf die Entwicklung ergonomischer Arbeitsplätze fokussiert, während sich alle im Unternehmen darauf konzentrieren, dem Endkunden ein einzigartiges, unvergleichliches Nutzererlebnis zu verschaffen.

Interne Kapazitäten einkaufen oder aufbauen: Um richtig reagieren zu können, müssen Sie sich die Fähigkeit aneignen, die meisten Ihrer Schlüsselprozesse intern auszuführen, statt sie Zulieferern zu überlassen. Zu diesem Zweck sollten Sie zunächst Ihre zentralen Wertschöpfungsfunktionen für die Nutzer ermitteln und dem Bedarf an Reaktionsfähigkeit oder Innovation als Wettbewerbsvorteil auf dem Markt gegenüberstellen. Daraus ergibt sich eine Matrix (siehe Abbildung 5.7). Im Anschluss schaffen Sie die Funktionen, die für die Nutzer und das Reaktionsvermögen auf Bedürfnisse von zentraler Bedeutung sind. Sie gründen oder kaufen Tochtergesellschaften, die für die Kunden nicht von zentraler Bedeutung sind, wohl aber für das Reaktionsvermögen des Unternehmens. Funktionen, die für den Nutzerwert nicht von zentraler Bedeutung sind und kein Reaktionsvermögen erfordern, lagern Sie aus (kaufen Sie ein). Und schließlich entscheiden Sie, ob Sie die Funktionen, die

Abbildung 5.7 **Make-or-Buy-Matrix**

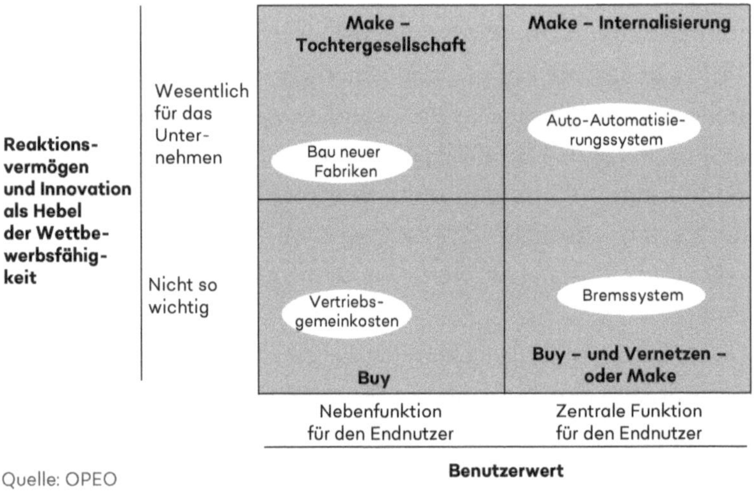

Quelle: OPEO

für Nutzer ausschlaggebend sind, aber vom Industriesystem kein besonderes Reaktionsvermögen verlangen, kaufen, selbst entwickeln und vernetzen sollten.

Eine klare Plattformbildungsstrategie einführen

Aus dem vierten Kapitel wissen wir, dass manche Ihrer Unternehmen oder Märkte aufgrund von Disruption einer Plattformbildung unterliegen könnten. Haben Sie solche Märkte ermittelt, stellt sich die zentrale Frage, wie Sie die Plattformbildung einführen und erreichen können. Sollen Sie Ihre eigene Plattform aufbauen, eine vorhandene nutzen oder Bündnisse mit Kunden und Konkurrenten eingehen, um eine Plattform zu entwickeln? Um Ihnen diese Entscheidung zu erleichtern, schlagen wir wieder eine Segmentierung vor – je nachdem, wie gut Ihr Zugang zum Endkunden ist und wie ausgereift die Digitalisierung des betreffenden Marktes oder Sektors.

Ist die Digitalisierung auf dem Markt noch nicht ausgeprägt und Sie haben direkten Zugang zum Endnutzer, sollten Sie Ihre eigene Plattform erstellen. Ist die Digitalisierung noch nicht ausgereift, doch Sie haben nur indirekt Zugang zum Kunden, sollten Sie versuchen, mit Ihren Kunden eine Allianz zu schmieden und gemeinsam eine Plattform aufbauen. Ist der Markt bereits stark digitalisiert und Sie haben direkten Zugang zum Kunden, sollten Sie eine Allianz mit Ihren Mitbewerbern ins Auge fassen: Vermutlich arbeitet der eine oder andere bereits an einer Plattform oder könnte das versuchen. Ist der Markt schließlich bereits stark digitalisiert, doch haben Sie nur indirekten Zugang zum Kunden, sollten Sie eine bestehende Plattform nutzen, um Ihren Umsatz zu steigern. Dann kommen Sie zwar nicht in den Genuss der Daten, doch zumindest können Sie den Einfluss der Plattform nutzen, um Ihre Auftragslage zu verbessern. Abbildung 5.8 gibt ein Beispiel für eine Entscheidungsmatrix zur internen oder externen Plattformbildung.

Abbildung 5.8 **Entscheidungsmatrix: Interne oder externe Plattformbildung?**

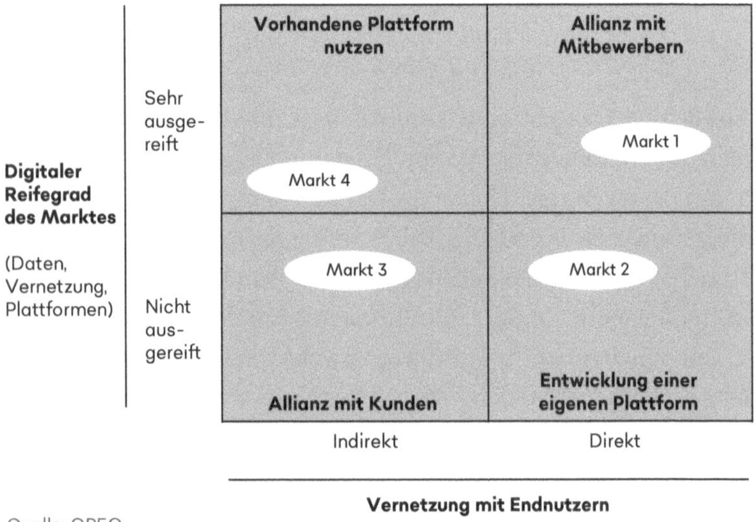

	Vorhandene Plattform nutzen	Allianz mit Mitbewerbern
Sehr ausge- reift	Markt 4	Markt 1
Nicht aus- gereift	Markt 3	Markt 2
	Allianz mit Kunden	Entwicklung einer eigenen Plattform

Digitaler Reifegrad des Marktes

(Daten, Vernetzung, Plattformen)

Indirekt   Direkt

Vernetzung mit Endnutzern

Quelle: OPEO

Haben Sie entschieden, ob Sie eine eigene Plattform aufbauen sollten oder nicht, müssen Sie noch den schwierigen Entschluss fassen, wie Sie das anstellen wollen. Im Vorfeld sollten Sie auf jeden Fall ein paar ausgesprochen wichtige Erfolgsfaktoren kennen:

- Team: Wie wir aus dem vierten Kapitel wissen, ist es zunächst unbedingt notwendig, das richtige Team zusammenzustellen. Interne Ressourcen reichen da oft nicht, weil eigene Leute im Hinblick auf potenzielle Kannibalisierungsrisiken für das klassische Geschäft zu defensiv sind. Aus diesem Grund wurde Airbnb auch nicht von AccorHotels erfunden.
- Methodik: Wer seine eigene Plattform entwickeln möchte, muss fünf ausgesprochen wichtige Voraussetzungen erfüllen:
  ▸ Fokussierung auf den Nutzer. Lernen Sie von potenziellen Nutzern. In den ersten Wochen der Gründung sollten Sie sich ganz auf die Nutzeranalyse konzentrieren. Die Technologie spielt in diesem Stadium noch keine Rolle.

- Lassen Sie schlechte Ideen möglichst schnell fallen. Lernen bedeutet auch, seine Meinung zu ändern und den Mut zu haben, Ideen ohne Potenzial zu verwerfen.
- Prüfen Sie das Konzept vor der Skalierung. Es ist besser, etwas mehr Zeit zu opfern, um das Modell und den Markt zu prüfen, auch wenn das Geld kostet, denn dann können Sie ohne exponentielle Kosten skalieren (exponentiell steigen dann die Umsätze, wenn Ihr Konzept stimmt).
- Die magische Zahl. Eine neue Plattform aufzubauen ist sehr schwierig, weil Sie zwei Seiten gleichzeitig überzeugen müssen: Käufer und Verkäufer. Eine dieser beiden Parteien macht gewöhnlich größere Schwierigkeiten. Auf diese sollten Sie sich konzentrieren und schätzen, wie viele Nutzer (die magische Zahl) Sie brauchen, um die Plattform zu starten. Für Airbnb waren beispielsweise die Vermieter die schwieriger zu überzeugende Seite, denn sie mussten Fremde in ihre Wohnungen lassen, obwohl sie Angst hatten, diese könnten sie beschädigen.
- Eins nach dem anderen. Versuchen Sie nicht, auf Anhieb ein zweites Amazon auf die Beine zu stellen. Setzen Sie bei einem Thema an und arbeiteten Sie sich dann weiter vor, wenn die Skalierung erfolgreich war.

Eine erweiterte Version Ihrer Industrieorganisation umsetzen

Um die strategische Initiative zu unterstützen, brauchen Sie eine sehr robuste Industrieorganisation. Das heißt vor allem, die Wandlungsfähigkeit Ihrer Organisation entsprechend anzupassen, Verschwendung zu vermeiden und den Faktor Software zu nutzen, um mit dem Managementsystem auch die betrieblichen Prozesse zu verändern.

Leitprinzip

Die Umsetzung von Hyperproduktion, Software-Hybridisierung und Start-up-Leadership erfordert die Herstellung eines subtilen

Gleichgewichts zwischen Testen und Lernen, Bottom-up-Ansätzen und einem stärker integrierten urbanisierten Top-down-Ansatz, um sicherzustellen, dass die Technologie zu einer konkreten Steigerung der Wettbewerbsfähigkeit führt, die den Zielen und der Mission des Unternehmens entspricht. Ein Schlüsselfaktor für den Erfolg ist jedenfalls, derartige Entwicklungen systematisch voranzutreiben, die richtigen Technologien ausfindig zu machen, die zur Minimierung von Verschwendung implementiert werden können, und parallel dazu die Organisation und die Abläufe anzupassen, Kompetenzen zu entwickeln und den Wandel so zu steuern, dass sich vermehrt die richtigen Verhaltensweisen durchsetzen.

Methodik

Haben Sie die Hauptursachen für Verschwendung in Ihrer Organisation ermittelt, müssen Sie unbedingt die richtigen technologischen Lösungen dafür finden und das Optimierungspotenzial gegen die Umsetzungsprobleme abwägen. Im vierten Industriezeitalter dürfen Sie aber keinesfalls zu lange warten: Sie sollten die Teamenergie nutzen und ganz schnell einen POC mit einem Testen-und-Lernen-Ansatz umsetzen. Der darf auch fehlschlagen – es kommt darauf an, dazuzulernen. Ein POC läuft im Regelfall immer relativ ähnlich ab: Verschwendung erkennen, eine Technologie ermitteln, Zeit mit Nutzern verbringen, um ihre Bedürfnisse und Einschränkungen besser zu verstehen, eine maßgeschneiderte Lösung ohne Technologie ausprobieren, die Lösung auf dem Papier optimieren, eine agile Lösung mit einer Scrum-Mentalität ausstatten (schnelle Umsetzung, zügige Optimierung, kurze Schleifen).

Beispiel für Verschwendung, Abhilfe und Effekt

In der Produktion ist die Bürokratie eine klassische Ursache für Verschwendung. Sie führt in erster Linie zu Papierkrieg, der Fehlergefahr birgt, die Teams frustriert, die CO_2-Bilanz verhagelt und für Manager und Support-Funktionen viel administrativen Aufwand bedeutet.

Eine gute, einfache Methode, um Bürokratie abzubauen, ist die Digitalisierung der Hauptprozesse in der Produktionsplanung, der Qualitätskontrolle und der Aktivitäten zur vorbeugenden Instandhaltung. Der POC sollte bei der ganz konkreten Beobachtung der für Planung, Qualitätskontrolle und Instandhaltung zuständigen Teams ansetzen. Im Anschluss werden die wichtigsten in Papierform vorliegenden Dokumente einzeln analysiert, um herauszufinden, warum sie erstellt wurden, wer daran beteiligt ist und wie sie sich durch eine digitale Lösung ersetzen lassen. Dann kann ein Test durchgeführt werden – mit einer einfachen Internet-der-Dinge-Lösung oder dem Einlesen von Strichcodes zur Verfolgung von Dateien oder Produktionsteilen mit einem ganz einfachen Tablet als Nutzerschnittstelle. Bewirkt ein Testen-und-Lernen-Ansatz über mehrere Tage Verbesserungen, kann die Lösung mit verschiedenen speziell geschulten Nutzern durchgeführt werden. Innerhalb weniger Wochen lässt sich parallel zum bisherigen Papierprozess eine agile Lösung implementieren. Ist die Lösung ausgereift, kann das Papier wegfallen. Das kann erhebliche Verbesserungen bei der Effizienz der Beschäftigten (von bis zu zehn Prozent der Arbeitszeit) und bei der Qualität herbeiführen (weniger Fehler und Versionen).

Klein anfangen und schnell, aber konsequent skalieren

Natürlich sollte Hyperproduktion nicht dazu führen, dass in jedem Unternehmensteil Hunderte von Lösungen einsetzt werden, die miteinander konkurrieren. Die Lösungen, die anhand eines Testen-und-Lernen-Ansatzes in der Praxis überprüft wurden, sollten mit der bestehenden IT-Infrastruktur vernetzt werden (Urbanisierung des Systems) und sämtliche ähnlichen Prozesse sollten von POCs profitieren, die in anderen Unternehmensbereichen durchgeführt wurden. An diesem Punkt spielt die Integration eine entscheidende Rolle: eine speziell dafür abgestellte Ressource – ein IT-Operations-Architekt für die Ablaufsteuerung – sollte sicherstellen, dass die besten Lösungen bestimmt und unternehmensweit eingeführt werden. Diese Ressource sollte bei den Lösungen darüber hinaus

Prioritäten setzen, die der Vision und der Strategie des Unternehmens entsprechen, einen systemischen Ansatz für Schnittstellen der neuen Lösung mit dem vorhandenen Produktionssystem vorschlagen und ein hybrides IT-Operations-Team leiten, um die Lösung in jedem Managementbereich der Organisation umzusetzen. Um auf die papierlose Lösung zurückzukommen: Auf die ermittelten technischen Lösungen sollte im Produktionssystem Bezug genommen werden als Hebel zur Erweiterung des übergeordneten Planungsprozesses, des Qualitätskontrollprozesses und des Prozesses der vorbeugenden Instandhaltung. Ist das Produktionssystem in einem neuen Bereich implementiert, wird diese Lösung komplett in die lokalen Standardbetriebsverfahren integriert. Dann arbeiten alle Teams papierlos.

Die Realisierung einer neuen Arbeits- und Lernmethode

Lernen ist in erster Linie eine Geisteshaltung. Es erfordert den Mut, Risiken einzugehen, die Demut, sich infrage stellen zu lassen, und die Überzeugung, dass mit gutem Willen und Hartnäckigkeit jede Schwierigkeit gemeistert werden kann. Wie können Sie am Arbeitsplatz für ein gutes Umfeld sorgen, um anders zu lernen und zu arbeiten? Viele meinen, dass das in einer industriellen Umgebung schlicht unmöglich ist. Dabei haben wir gesehen, dass Tesla und die meisten Richtgrößen unter den Unternehmen der Industrie 4.0 ihre Industrieorganisation grundlegend verändert und gleichzeitig ein konkurrenzloses Umfeld geschaffen haben, um Personal anzuwerben und zu entwickeln. In Wirklichkeit ist es vielleicht genau umgekehrt: Weil diese innovativen Unternehmen so viel Mühe in die Anwerbung und Bindung fähiger Mitarbeiter gesteckt haben, waren sie in der Lage, die Macht dieser neuen Technologien zu nutzen. Wie man die Kompetenzen der Zukunft und die Systeme diagnostiziert, um diese Kompetenzen fortlaufend weiterzuentwickeln, haben wir im vierten Kapitel beleuchtet.

Orientierung nach außen

Wie bereits erwähnt, kann einer der Schlüssel zur Herbeiführung großer Veränderungen in der Unternehmenskultur darin bestehen, in größerer Zahl Mitarbeiter einzustellen, die aus der digitalen Sphäre kommen. Als Chef eines KMU ist das für Sie natürlich nicht möglich. Dann müssen Sie agil handhaben, wie Ihr Unternehmen mit externen Partnern zusammenarbeitet. Teilen Sie sich die Projektleitung doch künftig mit externen Technologieexperten, indem Sie einen POC mit einem kollaborativen Roboter oder einer einfachen digitalen Produktionsanwendung lancieren. Zweck dieser Übung ist es, auszutesten und auch zu lernen, wie anders gearbeitet werden kann, und die Kompetenzen zu delegieren, die zur Umsetzung technologischer Lösungen erforderlich sind.

Wirklich ideale Lernbedingungen schaffen

Eine Möglichkeit, um spürbare Veränderungen herbeizuführen, ist die Investition in ein Labor. Labore können beim Team Interesse an neuen Technologien wecken – vor allem, wenn sie offen und leicht zugänglich sind. Überschätzen Sie die positiven Effekte einer solchen Initiative aber nicht. Meiner Erfahrung nach sind vor allem die Programme erfolgreich, die sich auf die Umgestaltung des tatsächlichen, konkreten Arbeitsplatzes im Alltag fokussieren. Wenn Sie ein Labor einrichten wollen, sollten Sie das so nah wie möglich an der Produktion platzieren und Teams in konkrete Projekte einbeziehen, die die Arbeitsbedingungen, die Effizienz oder ganz allgemein die Leistung verbessern. Technologie ist kein Hobby, und die wenigsten werden am Sonntag im Labor sitzen, um 3D-Druck auszuprobieren. Der andere und vielleicht ungleich wichtigere Aspekt der Entwicklung eines idealen Raums zum Lernen, um eine entsprechende Mentalität herbeizuführen, ist der Arbeitsplatz an sich: Investieren Sie ruhig mehr in Umkleideräume, sanitäre Einrichtungen, Kantine, Wandfarben, Beleuchtung ... und in alle Bereiche, die nicht der Arbeit dienen. Bevor Sie die angeblich besten technischen Lösungen installieren, sollten Sie Ihrem Team beweisen, dass Sie ein Umfeld schaffen können, in dem sich alle wohlfühlen.

Keine Angst vor maschinellem Lernen und künstlicher Intelligenz

Der Weg zum Teslismus beginnt gewöhnlich mit der Umsetzung verschiedener POCs, die fortschrittliche Robotik oder digitale Lösungen beinhalten. In der Industrie weckt das Konzept des maschinellen Lernens und der künstlichen Intelligenz bei den meisten Teams Unbehagen. Dafür gibt es durchaus sachliche Gründe – jedenfalls, wenn Sie Ihre Daten nicht konsequent erfassen und speichern, keine hoch entwickelten Analysen nutzen, um neue Geschäftsmodelle zu entwickeln oder die Wettbewerbsfähigkeit der Industrieorganisation nicht steigern. Unsere Erfahrung belegt aber, dass die Arbeit mit neuen Technologien viel mit Sport gemein hat: Je mehr Sie üben, desto besser werden Sie – jeden Tag. Je früher Sie damit anfangen, grundlegende Tests mit maschinellem Lernen durchzuführen, desto besser ist dies für Ihre künftige Kapazitätsentwicklung. Kenntnisse in künstlicher Intelligenz (KI) werden natürlich nur selten benötigt, vor allem in der Industrie. Der schnellere Weg zum Erfolg führt über die Nutzung der Sachkenntnis eines externen Anbieters. In der verarbeitenden Industrie gibt es gewöhnlich viele Gelegenheiten, bessere Parameter heranzuziehen, um ein Risiko, das Qualitätsniveau oder ein Leistungsergebnis zu prognostizieren. Suchen Sie sich einfach eine aus und versuchen Sie, Daten zu messen, zu speichern und anschließend auch zu analysieren, um die Rendite zu verbessern. Eine kleine Investition kann da enorm viel bringen. So konnte beispielsweise ein gewichtiger Player aus der Nahrungsmittelindustrie pro Tag 1,5 Stunden einsparen, indem das Unternehmen die Reinigung von Tanks vermeiden konnte, weil es durch maschinelles Lernen möglich war, die Gefahr einer bakteriellen Verunreinigung zu prognostizieren. Stellen Sie sich vor, welche Wirkung das auf diesem Niveau hatte (bei über 100 Fabriken).

Nutzen Sie die Kraft des Scrum und agiler Methoden, um Testen-und-Lernen-Ansätze in die DNA Ihres Unternehmens einfließen zu lassen

Leiten Sie letztlich alle Teamfunktionen dazu an, im Testen-und-Lernen-Modus zu arbeiten. Dazu sollten Sie die jüngeren Teammitglieder Ihrer Organisation einspannen. Die „Digital Natives" neigen von Natur aus dazu, anders zu denken und schrittweise Verbesserungen herbeizuführen, in dem sie Chancen kurzschleifig austesten. Das gilt nicht nur für kontinuierliche Verbesserungen in der digitalen Produktion, sondern auch in der Technik und sogar in der Forschung und Entwicklung und ganz allgemein für alle Projektmanagementprozesse, solange alle am Projekt Beteiligten dieselbe Methodik verwenden. Testen und Lernen ist auch eine ausgesprochen gute Methode, die beiden Enden Ihrer Alterspyramide in Einklang zu bringen: Nutzen Sie die Agilität der Millennials und kombinieren Sie sie mit der Erfahrung Ihrer älteren Mitarbeiter. Fangen Sie mit einem Pilotprojekt an, kommunizieren Sie dieses möglichst mehr als nötig und führen Sie die Methode dann flächendeckend in Ihrer gesamten Organisation ein. Damit Sie Erfolg haben, sollten Sie nicht vergessen, gemischte Teams aus dem operativen Geschäft und mit grundlegenden IT-Kenntnissen zusammenzustellen. Die Entwicklung agiler Lösungen verlangt Agilität. Sie müssen daher in der Lage sein, schnell zu programmieren und die Lösung auf der Grundlage des Nutzererlebnisses jeden Tag zu verbessern.

WAS BEDEUTET DIE TESLA-METHODE FÜR STUDENTEN?

In der kollektiven Vorstellungswelt sind Produktionsprozesse schon lange ein langweiliges Thema – ganz besonders für ein frisches, junges und dynamisches Studentengehirn. Doch angesichts der jüngsten Kreuzung zwischen

Digitalisierung und Produktion finden neue Modelle der Organisations- und Arbeitskultur Eingang in die Fabriken. Die Tesla-Methode ist ein gutes Beispiel für diese grundlegende Veränderung. Dessen ungeachtet ist sie längst nicht das einzige Modell. In Unternehmen wie Harley-Davidson, die offiziell den Anspruch erheben, ihre Beschäftigten durch ein ausgesprochen solides Vertrauens- und Mitbestimmungsniveau zu „befreien", hat es in letzter Zeit viele organisationsbezogene Neuerungen gegeben. Doch abgesehen von dieser höchst bedeutsamen Frage, warum sich Studierende für die Arbeit in einer Fabrik interessieren sollten, möchten wir hier auch die neuen Grundlagen hervorheben, die sich Studierende wohl unweigerlich aneignen müssen, wenn sie sich auf den Produktionssektor spezialisieren wollen. Neben den sozialen Kompetenzen, die künftig verlangt werden (Empathie, Kreativität, soziale Beziehungen) steigt in Fabriken der Bedarf an Datenwissenschaftlern, KI und maschinellem Lernen, später auch an der Entwicklung digitaler Lösungen, Industrieinformatik, Internet der Dinge und schließlich Robotik. Die Investitionen in handfeste Technik wie Robotik und 3D-Druck entwickeln sich exponentiell, und der Bedarf an digitalen Analysefähigkeiten nimmt noch schneller zu, weil es immer wichtiger wird, Prozesse miteinander zu verknüpfen und zu erkennen, welchen Einfluss viele durchgehende Parameter von Produkten, Prozessen und Vertrieb ausüben. Mit der wachsenden Bedeutung des Lernens wird auch KI immer wichtiger, denn das menschliche Gehirn kann den Anforderungen an Speicherplatz und Rechenleistung nicht mehr gerecht werden.

Der Teslismus wird die Studenten früher oder später mit der Produktion versöhnen, denn vielleicht sind

Fabriken der letzte Ort, an dem Arbeit konkret und konzeptionell zugleich sein kann – wo Menschen, die nie weiterführende Bildung genossen haben, mit hochgebildeten Intellektuellen im selben Raum arbeiten, wo jeden Tag digitale auf physikalische Gesetze treffen und wo seit jeher Innovation und Optimierung im Mittelpunkt des Systems stehen. Kurz, die Produktion ist von Haus aus der ideale Ort, um zu lernen. Und wie schon gesagt: Lernen ist das Herzstück der menschlichen Entwicklung.

FAZIT

Ist die vierte industrielle Revolution ein Fortschritt?

Die vierte industrielle Revolution ist bereits im Gang. Dennoch fragen sich manche womöglich, ob sie eine gute Sache ist. Es ist grundsätzlich normal, dass wir die Faktoren, die dem technischen Fortschritt zugrunde liegen, gern kritisch prüfen möchten, um herauszufinden, ob sie uns wirklich Vorteile bringen. Die mit jeder industriellen Revolution einhergehenden Paradigmenveränderungen sind dermaßen drastisch, dass sie zwar Disruptionschancen eröffnen, aber auch die Wirtschaftsentwicklung und das Lebensglück von Menschen ernsthaft gefährden. Neben der natürlichen Abneigung gegen Veränderungen, die wir mehr oder minder alle in uns tragen, ist sicherlich zu beachten, dass die Reaktionen auf dieses Phänomen angesichts der enormen Komplexität der damit verbundenen Transformationen unterschiedlich ausfallen können. Das gilt auch für die vierte industrielle Revolution.

Erstens bietet eine nutzergestützte Wirtschaft eine hervorragende Gelegenheit, die Umweltbilanz der Menschen zu verbessern. Werden Konsumgüter häufiger gemeinschaftlich genutzt, so verringert sich per definitionem der Verbrauch – und die Ressourcen werden geschont. Gleichzeitig birgt dieses neue Verhalten beträchtliche Risiken für große Bereiche der Wirtschaftstätigkeit, was ausgesprochen negative Folgen für den Arbeitsmarkt hat, ganz zu schweigen von den Herausforderungen für den Gesetzgeber, aus neuen Aktivitäten, die von der traditionellen Wirtschaft abgekoppelt sein könnten, ausreichende Steuereinnahmen zu generieren. Ein bereits erwähntes Beispiel dafür ist Airbnb. Für Haushalte und Gäste ist das eine tolle Sache, denn dadurch entsteht ein neuer Markt, der Angebot und Nachfrage besser aufeinander abstimmt. Gleichzeitig optimiert dieses Konzept den Wohnungsbestand und verringert längerfristig die Gesamtzahl der weltweit benötigten Wohneinheiten. Obendrein ermöglicht es Airbnb, Kontakte zu Menschen zu knüpfen und anders zu reisen. Dabei beschäftigt das Unternehmen 25-mal weniger Menschen als der Hotelkonzern Accor. Außerdem sind die Berechnungen der Steuereinnahmen für eine Tätigkeit, die auf direkten Interaktionen zwischen Verbrauchern und Anbietern auf dem Wohnungsmarkt beruht, von Haus aus viel komplexer und deshalb schwerer zu kontrollieren. Dadurch entstehen neue Probleme wie zum Beispiel die Entwicklung eines innovativen Regulierungssystems für derartige Plattformen.

Zweitens stellt die Hyperkonnektivität zwischen Menschen, Maschinen und Produkten eine großartige Gelegenheit dar, die Lebensqualität der Menschen zu verbessern. Es ist toll, wenn man Produkte online mit einem Klick kaufen kann und zur Arbeit nicht unbedingt ins Büro gehen muss, sondern dabei die Kinder beaufsichtigen kann. Es ist auch toll, wenn man durch Videokonferenzen überflüssige Reisen vermeiden kann. Hinzu kommt, dass die resultierende Konnektivität eine enorme Datenfülle erzeugt. Dadurch können Industrieunternehmen fortlaufend innovativ tätig werden und ihre Reaktionen auf die Anforderungen von Kunden optimieren, deren Nutzungsgewohnheiten ihnen heute viel vertrauter sind. Daten tragen auch dazu bei, Unternehmen bei der Optimierung ihrer internen Produktionsprozesse zu unterstützen und Produkte billiger herzustellen. Natürlich ist diese Veränderung mit einer Reihe maßgeblicher Risiken verbunden: Missbrauch personenbezogener Daten, verschwimmende Grenzen zwischen Privatleben und Arbeit und Probleme im Zusammenhang mit der Computer- und Netzsicherheit. Das optimale Verhältnis zwischen persönlichen Freiheiten und den Chancen, die die neuen Technologien eröffnen, muss erst noch bestimmt werden.

Drittens hat der exponentielle Fortschritt die Entwicklung von Tools ermöglicht, die es zuvor nicht gab. Das ist der Kombination neuer Technologien und der Ausreifung von Konzepten zu verdanken, die im dritten Industriezeitalter noch nicht vollständig ausgebildet waren. Und schließlich wird die Robotik den Alltag der Menschen bequemer machen, indem sie viele lästige Hausarbeiten automatisiert. Und der 3D-Druck dürfte höchstwahrscheinlich komplexe Prozesse vereinfachen und parallel dazu die Ökobilanz des Industriesektors verbessern und der Umwelt zugutekommen, indem Produkte näher an den Orten hergestellt werden, an denen sie konsumiert werden. Schlussendlich kann der Fortschritt neuen Generationen Erfüllung bieten, die von lebenslangem Lernen über Technologien profitieren, die sich selbst laufend verändern. Doch dasselbe Phänomen kann wiederum auch den gegenteiligen Effekt haben und viele Arbeitsplätze kosten, bevor die Dynamik greift, die neue Arbeitsplätze entstehen lässt. Die Analysen auf dieser Ebene führen zu widersprüchlichen Ergebnissen. Einerseits haben die Länder mit dem höchsten Grad an Robotisierung (International Federation of Robotics, 2017) – wie Deutschland (250 Roboter/10.000 Beschäftigte), Südkorea (450 Roboter/10.000 Beschäftigte) oder Japan (350 Roboter/10.000 Beschäftigte) – auch sehr niedrige Arbeitslosenquoten, was zuversichtlich stimmt. Andererseits war die Zuwachsrate bei den neu geschaffenen Arbeitsplätzen im Industriesektor in der Vergangenheit geringer als die BIP-Wachstumsraten.

Das lässt sich dadurch erklären, dass die Industrie stets größere Produktivitätssteigerungen erzielt hat als andere Sektoren. Alles in allem schafft der technische Fortschritt nicht unbedingt neue Arbeitsplätze – zumindest nicht direkt.

Die Hyperkonzentration schließlich ist ein polarisierendes Phänomen – das liegt in der Natur der Sache. Für Menschen, die „dem System" bereits angehören – also all jene, die in einem der führenden zehn globalen Cluster oder in einem Ballungsraum arbeiten, einen Universitätsabschluss haben und möglicherweise noch mehrere Sprachen sprechen –, ist das eindeutig eine großartige Chance, denn es führt zur Konzentration fähiger Köpfe an wenigen Orten weltweit, wo sich deshalb fantastische wirtschaftliche und persönliche Gelegenheiten bieten. Für alle anderen aber muss das Phänomen durch politische Maßnahmen oder durch die Bereitschaft der Industrieunternehmen, das Ungleichgewicht zwischen Hyperzentren und ihren Peripherien nicht noch zu verstärken, ausgeglichen werden, wobei Letztere seit Jahrzehnten natürliche Entwicklungszonen der Industrie sind.

Der Ausgangspunkt, um sicherzustellen, dass das Pendel auch in die richtige Richtung schwingt, ist der bereits erwähnte Gedanke, dass sich industrielle Revolutionen durch Bewegung in der Wirtschaft, der Technik und den Organisationen auszeichnen. Das Organisationsmodell ist ein natürlicher Regulator potenzieller Ungleichgewichte, die sich aus wirtschaftlichem und technischem Wandel ergeben. Es trägt zur Festlegung von Rahmenbedingungen für die menschliche Entwicklung bei, unter denen Menschen in ihrer Arbeit persönlich und kollektiv Erfüllung finden und dabei gemeinschaftliche Werte für die ganze Gesellschaft generieren können. Kurz, das Organisationsmodell geht über das Wirtschaftssystem hinaus und wird zu einer wesentlichen Voraussetzung für den Erfolg, indem es Balance hält zwischen den verschiedenen Faktoren, aus denen sich die vierte industrielle Revolution zusammensetzt. Es gibt jedoch sehr viele verschiedene Betriebsmodelle, die eng mit dem Sektor, der Kultur und der

Entwicklungskurve der einzelnen Unternehmen verbunden sind. Daher stellt sich die Frage, ob der Teslismus ein entsprechend angepasstes Modell darstellt.

Ist der Teslismus das richtige Organisationsmodell für die vierte industrielle Revolution?

Wie in diesem Buch durchgehend thematisiert, ist das Tesla-Modell zutiefst disruptiv, dabei aber generell kohärent und daher robust. Es bietet ein verantwortungsvolles, effizientes und auf eine intelligente Nutzung von Mobilität und Energie ausgerichtetes Geschäftsmodell, was sich insgesamt perfekt mit den vier großen Herausforderungen deckt, die das vierte Industriezeitalter prägen.

Um eines klarzustellen: Dieses Modell ist nicht überall anwendbar und es hat drei wesentliche Defizite. Erstens sind das die Eigenschaften des Mannes, der es heute verkörpert (Elon Musk). Zweitens ist es der Zugang zu Liquidität. Für Elon Musk mag es zwar ein Leichtes sein, Geld für seine Projekte einzuwerben, doch für den Eigentümer eines KMU nicht unbedingt. Drittens und letztens ist es eine Start-up-Leadership, die direkt zwischen Elon Musk und seinen Teams besteht und die dem mittleren Management das Gefühl geben kann, überflüssig zu sein.

Das Modell ist längst nicht vollkommen, wie sich vor allem an Teslas Finanzlage ablesen lässt. Ende 2017 betrug die Gesamtverschuldung von Tesla Inc. das Fünffache seines Eigenkapitals, nachdem das Unternehmen einen Jahresbetriebsverlust von 1,9 Milliarden US-Dollar eingefahren hatte (obwohl der Umsatz um 55 Prozent gestiegen war). Viele Analysten, die eine Spekulationsblase prognostizieren, finden bedenklich, dass das Unternehmen höher bewertet ist als Ford oder Renault, obwohl es 2016 nur 76.000 und 2017 100.000 Fahrzeuge absetzte, während es seine großen Konkurrenten auf jeweils zehn Millionen brachten.

2018 befand sich Teslas betrieblich in einer entscheidenden Phase. Die Anlaufphase für das Model 3 ging viel langsamer vonstatten als vorhergesagt, was (anscheinend) an anfänglichen Automatisierungsproblemen bei der Fertigung der Getriebegruppe lag. Eine mögliche Erklärung dafür: Elon Musks Ansatz ist dem anderer Autoschmieden diametral entgegengesetzt. Er hat zunächst ganz auf Automatisierung gesetzt, um – wenn das nicht funktionierte – wieder auf manuelle Lösungen zurückzukommen. Dadurch verlor der Markt zunächst Vertrauen, was problematisch war, denn der Erfolg dieses ersten Massenmarktabenteuers ist ein wesentlicher Baustein des Vertrauens, von dem Tesla künftig profitieren muss, wenn das Unternehmen von Premiummodellen auf Fahrzeuge für das breitere Publikum umsteigen möchte. Wie Musk selbst erklärte, war das Ziel, fünf- bis zehnmal besser zu werden als die Konkurrenz, indem alle fünf Sekunden ein Fahrzeug vom Band lief. Ein solcher Erfolg würde sämtliche Zweifel ausräumen und hätte einen radikal disruptiven Effekt auf die Autowelt, in der die besten Fertigungsstraßen in aller Regel etwa alle 30 Sekunden ein Fahrzeug produzieren. Natürlich war seinerzeit noch schwer erkennbar, wie das gehen konnte, bis alles funktionierte.

Ende 2018 sprach Elon Musk vor der Presse bereits sehr offen über die Situation bei Tesla. Schon wenige Monate nach dieser heiklen Phase waren die wöchentlichen Ausstoßziffern für das Model 3 gestiegen: Ende 2018 lagen sie bei 5.000 Stück und im ersten Quartal 2019 bei 8.000 Stück.

Das schaffte Elon Musk, indem er den Managementmethoden treu blieb, die er seit dem Einstieg in das Tesla-Abenteuer eingesetzt hatte. Dazu gehörte insbesondere, die Teams auf einen „Problemlösungsmodus" zu trimmen, in dem sie energisch zupackten, um ganz konkrete Ziele zu erreichen. Tesla-Fans wissen, dass Musk Ende August davon sprach, wie erschöpft er sei (was er im HBO-Interview wiederholte). Er erklärte, er habe in der Fabrik in Fremont 120 Stunden pro Woche gearbeitet und wochenlang nicht geschlafen, weil er die Produktion des Model 3 beaufsichtigen und dafür sorgen wollte, dass auch alle Ziele erreicht würden. Die Atmosphäre, die Musk auf diese Weise schuf, hatte einen gewaltigen Effekt auf seine Teams.

Anfang 2019 ging das Tesla-Abenteuer fröhlich weiter. Die Zukunft sah rosig aus, angefangen bei der Ankündigung dreier neuer Modelle: des Model Y (geplante Markteinführung 2020), des futuristischen Elektro-Pick-ups (mit noch unbekanntem Zeitplan) und des Cybertrucks (den das Unternehmen innerbetrieblich bereits einsetzt). Auch der geplante Bau einer neuen Gigafactory in China nimmt Formen an: Es sind bereits 2 Milliarden US-Dollar in ein Projekt geflossen, von dem Musk sich erstaunlicherweise erhoffte, dass es bereits im Juli 2019 angelaufen sein sollte. Des Weiteren gibt es ähnliche Pläne für eine neue Gigafactory in Deutschland oder den Niederlanden. Parallel dazu hat Tesla eine Verdichtung seines Supercharger-Ladestationennetzes angekündigt.

Wirtschaftlich betrachtet hat sich Tesla zehn Prozent des globalen Stromermarkts gesichert und sein Model 3 ist das weltweit meistverkaufte Elektrofahrzeug – und das, obwohl die Vermarktung in Europa und China gerade erst begonnen hat. Der Absatz strombetriebener Fahrzeuge explodiert mit einer Rate von rund 50 Prozent pro Jahr, allen voran in China (wo bereits drei Prozent aller Autos Elektrofahrzeuge sind – der globale Durchschnitt liegt bei einem Prozent).

Aus Produktionsperspektive hat sich die Output-Rate des Model 3 auf 8.000 Stück pro Woche erhöht – dank Tesla Grohmann, das fortlaufend an der Optimierung der Fertigungsstraßen arbeitet. Schließlich unterzeichnete Elon Musk unlängst einen neuen 10-Jahres-Vertrag, der seine Vergütung an die Kursentwicklung der Tesla-Aktie knüpft. Ziel ist eine Marktkapitalisierung von 650 Milliarden US-Dollar (gegenüber 55 Milliarden US-Dollar heute). Das wäre exponentielles Wachstum, weil das Unternehmen innerhalb von 10 Jahren um den Faktor 10 größer würde.

Der Teslismus – ein Modell, das über Tesla hinausgeht

Es wäre allerdings falsch, den Teslismus lediglich mit dem Tesla-Markenmodell gleichzusetzen. Wie aus diesem Buch ersichtlich, tun sich noch viele weitere „Leuchttürme" des vierten Industriezeitalters in einer oder mehreren der sieben Dimensionen, die den Teslismus ausmachen, durch ebensolche bahnbrechenden Merkmale hervor. Wie Elon Musk sagt: Selbst wenn das Projekt scheitern sollte, wäre es immer noch ein Erfolg, denn seine Anstoßeffekte wiegen mehr als alles andere.

In den 40 Jahren seit der dritten industriellen Revolution haben sich viele Industrieunternehmen vom Toyota-Modell inspirieren lassen, indem sie dessen Kernprinzipien übernahmen und sein Betriebs- und Managementsystem passgenau auf die Kultur und den Sektor ihres Unternehmens zuschnitten.

Der Teslismus ist dazu berufen, zum Toyotismus des vierten Industriezeitalters zu werden. Es ist daher höchste Zeit, um darüber nachzudenken, wie sich sein radikal disruptives Modell nutzen und seine Stärken voll ausschöpfen lassen – auch wenn das Systemanpassungen erfordert, wie sie im dritten Industriezeitalter von Tausenden von Industriebetrieben vorgenommen wurden. In dieser neuen Ära, die die DNA des exponentiellen Fortschritts in sich trägt, zählt jeder Tag. Und es ist auf jeden Fall besser, zu handeln, als abzuwarten – auch wenn das bedeutet, dass Fehler gemacht werden. Der Teslismus ist nicht der Weisheit letzter Schluss – aber er ist eine großartige Quelle der Inspiration, um im vierten Industriezeitalter Fuß zu fassen.

ANHANG

EINE KURZE GESCHICHTE VON TESLA MOTORS

Juli 2003 – Tesla entsteht

Im kalifornischen Palo Alto gründen zwei amerikanische Ingenieure (Martin Eberhard und Marc Tarpenning) Tesla Motors, ein Produktionsunternehmen für Elektrofahrzeuge, benannt nach dem serbischen Erfinder Nikola Tesla.

Februar 2004 – Elon Musk wird Verwaltungsratsmitglied von Tesla Motors

Elon Musk stemmte einen Großteil der ersten Finanzierungsrunde von Tesla Motors durch eine Kapitalspritze in Höhe von 7,5 Millionen US-Dollar. Er tritt in den Verwaltungsrat ein und übernimmt den Vorsitz.

August 2006 – Tesla stellt einen wegweisenden „Masterplan" für das Unternehmen vor

Tesla kündigt über Elon Musk einen „Masterplan" an, der für die Autoproduktion wegweisend sein soll. Ziel ist die Produktion und der Verkauf von Sportwagen, wobei Gewinne anfänglich in die Entwicklung eines bezahlbareren Autos fließen sollen. Dadurch soll künftig ein noch erschwinglicheres Modell produziert werden, das die Umwelt bei höherer Leistung noch weniger belastet.

Februar 2008 – das erste Modell (der Tesla Roadster) kommt auf den Markt

Die ersten Exemplare von Teslas erstem Automodell, dem Roadster, werden verkauft. Insgesamt werden davon 2.450 Stück produziert, die beim Händler ab 109.000 US-Dollar zu haben sind. Das Modell basiert auf einem bestehenden Fahrzeug – dem Lotus Elise – und ist mit einer revolutionären Batterie ausgestattet, die ein für Elektrofahrzeuge bis zu diesem Zeitpunkt beispielloses Autonomieniveau ermöglicht.

Oktober 2008 – Elon Musk wird CEO von Tesla Motors

Nach dem erzwungenen Rücktritt von Martin Eberhard übernimmt Elon Musk 2008 die Leitung des Unternehmens (er hatte sich durch seine aktive Beteiligung und seine Rolle bei der Entwicklung des Tesla Roadster bereits einen Namen gemacht). Angesichts der prekären Finanzlage beschließt Musk, die Belegschaft um 25 Prozent zu reduzieren, und wirbt 40 Millionen US-Dollar ein, um den Konkurs zu vermeiden.

Oktober 2010 – das erste Tesla-Werk wird eröffnet

Tesla weiht seine erste Fabrik ein – die Tesla Factory in Fremont/ Kalifornien. Dabei handelt es sich um eine alte Autoproduktionsanlage, die seit den 1980er-Jahren zu General Motors und Toyota gehört hatte und als New United Motor Manufacturing Inc. (NUMMI) firmierte.

Juni 2012 – Einführung des Model S

Teslas erstes in Serie produziertes Fahrzeug, das Model S, wird am 22. Juni 2012 offiziell eingeführt – mit der Auslieferung der ersten zehn Fahrzeuge, die in der Fabrik in Fremont produziert worden waren.

In einer offiziellen Pressemitteilung vom 12. Juni 2014 erklärte Elon Musk: „Eine technische Führungsposition definiert sich nicht durch Patente, die, wie die Geschichte immer wieder gezeigt hat, nur wenig Schutz vor entschlossenen Konkurrenten bieten, sondern vielmehr durch die Fähigkeit eines Unternehmens, die brillantesten Ingenieure der Welt anzuwerben und zu motivieren." Aus diesen Worten spricht sein Wunsch, die Produktion und Verwendung von Elektrofahrzeugen zum Nutzen aller zu demokratisieren.

März 2016 – das Model 3 ist da

Tesla stellt das Model 3 vor, seinen neuen bezahlbaren Stromer, der 2018 in den USA zum meistverkauften Plug-in-Elektrofahrzeug avanciert – mit der Rekordzahl von 140.000 ausgelieferten Fahrzeugen.

Juli 2016 – Eröffnung der ersten Gigafactory

Tesla weiht die erste Gigafactory ein – ein Werk in Nevada (USA), das dem Unternehmen ermöglicht, seine eigenen Lithium-Ionen-Akkus herzustellen. Mit über 3.000 Beschäftigten entspricht die Batterie-Jahresproduktion der Gigafactory heute etwa 20 GWh und ist damit die größte Batteriefabrik der Welt. 2017 wurde in Buffalo (New York) eine zweite Gigafactory eröffnet, eine dritte in Schanghai (China) ist im Bau.

Oktober 2018 – Tesla schreibt endlich schwarze Zahlen

Tesla meldet einen maßgeblichen Durchbruch, weil endlich die Gewinnschwelle erreicht ist: Im dritten Quartal 2018 werden 312 Millionen US-Dollar Gewinn erzielt, im Vorquartal verbuchte das

Unternehmen noch Verluste in Höhe von 717 Millionen US-Dollar. Der Umsatz beläuft sich auf 6,8 Milliarden US-Dollar und das Unternehmen ist (mit per saldo 881 Millionen US-Dollar) endlich liquide.

QUELLENVERZEICHNIS

BCG (2015), *The Robotics Revolution*

Fabernovel (2018), *Tesla: Uploading the future*

Gartner (2017), *IoT Technology Disruptions*

Guilluy, C. (2014), *La France périphérique*, Flammarion, Paris

International Federation of Robotics (2017), *World Robotics*

La Fabrique de l'industrie (2016), L'industrie du future à travers le monde, *Les Synthèses de La Fabrique*, 4

La Fabrique de l'industrie (2017), Industrie du futur: regards franco-allemands, *Les Synthèses de La Fabrique*, 15

Liker, J. (2018), Tesla vs. TPS: seeking the soul in the new machine, *The Lean Post*

McKinsey Global Institute (November 2012), *Manufacturing the Future: The next era of global growth and innovation*

New York Times (2018), Tesla achieves a key weekly goal for producing its Model 3 (2. Juli)

Parker, G. G., Van Alstyne, M. W., Choudary, S. P. (2016), *Platform Revolution*, W. W. Norton and Company, New York

PwC (2016), *Global Industry 4.0 Survey*

PwC (2018), *21st CEO Survey*

Valentin, M. (2017), *The Smart Way: Excellence opérationnelle, profiter de l'industrie du futur pour transformer nos usines en pépites*, Lignes de Repères, Paris

Vance, A. (2015), *Elon Musk: Tesla, SpaceX, and the quest for a fantastic future*, Harper Collins, New York <dt. erschienen – und darauf beziehen sich auch die Zitate und Seitenangaben: *Elon Musk: Tesla, PayPal, Space X – Wie Elon Musk die Welt verändert*, München, FinanzBuch Verlag, 2015>

Veltz, P. (2017), *La Société hyperindustrielle*, La République des idées, Seuil, Paris

Womack, J. P., Jones, D. T., Roos, D. (1990), *The Machine That Changed the World*, Free Press, New York

World Economic Forum (2018), *The Future of Jobs*

YouTube (2016), Elon Musk: Rede zur Eröffnung der Gigafactory, 30. Juli

YouTube (2018), Wie Tesla fast unterging: Die langen Nächte des Elon Musk, 25. November

ABBILDUNGSVERZEICHNIS